煤矿安全高效开采省部共建教育部重点实验室资助
煤矿深井开采灾害防治技术科技研发平台资助
矿山安全高效开采安徽省高校工程技术研究中心资助
国家自然科学基金项目（U23A20601、52304200、52074107）资助
安徽省自然科学基金（2308085QE152）资助
安徽省高校优秀青年科研项目（2024AH030015）资助
安徽省优秀青年教师培育项目（YQYB2024019）资助

煤体渗吸特性实验与理论研究

岳基伟　著

中国矿业大学出版社
·徐州·

内 容 提 要

本书主要介绍了毛细渗吸动力学理论，分析了不含瓦斯煤的渗吸高度、不含瓦斯煤渗吸过程径向及轴向的含水率分布，阐述了等压环境下外加水分及瓦斯压力对煤中瓦斯置换效应的影响规律，研制了受载含瓦斯煤外加水分渗吸实验系统，基于电阻率、等压加水及等压解吸的方法，研究了外加水分在受载煤中的渗吸高度及渗吸过程中水与瓦斯的竞争吸附效应，构建了多分支毛细管束模型，揭示了含瓦斯煤中外加水分渗吸过程竞争吸附-润湿联动的机制，推演了外加水分渗吸过程相对置换程度的归一化模型，结合相似准则可预测其他尺寸煤在任意时间的相对置换程度。研究成果为协同实现矿井瓦斯灾害防治及预湿减尘奠定理论基础。

本书适合安全工程及相关专业的科研与工程技术人员阅读。

图书在版编目(CIP)数据

煤体渗吸特性实验与理论研究 / 岳基伟著. — 徐州 ：中国矿业大学出版社，2024. 11. — ISBN 978 - 7 - 5646 - 6568 - 5

Ⅰ. TD712

中国国家版本馆 CIP 数据核字第 2024JW4574 号

书　　名　煤体渗吸特性实验与理论研究
著　　者　岳基伟
责任编辑　何晓明　李　敬
出版发行　中国矿业大学出版社有限责任公司
（江苏省徐州市解放南路　邮编 221008）
营销热线　(0516)83885370　83884103
出版服务　(0516)83995789　83884920
网　　址　http://www.cumtp.com　**E-mail**:cumtpvip@cumtp.com
印　　刷　苏州市古得堡数码印刷有限公司
开　　本　787 mm×1092 mm　1/16　**印张** 12.25　**字数** 240 千字
版次印次　2024 年 11 月第 1 版　2024 年 11 月第 1 次印刷
定　　价　55.00 元
（图书出现印装质量问题，本社负责调换）

前　言

我国以煤为主的能源资源禀赋，决定了煤炭仍将是我国能源安全的“压舱石”。因此，煤炭安全开采是保障国家能源安全的前提。随着煤矿开采深度及强度的增加，瓦斯和煤尘两大灾害逐渐凸显，煤炭安全开采面临严峻的挑战。

煤层注水具有驱替瓦斯、置换瓦斯及抑尘多重功效，被广泛用于瓦斯治理和采前煤体预润湿。煤层注水的流动过程包括压力渗流过程及渗吸过程。压力渗流过程主要以增渗、裂隙系统充水及驱替裂隙系统中的游离态瓦斯为主。渗吸过程中渗流通道中的水为煤基质的渗吸提供水源，毛细管网络为水的运移提供通道，水分在毛管力、瓦斯压力等共同作用下进入煤基质润湿含瓦斯煤体，同时水与瓦斯发生相互作用。由于煤中吸附态瓦斯占煤层瓦斯含量的80%～90%且主要赋存于煤体的微纳米孔隙中，因此，弄清煤体的渗吸特性对于协同实现矿井瓦斯灾害防治及预湿减尘具有重要的意义。基于此，笔者开展了煤体渗吸特性实验与理论研究。全书共分为8章。

第1章对渗吸中的基本概念进行了阐述，分析了单根毛细管渗吸过程的动力学理论，基于无量纲理论分析了惯性力项、黏性力项及重力项对无量纲渗吸高度的影响规律。

第2章研制了水敏指示剂，阐明了水敏指示剂的使用方法及不含瓦斯煤渗吸高度的实验方法，测试了不含瓦斯煤的渗吸高度、不含瓦斯煤渗吸过程径向及轴向的含水率分布。

第3章研究了等压环境下外加水分及瓦斯压力对煤中瓦斯置换效应的影响规律。

第4章探析了电阻率法测试渗吸高度的可行性，探讨了电阻率法测试多孔介质水分运移的方案，研发了受载含瓦斯煤外加水分渗吸实验系统。

第5章研究了受载煤样的孔隙率、受载煤样的渗透率、煤样的孔隙结构及受载煤样的吸附特性。

第6章分析了不同直径的毛细管、不同气体压力条件下受载河沙、不同压制负荷重塑煤体的渗吸高度的差异，发现了吸附性多孔介质渗吸过程中存在着迟滞效应。

第7章采用电阻率法测试了外加水分在受载煤中的渗吸高度，建立了煤样的等效物理结构模型，推演了毛细渗吸高度理论模型，揭示了受载煤渗吸高度差异性的影响机理。

第8章测试了定量加水及充分供水条件下渗吸过程中的置换瓦斯效应，建立了受载煤样渗吸相对置换程度的归一化模型，探讨了渗吸技术的工程应用。

本书是笔者对煤体渗吸特性方面研究的初步总结，研究成果对今后采用煤层注水技术、协同实现矿井瓦斯灾害治理及预湿减尘具有理论指导意义。

衷心感谢安徽理工大学石必明教授、申晓静老师、梁跃辉博士、张铖铖博士、韩奇峻硕士、王辰硕士、徐金林硕士及河南理工大学王兆丰教授在本书编写过程中给予的指导及大力支持。本书的出版得到了国家自然科学基金项目（U23A20601、52304200、52074107）、安徽省自然科学基金项目（2308085QE152）、安徽省高校优秀青年科研项目（2024AH030015）、安徽省优秀青年教师培育项目（YQYB2024019）、煤矿安全高效开采省部共建教育部重点实验室、煤矿深井开采灾害防治技术科技研发平台和矿山安全高效开采安徽省高校工程技术研究中心的支持，在此表示感谢！

由于各方面的原因，书中疏漏之处在所难免，诚恳希望广大读者给予批评和指正。

岳基伟

二〇二四年七月于安徽理工大学

目 录

第1章　渗吸中的基本概念及渗吸动力学理论

1.1　渗吸中的基本概念

渗吸发生在多孔介质中，其在日常生活及工业生产中处处可见。例如，毛巾吸水、纸吸水、石油开采、煤层气开采、煤层注水等方面均会涉及渗吸现象。渗吸是湿润相流体依靠毛管力的作用驱替非润湿相流体的过程（蔡建超 等，2012）。为深入认识渗吸，本节对渗吸现象中的润湿、接触角、表面张力及毛管力的概念进行介绍。

1.1.1　润湿

在生活及工业生产中，液体对固体的润湿是一种常见的现象，如印刷、电喷等。润湿是指流体在气-液-固或液-液-固三相体系的固体表面发生弥散，弥散效应可以降低整个体系总界面能，直至达到三相稳定状态（陈艳玲，2023）。换言之，液体附着在固体表面并在固体表面进行扩展，如水滴在岩石表面的扩展。液体在固体表面进行滚动，液体不附着在固体表面的现象称为气湿，如汞在固体表面的流动。

润湿过程分为三类，分别为铺展润湿、沾湿及浸湿。这三类润湿过程在不同的实际问题中扮演着不同的角色。若液滴在固体上的接触角 $\theta \leqslant 180°$，则发生黏湿效应（也称为黏附）；若液滴在固体上的接触角 $\theta \leqslant 90°$，则发生浸湿（也称为浸润）；若液体在煤体上发生铺展，则接触角 $\theta \approx 0°$，所以凡是能在固体表面铺展的，就一定能在固体表面浸润及黏附（张新菊 等，2013）。

黏湿是指液体与固体从不接触到接触，使部分气-液界面和气-固界面转变成新的液-固界面的过程，如图 1-1 所示。

假设各相界面都是单位面积的，该过程的吉布斯自由能变化值为（刘程，

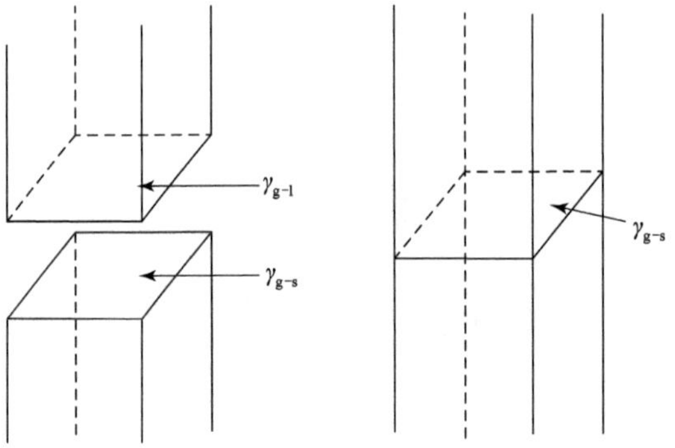

图 1-1　液体在固体上黏湿示意图

1992)：

$$\Delta G = \gamma_{l\text{-}s} - \gamma_{l\text{-}g} - \gamma_{s\text{-}g} \tag{1-1}$$

$$W_a = \Delta G = \gamma_{l\text{-}s} - \gamma_{l\text{-}g} - \gamma_{s\text{-}g} \tag{1-2}$$

式中　$\gamma_{l\text{-}s}$——固-液之间的界面张力；

$\gamma_{l\text{-}g}$——气-液之间的界面张力；

$\gamma_{s\text{-}g}$——气-固之间的界面张力；

W_a——黏湿功。

W_a 是液-固黏湿过程中，系统对外所做的最大功。W_a 的绝对值越大，液体越容易黏湿固体，界面黏得越牢。农药喷雾能否有效地附着在植物枝叶上，雨滴会不会黏在衣服上都与黏湿过程能否自动进行有关。铺展是指液体在另外一种不互溶的液体表面自动展开成膜的过程。

影响润湿的因素有表面自由能、表面的微观孔隙结构等。液体能够润湿高能表面固体，高能固体包括氧化物、盐等。对于低能固体表面，可能出现部分润湿或不润湿的现象。低能固体表面包括有机固体、聚合物等。如果液体对固体能够发生润湿，那么固体表面越粗糙表面越容易润湿；如果液体对固体不能够发生润湿，那么固体表面越粗糙表面越不容易润湿。

1.1.2　接触角

接触角是指在固、液、气三相交界处，自固-液界面经过液体内部到气-液界面之间的夹角(图 1-2)，当固、液、气三相达到平衡时(以煤为例)，可得式(1-3)：

$$\sigma_{g\text{-}s} = \sigma_{l\text{-}s} + \sigma_{g\text{-}l}\cos\theta \tag{1-3}$$

式中　$\sigma_{g\text{-}l}$——水与气之间的界面张力，N/m；

$\sigma_{g\text{-}s}$——气与煤之间的界面张力，N/m；

$\sigma_{l\text{-}s}$——水与煤之间的界面张力，N/m；

θ——水与煤之间的接触角，(°)。

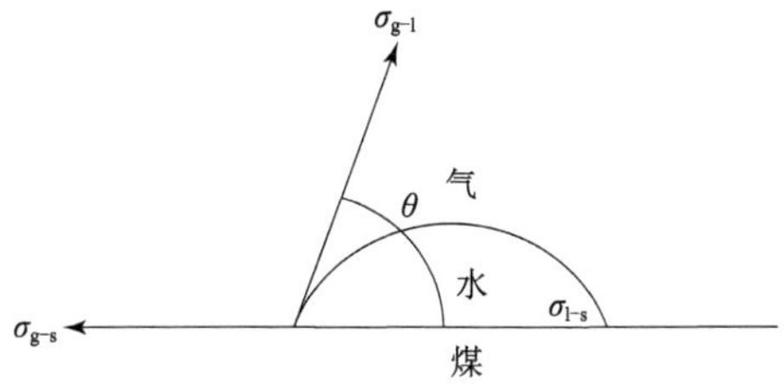

图 1-2　接触角示意图

接触角的测试方法有角度测量法、高度测量法。角度测量法的原理是直接采用角度测量仪测试液、固之间的夹角。高度测量方法基于液滴截面为圆形的假设，假定液滴足够小（体积小于 6 μL），并且忽略重力对液滴形状的影响（Huang et al.，2010），液滴正截面可视为标准圆的一部分。高度测量法计算接触角的原理如图 1-3 所示。

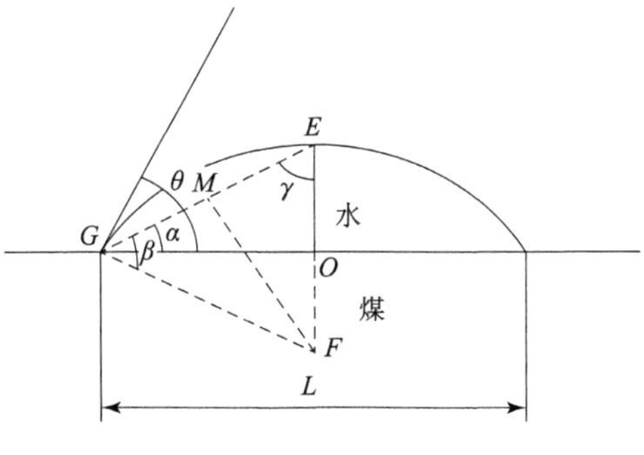

图 1-3　高度法计算接触角原理图

由图 1-3 可得式(1-4)：

$$\begin{cases}\gamma+\alpha=90^\circ\\ \theta+\beta-\alpha=90^\circ\\ \gamma=\beta\end{cases}\tag{1-4}$$

由式(1-4)可得式(1-5)：

$$\theta = 2\alpha \tag{1-5}$$

对于△OEG 有：

$$\tan\alpha = \frac{OE}{OG} \tag{1-6}$$

将式(1-5)与式(1-6)联立可得式(1-7)，式(1-7)适用于光滑的固体表面及各向同性的固体介质，基于式(1-7)可计算获得接触角。

$$\theta = 2\arctan\frac{OE}{OG} \tag{1-7}$$

1.1.3 表面张力

表面是指气-液相、固-液相及固-气相之间的交界区域。表面张力是作用在界面上的力，表面张力是一种分子力的体现，当液体与其他流体或固体接触时，在分界面上产生表面张力。表面张力主要是由于液体表面层内(数量级 10^{-7} cm)受力不均衡导致的，在液体表面层内液体分子受到周围的分子力是对称的，合力为 0。对于固体表面分子，气体与液体分子之间的作用力小于液体与液体分子之间的作用力，因此导致其合力不为 0 及液体呈现自缩现象(崔国文，1990)。因表面张力导致的现象有(图 1-4)：荷花上的水滴尽可能呈现为球形，水黾在水面上爬行，同样大气中的雨滴尽可能呈现为球形。这些液体的自由表面是一个弯曲面，像被一个力拉着。表面张力如式(1-8)所示(高蕾 等，2017)：

$$\sigma = F/l \tag{1-8}$$

式中 F——作用在界面边缘上的应力，N；

l——边缘界面长度，m；

σ——表面张力，N/m。

(a) (b) (c)

图 1-4 因表面张力导致的现象

从能量方面描述表面张力：气体与液体分子之间的作用力小于液体与液体

分子之间的作用力，导致液体分子具有向内移动的趋向，因此液体分子如果从内部向外部移动，则必须通过外力进行做功以克服内聚力，在这个过程中外力所做的功将以新的形势储存在新的界面上，也称为表面自由能。表面自由能是描述表面张紧趋势的一种表征。

1805—1806 年，Thomas Young（托马斯·杨）和 Pierre Simon Laplace（皮埃尔-西蒙·拉普拉斯）提出了曲面附加压力与曲率半径的关系，即 Young-Laplace 方程，如式(1-9)所示：

$$\Delta p = \sigma\left(\frac{1}{R_1} + \frac{1}{R_2}\right) \tag{1-9}$$

式中　Δp——附加压力差，MPa；

R_1、R_2——两个曲率半径，m。

如果曲面为平面，那么 $R_1 = R_2 = \infty$，则 $\Delta p = 0$，即平面两侧的压力差为 0；如果曲面为圆柱形曲面，那么 $R_1 = \infty$，$R_2 = R$，则 $\Delta p = \frac{\sigma}{R}$，$R$ 为圆柱半径；如果曲面为球形曲面，那么 $R_1 = R$，$R_2 = R$，则 $\Delta p = \frac{2\sigma}{R}$，$R$ 为球形半径。

1.1.4　毛管力

将一根毛细管插入液体中，如果液体能够湿润玻璃管，那么说明液体与固体分子之间的作用力大于液体与液体分子之间的作用力，则液体能够在毛细管内上升[图 1-5(a)]，管内的液面呈凹形；如果液体不能湿润玻璃管，那么说明液体与固体分子之间的作用力大于液体与液体分子之间的作用力，则液体在毛细管内下降[图 1-5(b)]，管内的液面呈凸形。

(a) 毛细上升　　(b) 毛细下降

图 1-5　毛细上升/下降示意图

下面以毛细上升现象进行毛细静力学的受力分析，毛细管内凹液面所受的力如图 1-6 所示。

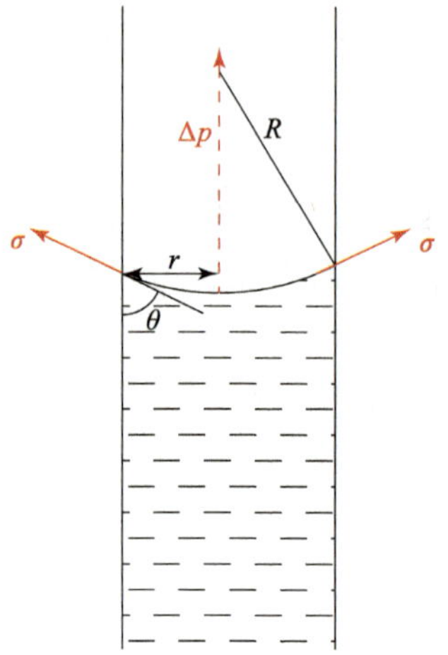

图 1-6　毛细管凹液面静力示意图

由图 1-6 可知，毛细管中垂直向上的力如式(1-10)所示：

$$F = 2\pi r\sigma\cos\theta \tag{1-10}$$

式中　σ——表面张力，N/m；

　　r——毛细管半径，m。

毛细管中液体的重力如式(1-11)所示：

$$G = \pi r^2 \rho g h \tag{1-11}$$

当水柱达到平衡时，式(1-10)与式(1-11)相等，可得式(1-12)：

$$h = \frac{2\sigma\cos\theta}{r\rho g} \tag{1-12}$$

式中　h——上升的最大高度，m。

对于式(1-12)有如下情况：

① 当 $\theta=0°$时，由式(1-12)可得，液体能够完全润湿毛细管壁，此时的毛细上升高度最大。

② 当 $0°<\theta<90°$时，由式(1-12)可得，毛细上升的最大高度是正值，表示发生了毛细上升现象。

③ 当 $\theta=90°$时，由式(1-12)可得，毛细上升的最大高度是 0，表示不会发生毛细上升现象。

④ 当 $90°<\theta<180°$时，由式(1-12)可得，毛细上升的最大高度是负值，表示发生了毛细下降现象。

⑤ 当 $\theta=180°$时，由式(1-12)可得，发生完全不润湿现象，具有下降的最大高度。

由式(1-12)可得毛细管压力公式[式(1-13)]，由式(1-13)可知，半径越小毛细管压力越大。

$$p_c=\Delta\rho gh=\frac{2\sigma\cos\theta}{r} \tag{1-13}$$

1.2　单根毛细管渗吸动力学理论分析

多孔介质在渗吸过程中主要受毛管力(F_{cap})、重力($F_{gravity}$)、黏性力($F_{viscous}$)、惯性力($F_{inertial}$)作用的影响，其中惯性力是一种假想力。流体在毛细管中发生渗吸时，由于毛细渗吸速度的变化，从而产生一定的加速度，当吸收流体质量变化的情况下，系统内存在加速度时，才存在惯性力。

单根毛细管渗吸动力学模型(模型中的变量下文均有提及和解释)如下。

(1) 惯性力模型(Quéré，2008)

当液体与毛细管接触的瞬间，惯性力和毛管力起主要作用，重力及黏性阻力的作用极其微弱，因此可以忽略不计，有：

$$\begin{cases} h=\dfrac{\sqrt{2a^2\mathrm{RootOf}(\sqrt{2}\sqrt{a^2Z})+at^2}}{a} \\ a=\dfrac{\tau^2\rho r_1}{2\sigma_s\cos\theta} \end{cases} \tag{1-14}$$

(2) 惯性力-黏性力-毛管力模型(Bosanquet，1923)

随着渗吸时间的增加，毛细管中吸收液体的质量逐渐增大，重力及黏性阻力的影响逐渐变大，考虑到在该阶段的自身重力仍较小，可以将其忽略不计，有：

$$\begin{cases} h=\sqrt{2\dfrac{a}{b^2}[bt/a-(1-\mathrm{e}^{-bt/a})]} \\ a=\dfrac{\tau^2\rho r_1}{2\sigma_s\cos\theta} \\ b=\dfrac{4\tau^2\mu}{r_1\sigma_s\cos\theta} \end{cases} \tag{1-15}$$

(3) Lucas-Washburn(L-W)模型(毛管力-黏性力模型)(Lucas，1918；Washburn，1921)

随着流体的继续上升，流体上升的加速度越来越小，惯性效应逐渐减弱，但流体的质量较小，忽略流体的重力，流体上升过程中受毛管力及黏性力，有：

$$h=\frac{1}{\tau}\sqrt{\frac{\sigma_{s}r_{1}\cos\theta}{2\mu}t} \tag{1-16}$$

目前关于渗吸的理论研究和实验分析大多是基于 L-W 模型而进行的，其假设毛细管是均匀的圆形，但在多孔介质中弯曲的毛细管具有分形的特征，Cai 等(2012)运用分形理论进一步进行了完善，把毛细管看作弯曲的形状，研究结果表明：毛细管越弯曲，流动所受的阻力越大，因此流动越慢。

(4) 考虑重力因素的渗吸模型(重力、毛管力及黏性力模型)

随着渗吸时间的增加，重力因素的影响逐渐增加，流体上升过程中受重力、毛管力及黏性力(Fries et al.,2009)，有：

$$\frac{\mathrm{d}h}{\mathrm{d}t}=\frac{\sigma_{s}\cos\theta d}{8\mu h}-\frac{\rho g d^{2}}{32\mu} \tag{1-17}$$

对式(1-17)进行分离变量积分可得式(1-18)，即可得到渗吸高度关于渗吸时间、黏度、密度、重力加速度、接触角、表面张力及毛细管直径的隐式解。

$$\begin{cases}t=-\dfrac{a}{b^{2}}\ln\left(1-\dfrac{b}{a}h\right)-\dfrac{h}{b}\\ a=\dfrac{\sigma_{s}\cos\theta d}{8\mu}\\ b=\dfrac{\rho g d^{2}}{32\mu}\end{cases} \tag{1-18}$$

为求出式(1-17)的解析解，将 Lambert W 函数引入进行求解，式(1-17)的解析解为式(1-19)：

$$\begin{cases}h=\dfrac{a}{b}\left[1+W\left(-\mathrm{e}^{-1-\frac{b^{2}t}{a}}\right)\right]\\ a=\dfrac{\sigma_{s}\cos\theta d}{8\mu\tau^{2}}\\ b=\dfrac{\rho g d^{2}}{32\mu\tau^{2}}\\ W(x)\approx\dfrac{2\mathrm{e}x-10.703\,6+7.568\,59\sqrt{2+2\mathrm{e}x}}{12.703\,6+5.135\,01\sqrt{2+2\mathrm{e}x}},\quad -\mathrm{e}^{-1}\leqslant x\leqslant 0\end{cases} \tag{1-19}$$

式中，$W(x)$为 Lambert W 函数，如图 1-7 所示。

式(1-19)是渗吸高度关于渗吸时间、黏度、密度、重力加速度、接触角、表面张力及毛细管直径的解析解。当 $\mathrm{d}h/\mathrm{d}t=0$ 时，渗吸高度达到极限渗吸高度，因此可得式(1-20)。当 $t\to\infty$时，达到极限渗吸高度，然而式(1-20)与时间无关，为找出一个合理的渗吸平衡时间，将渗吸高度达到最终平衡高度的 99.9%所需

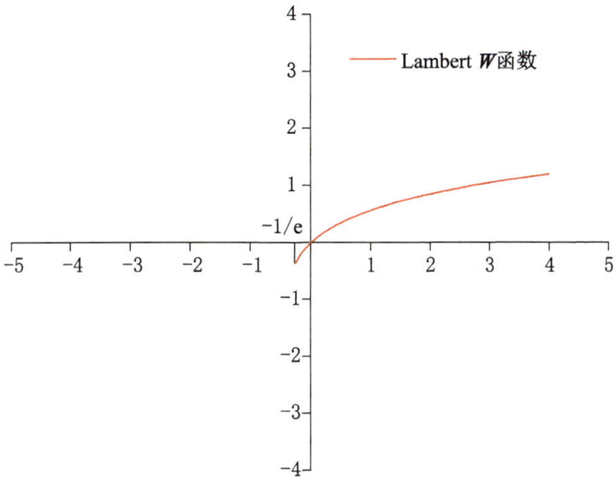

图 1-7　Lambert W 函数

的时间定义为渗吸平衡时间，即$h(t_e)=0.999h_{max}$。

$$h_{max}=\frac{a}{b}=\frac{2\sigma_s\cos\theta}{r_1\rho g} \tag{1-20}$$

将式(1-20)及 $h(t_e)=0.999h_{max}$ 代入式(1-18)可得渗吸平衡时间，如式(1-21)所示：

$$t_e=-\frac{a}{b^2}(\ln 0.001+0.999)\approx\frac{5.91a}{b^2} \tag{1-21}$$

当毛细玻璃管水平放置时，其在渗吸过程中受毛管力、黏性力的作用，即为 L-W 模型。

(5) Terzaghi 模型(Karl，1943)

Terzaghi(太沙基)把 Darcy 定律(其适用于饱和流体流动)应用于非饱和流体流动，研究出圆柱形土壤的渗吸模型，模型表达式如式(1-22)所示，其把水力梯度假设为$(h_1-h)/h$。

$$t=\frac{\varphi h_1\mu}{k\rho g}\left(\ln\frac{h_1}{h_1-h}-\frac{h_1}{h}\right) \tag{1-22}$$

式中　h_1——平衡高度，m；

h——渗吸高度，m；

φ——孔隙率；

k——渗透率，mD。

(6) Handy 模型(Handy,1960)

Handy(汉迪)把水相前缘气相压力梯度忽略,假设水的自吸过程为活塞式驱替过程,构造了气体饱和条件下岩心的渗吸模型,如式(1-23)所示:

$$V=A\sqrt{2p_{c}k\varphi S_{wf}t/\mu} \tag{1-23}$$

式中 V——吸水体积,m^3;

μ——黏度系数,Pa·s;

A——接触面面积,m^2;

S_{wf}——润湿相饱和度;

p_c——含水饱和度 S_{wf} 时的毛管力。

1.3 毛细渗吸过程中渗吸高度的无量纲分析

液体在毛细管中的流动受毛管力、重力、黏性力、惯性力的作用,分析各个力在毛细管中的作用对了解液体在毛细管中的流动具有重要意义。其中,表面张力在上升过程中是定值,因此只分析重力、黏性力、惯性力在毛细渗吸中的影响。

量纲分析法是沟通理论与实验之间的桥梁。量纲分析法是自然科学研究中的一个重要方法,各种物理量之间存在着联系,说明各种物理量是由若干个基础量组成的。量纲的概念是物理量单位的属性,不同的物理量具有不同的量纲,例如时间的单位有 h、min 及 s,但是它们都属于时间,具有时间的量纲。无量纲的量称为无量纲量,如实数、虚数等。量纲包括基本量纲和导出量纲,每一个物理量的量纲都可以通过基本量纲导出。无量纲量具有客观性、不受运动的影响及可以进行超越函数计算的特点。量纲具有量纲和谐原理,也称为量纲一致性原理,也叫量纲齐次性原理。量纲分析法包括瑞利法及 π 定理,本节采用量纲 π 定理法对液体在毛细管中的流动进行分析(Zhmud et al.,2000;Fries et al.,2008)。

1.3.1 π 定理分析的步骤

π 定理由物理学家布金汉提出。π 定理描述了某一物理现象中物理量与无量纲参数之间的关系。若某一物理现象包括 n 个物理量,则该物理现象的控制方程如式(1-24)所示:

$$f(V_1,V_2,V_3,\cdots,V_n)=0 \tag{1-24}$$

式(1-24)中有 m 个基本量纲,因此上述物理过程可由 n 个物理量构成的 $(n-m)$ 个无量纲项表示,即如式(1-25)所示:

$$f(V_1, V_2, V_3, \cdots, V_{n-m}) = 0 \tag{1-25}$$

π 定理的分析步骤如下：

① 找出与物理过程相关的物理量，如式(1-26)所示：

$$f(V_1, V_2, V_3, \cdots, V_n) = 0 \tag{1-26}$$

② 从步骤①中的 n 个物理量中选取 m 个基本量，假设对于不可压缩流体的流动 $m=3$，设 q_1、q_2、q_3 为基本变量，由量纲公式可得式(1-27)：

$$\begin{cases} \dim V_1 = \mathrm{M}^{\alpha 1}\mathrm{T}^{\beta 1}\mathrm{L}^{\gamma 1} \\ \dim V_2 = \mathrm{M}^{\alpha 2}\mathrm{T}^{\beta 2}\mathrm{L}^{\gamma 2} \\ \dim V_3 = \mathrm{M}^{\alpha 3}\mathrm{T}^{\beta 3}\mathrm{L}^{\gamma 3} \end{cases} \tag{1-27}$$

V_1、V_2 及 V_3 满足基本量纲的条件是指数行列式不等于 0，即如式(1-28)所示：

$$\begin{vmatrix} \alpha_1 & \beta_1 & \gamma_1 \\ \alpha_2 & \beta_2 & \gamma_2 \\ \alpha_3 & \beta_3 & \gamma_3 \end{vmatrix} \neq 0 \tag{1-28}$$

③ 基本物理量依次与其余物理量组成 π 项，则式(1-29)可变化为式(1-30)：

$$\begin{cases} \pi_1 = \dfrac{V_4}{V_1^{a1} V_2^{b1} V_3^{c1}} \\ \pi_2 = \dfrac{V_5}{V_1^{a2} V_2^{b2} V_3^{c2}} \\ \pi_{n-3} = \dfrac{q_n}{V_1^{a_{n-3}} V_2^{b_{n-3}} V_3^{c_{n-3}}} \end{cases} \tag{1-29}$$

$$f(\pi_1, \pi_2, \pi_3, \cdots \pi_{n-m}) = 0 \tag{1-30}$$

④ 满足 π 为无量纲项，定出各 π 项基本量的指数。

⑤ 整理方程，将控制方程(1-30)无量纲化，分析无量纲参数的变化规律。

1.3.2　毛细渗吸过程中渗吸高度的无量纲分析

多孔介质在渗吸过程中主要受到毛管力(F_{cap})、重力(F_{gravity})、黏性力(F_{viscous})、惯性力(F_{inertial})的作用的影响。其中，惯性力是一种假想力，流体在毛细管发生渗吸流动时，由于毛细渗吸速度的变化，从而产生一定的加速度，在吸收流体质量变化的情况下，只要当系统内存在加速度时才存在惯性力。

本节进行渗吸动力学理论分析时，将毛细管的迂曲度(τ)考虑在内，$\tau=1$ 时毛细管为直毛细管。液体在迂曲毛细管壁上的黏性阻力(F_{visco})可由式(1-31)表示：

$$F_{\text{viscous}} = 8\pi\mu\tau^2 hh' \tag{1-31}$$

式中　μ——黏度，Pa·s；

h——渗吸高度，m；

h'——平均流速，m/s；

τ——迂曲度。

液体自身重力（F_{gravity}）可由式(1-32)表示：

$$F_{\text{gravity}} = \rho\pi R^2 hg \tag{1-32}$$

式中　g——重力加速度，m/s^2；

ρ——液体的密度，kg/m^3。

因为流体的质量在不断发生变化，所以渗吸速度也在发生变化，因此必须同时考虑两个因素的变化对流体惯性的影响。动量为 p 的流体，在力 F 的作用下进行毛细渗吸，流体的动量随时间的变化率等于作用于该流体上的合外力，流体在毛细管中的动量变化为：

$$\frac{\mathrm{d}(m\bar{v})}{\mathrm{d}t} = F = 2\gamma\cos\theta\pi R - 8\pi\tau^2\mu hh' - \rho\pi R^2 hg \tag{1-33}$$

式(1-33)可变化为式(1-34)：

$$\frac{\mathrm{d}}{\mathrm{d}t}\left(\rho\pi R^2\tau^2 h\,\frac{\mathrm{d}h}{\mathrm{d}t}\right) = 2\gamma\cos\theta\pi R - 8\pi\tau^2\mu hh' - \rho\pi R^2 hg \tag{1-34}$$

如存在外部压力 p_e，式(1-34)可变为式(1-35)：

$$\frac{\mathrm{d}}{\mathrm{d}t}\left(\rho\pi R^2\tau^2 h\,\frac{\mathrm{d}h}{\mathrm{d}t}\right) = 2\gamma\cos\theta\pi R - 8\pi\tau^2\mu hh' - \rho\pi R^2 hg + p_e \tag{1-35}$$

式(1-35)可变化为式(1-36)：

$$\frac{\tau^2\rho R}{2\gamma\cos\theta}\,\frac{\mathrm{d}}{\mathrm{d}t}(hh') + \frac{4\tau^2\mu hh'}{R\gamma\cos\theta} + \frac{R\rho g}{2\gamma\cos\theta}h = 1 \tag{1-36}$$

式(1-36)可变化为式(1-37)（李光昱，2016）：

$$\begin{cases} \underbrace{a\,\dfrac{\mathrm{d}}{\mathrm{d}t}(hh')}_{\text{inertial}} + \underbrace{bhh'}_{\text{viscous}} + \underbrace{ch}_{\text{gravity}} = 1 \\ a = \dfrac{\tau^2\rho R}{2\gamma\cos\theta} \\ b = \dfrac{4\tau^2\mu}{R\gamma\cos\theta} \\ c = \dfrac{R\rho g}{2\gamma\cos\theta} \end{cases} \tag{1-37}$$

式中，a 项的单位为 s^2/m^2，b 项的单位为 s/m^2，c 项的单位为 $1/m$；$a\dfrac{d}{dt}(hh')$ 为惯性项，bhh' 为黏滞力项，ch 为重力项。

(1) 惯性力项的影响分析

选取重力项系数(c)、黏性力项系数(b)为基本量纲，惯性项(a)为导出量纲，高度和时间作为无量纲参数。

$$\pi_1 = h^* = ch = \frac{R\rho g}{2\gamma\cos\theta}h \tag{1-38}$$

$$\pi_2 = t^* = \frac{c^2}{b}t = \frac{R^3\rho^2 g^2}{16\mu\tau^2\gamma\cos\theta} \tag{1-39}$$

导出量为：

$$\pi_3 = \omega = \sqrt{\frac{b^2}{c^2}}\sqrt{\frac{1}{a}} = \sqrt{\frac{b^2}{ac^2}} = \sqrt{\frac{128\tau^2\gamma\mu^2\cos\theta}{R^5\rho^3 g^2}} \tag{1-40}$$

将式(1-38)～式(1-40)代入式(1-36)可得式(1-41)。

$$\frac{1}{\omega^2}\frac{\mathrm{d}}{\mathrm{d}t^*}(h^* h^{*\prime}) + h^* h^{*\prime} + ch^* = 1 \tag{1-41}$$

采用四阶龙格库塔法，不断变化 ω 的值，对二阶微分方程式(1-41)进行求解，如图 1-8 所示。当 $\omega\to\infty$ 时，惯性力可以忽略，方程(1-41)的隐式解为：$t^* = -h^* - \ln(1-h^*)$，解析解为 $h^* = 1 + \text{Lambert } W(-1)$。

由图 1-8 可知，随着 ω 值的增加，惯性力逐渐减弱，毛细管的振荡现象逐渐减弱直至消失。当 $\omega<2$ 时，毛细管出现振荡现象。当 $\omega\to\infty$ 时(忽略惯性力)的高度与 $\omega\geqslant 2$ 时的曲线基本重合。对于某一确定的流体，ω 与毛细管的迂曲度、毛细管半径、接触角有关。根据式(1-40)中的数量级可知，毛细管半径对 ω 起着决定性的作用，在大直径的毛细管中，惯性力起主要作用。

(2) 黏性力项的影响分析

选取惯性项系数(a)、重力项系数(c)为基本量纲，黏性力项系数(b)为导出量纲，高度和时间作为无量纲参数，则有：

$$\pi_1 = h^* = ch = \frac{R\rho g}{2\gamma\cos\theta}h \tag{1-42}$$

$$\pi_2 = t^* = \sqrt{\frac{c^2}{a}}t = \sqrt{\frac{R\rho g^2}{2\tau^2\gamma\cos\theta}}t \tag{1-43}$$

导出量纲为：

$$\pi_3 = \omega = \sqrt{\frac{b^2}{c^2}}\sqrt{\frac{1}{a}} = \sqrt{\frac{b^2}{ac^2}} = \sqrt{\frac{128\tau^2\gamma\mu^2\cos\theta}{R^5\rho^3 g^2}} \tag{1-44}$$

将式(1-42)～式(1-44)代入式(1-36)可得式(1-45)：

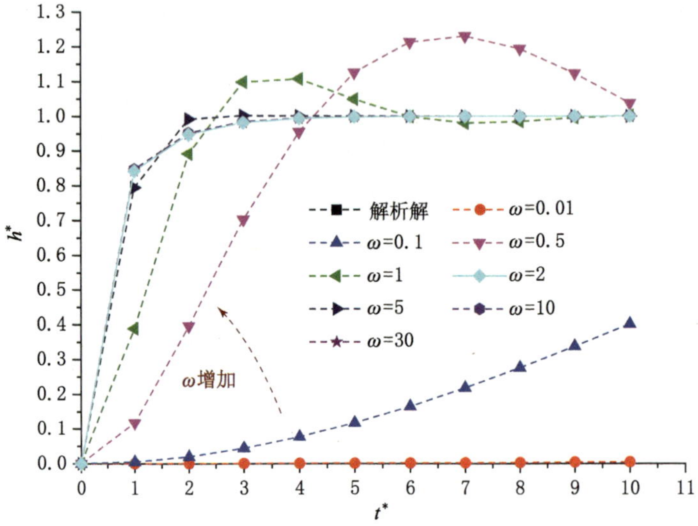

图 1-8　不同 ω 值下惯性力影响的无量纲分析

$$\frac{\mathrm{d}}{\mathrm{d}t^*}(h^* h^{*\prime}) + \omega h^* h^{*\prime} + h^* = 1 \tag{1-45}$$

采用四阶龙格库塔法，不断变化 ω 的值，对二阶微分方程式(1-45)进行求解，如图 1-9 所示。当 $\omega \to 0$ 时，黏性力忽略，式(1-45)的解析解为 $h^* = t^*\left(1-\frac{t^*}{6}\right)$，$0 \leqslant t^* \leqslant 3$。

由图 1-9 可知，随着 ω 值的增加，黏性力的作用增加，毛细管的振荡现象逐渐减弱直至消失。当 $\omega \to 0$ 时(忽略黏性力)的解析解曲线与 $\omega = 33\,872\,700$ 的高度曲线有明显的差别。对于某一确定的流体，ω 与毛细管的迂曲度、毛细管半径、接触角有关。根据式(1-44)中的数量级可知，毛细管半径对 ω 起着决定性的作用，在小直径的毛细管中，黏性力起主要作用。

(3) 重力项的影响分析

选取惯性项系数(a)、黏性力项系数(b)为基本量纲，重力项系数(c)为导出量纲，高度和时间作为无量纲参数，则有：

$$\pi_1 = h^* = \sqrt{\frac{b^2}{a}}h = \sqrt{\frac{32\tau^2\mu^2}{R^3\rho\gamma\cos\theta}}h \tag{1-46}$$

$$h = h^*\sqrt{\frac{a}{2b^2}} = h^*\sqrt{\frac{R^3\rho\gamma\cos\theta}{64\tau^2\mu^2}} \tag{1-47}$$

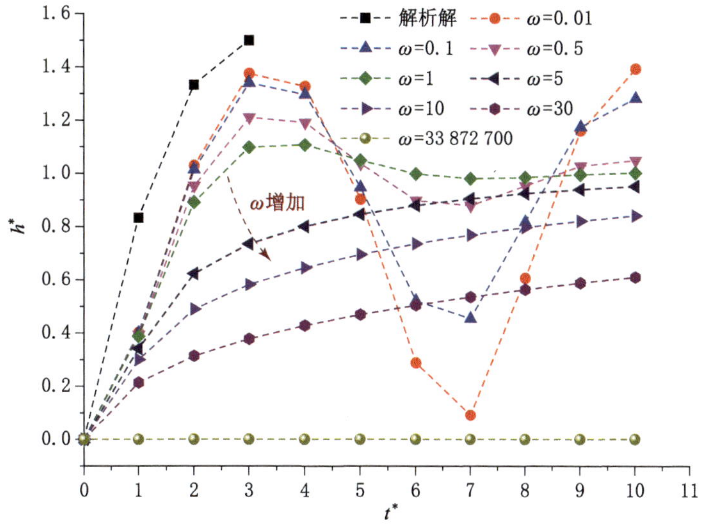

图 1-9　不同 ω 值下黏性力影响的无量纲分析

$$\pi_2 = t^* = \frac{b}{a}t = \frac{8\mu}{\rho R^2}t \tag{1-48}$$

导出量纲为：

$$\pi_3 = \omega = \sqrt{\frac{b^2}{a}}\sqrt{\frac{1}{c^2}} = \sqrt{\frac{b^2}{ac^2}} = \sqrt{\frac{128\tau^2\gamma\mu^2\cos\theta}{R^5\rho^3 g^2}} \tag{1-49}$$

将式(1-46)～式(1-48)代入式(1-36)可得式(1-50)：

$$2\frac{\mathrm{d}}{\mathrm{d}t^*}(h^* h^{*\prime}) + 2h^* h^{*\prime} + \frac{\sqrt{2}}{\omega}h^* = 1 \tag{1-50}$$

采用四阶龙格库塔法，不断变化 ω 的值，对二阶微分方程式(1-50)进行求解，如图 1-10 所示。当 $\omega \to \infty$ 时，管径足够小即多孔介质非常致密，没有重力效应，$2\frac{\mathrm{d}}{\mathrm{d}t^*}(h^* h^{*\prime}) + 2h^* h^{*\prime} = 1$，其解析解为 $h^* = \sqrt{[t^* - (1 - \mathrm{e}^{-t^*})]}$。

由图 1-10 可知，随着 ω 值的增加，毛细管的振荡现象逐渐减弱直至消失。对于某一确定的流体，ω 与毛细管的迂曲度、毛细管半径、接触角有关。根据式(1-49)中的数量级可知，毛细管半径对 ω 起着决定性的作用。

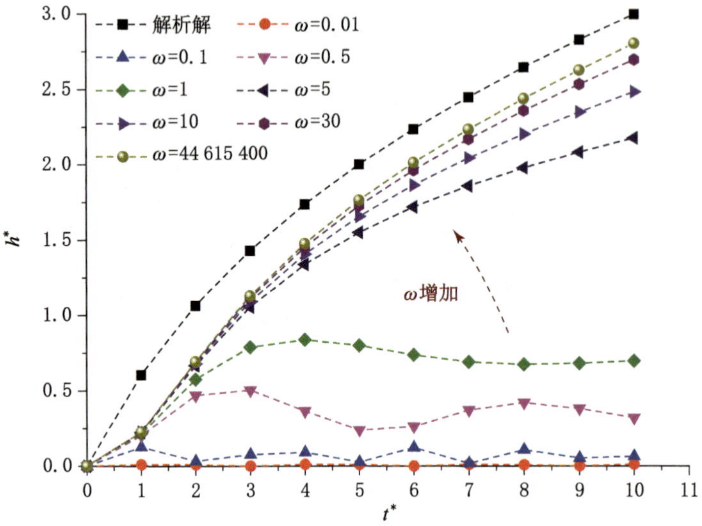

图 1-10　不同 ω 值下重力项影响的无量纲分析

1.4　本章小结

本章首先对渗吸中的润湿、接触角、表面张力及毛管力的基本概念进行了阐述；其次，分析了单根毛细管渗吸过程的动力学理论；最后，采用无量纲分析理论分析了惯性力项、黏性力项及重力项对无量纲渗吸高度的影响规律。研究结果表明：

① 黏湿功的绝对值越大，液体越容易黏湿固体，界面黏得越牢；接触角大于90°说明固体可以被气湿润；接触角等于 90°说明气和水对固体的湿润程度相当；接触角小于 90°说明固体可以被水湿润。

② 分析了惯性力模型、惯性力-黏性力-毛管力模型、L-W 模型、考虑重力因素的渗吸模型、Terzaghi 模型、Handy 模型。

③ 采用量纲分析法对液体在毛细管中的流动进行分析，获得了惯性力项、黏性力项及重力项对无量纲渗吸高度的影响规律。

参考文献

[1] 蔡建超，郁伯铭，2012.多孔介质自发渗吸研究进展[J].力学进展，42(6)：

735-754.
[2] 陈艳玲,2023.基于壁面润湿性的燃油撞壁形态发展过程及蒸发特性研究[D].长春:吉林大学.
[3] 崔国文,1990.表面与界面[M].北京:清华大学出版社.
[4] 高蕾,闵义,刘承军,等,2017.利用 Young-Laplace 算法程序计算液体表面张力[J].科学技术与工程,17(24):20-25.
[5] 李光昱,2016.微重力条件下多孔介质中的液体输运特性研究[D].长沙:国防科学技术大学.
[6] 刘程,1992.表面活性剂应用手册[M].北京:化学工业出版社.
[7] 张新菊,程黎明,黄瑞龙,等,2013.渗透检测中渗透液的润湿现象与接触角[J].无损检测,35(3):70-73.
[8] BOSANQUET C H,1923.On the flow of liquids into capillary tubes[J].The London,Edinburgh,and Dublin philosophical magazine and journal of science,45(267):525-531.
[9] CAI J C,HU X Y,STANDNES D C,et al,2012.An analytical model for spontaneous imbibition in fractal porous media including gravity[J].Colloids and surfaces A:physicochemical and engineering aspects,414:228-233.
[10] FRIES N,DREYER M,2008.An analytic solution of capillary rise restrained by gravity[J].Journal of colloid and interface science,320(1):259-263.
[11] FRIES N,DREYER M,2009.Dimensionless scaling methods for capillary rise[J].Journal of colloid and interface science,338(2):514-518.
[12] HANDY L L,1960.Determination of effective capillary pressures for porous media from imbibition data[J].Transactions of the AIME,219(1):75-80.
[13] HUANG Y L,CHANG Y Y,WANG M J,et al,2010.A simple method for measuring the superhydrophobic contact angle with high accuracy[J].The review of scientific instruments,81(6):065105.
[14] KARL T,1943.Theoretical soil mechanics[M].Hoboken:Wiley.
[15] LUCAS R,1918.Ueber das zeitgesetz des kapillaren aufstiegs von Flüssigkeiten[J].Kolloid-zeitschrift,23(1):15-22.
[16] QUÉRÉ D,2008.Wetting and roughness[J].Annual review of materials research,38:71-99.

[17] WASHBURN E W,1921.The dynamics of capillary flow[J].Physical review,17(3):273-283.

[18] ZHMUD B V,TIBERG F,HALLSTENSSON K,2000.Dynamics of capillary rise[J].Journal of colloid and interface science,228(2):263-269.

第 2 章　外加水分在不含瓦斯煤中的渗吸特性

煤层注水是煤矿最常用的综合灾害防治措施之一，常被应用于矿井瓦斯灾害防治及预湿减尘（陈健 等，2022；岳基伟 等，2022）。水分润湿煤体孔隙后，不仅可以降低煤层瓦斯含量，还能从根源上抑制粉尘的产生。煤层注水引入水分的流动过程包括压力渗流的过程及渗吸的过程。压力渗流的过程迫使煤层内部原有裂隙相互沟通或形成新的裂隙，提供水在煤层内流动的网络通道，游离态瓦斯被驱替。由于游离态瓦斯主要赋存于煤体孔-裂隙中且占煤中瓦斯含量的10%～20%，因此驱替瓦斯量呈现很快的衰减性（赵伟 等，2022）。裂隙中的水为煤基质的渗吸提供水源，水分在毛管力的驱动作用下进入煤基质，同时与孔隙内的瓦斯发生相互作用；孔隙内游离态瓦斯被驱替、吸附态瓦斯被置换为游离态瓦斯，游离态瓦斯在抽采负压的作用下排出煤层。渗吸为水分在孔隙内的浸润提供保障，煤层注水润湿的效果关键在于渗吸作用的发挥（Yue et al.，2022）。本章对外加水分在不含瓦斯煤中的渗吸特性进行研究，研究结果为揭示煤层注水润湿机制奠定理论基础。

2.1　实验煤样的制作及孔隙率测定

2.1.1　实验型煤的制作

实验煤样取自山西沁河能源集团永红煤矿 3 号煤层 3514 工作面新暴露的煤，其煤质为无烟煤。永红煤矿煤层瓦斯含量高，属于煤与瓦斯突出矿井。实验型煤的制作流程如下：

① 将取回的新鲜煤样采用粉碎机进行一次粉碎，然后采用振动筛进行筛选，选出粒径为 0.25～0.5 mm 和 0.25 mm 以下的煤样。

② 分别称取一定质量上述两种粒径的煤样，按照（0.25 mm 以下）：

(0.25～0.5 mm)＝2∶1的粒径比例进行均匀混合，添加10％的蒸馏水，充分搅拌均匀。

③ 采用经过特殊加工的型煤模具(图2-1)制作实验煤样。模具分为三个部分，分别为圆筒(直径为5 cm)、压力头及退模装置，三者之间能够形成配套组合。

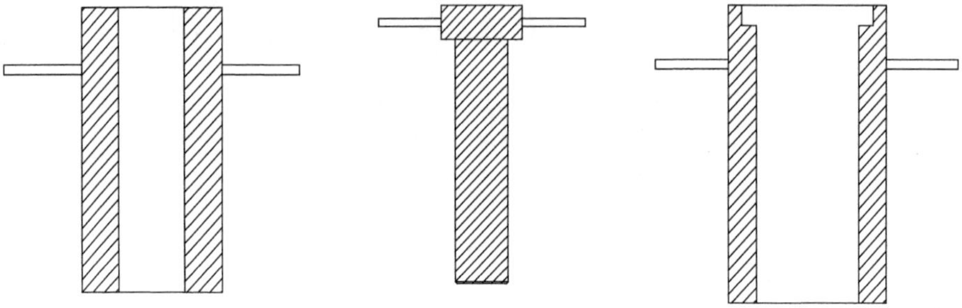

(a) 圆筒　(b) 压力头　(c) 退模装置

图2-1　型煤模具

④ 把充分搅拌后的湿润煤样加入型煤模具圆筒中[图2-2(a)]，利用万能试验机对型煤进行压制，万能试验机由控制面板、WES-1000B型万能液晶显示试验机和EHC-3100型微机控制电液伺服万能机测控系统组成。在万能试验机控制面板中将压制负荷设置为100 kN，稳压20 min，将模具倒置[图2-2(b)]，采用万能试验机缓慢地退出煤样，所得实验煤样如图2-2(c)所示。

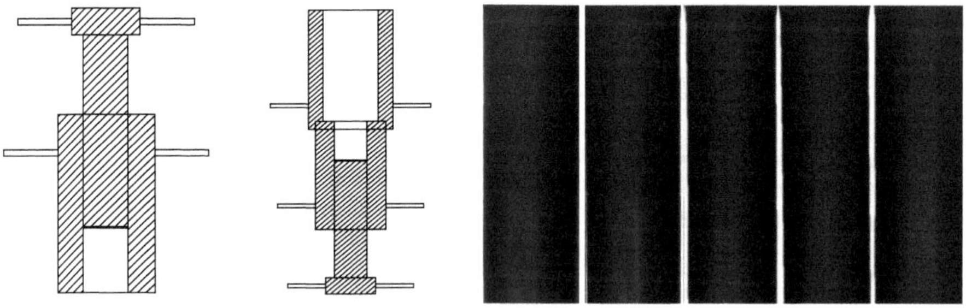

(a) 压制型煤原理图　(b) 退模原理图　(c) 型煤煤样示意图

图2-2　煤样制作流程图

⑤ 分别将压制负荷设置为200 kN、300 kN、400 kN，重复上述步骤②、③及④进行其他压制负荷条件下煤样的制作。型煤压制过程中，不同负荷随时间的变化规律如图2-3所示。

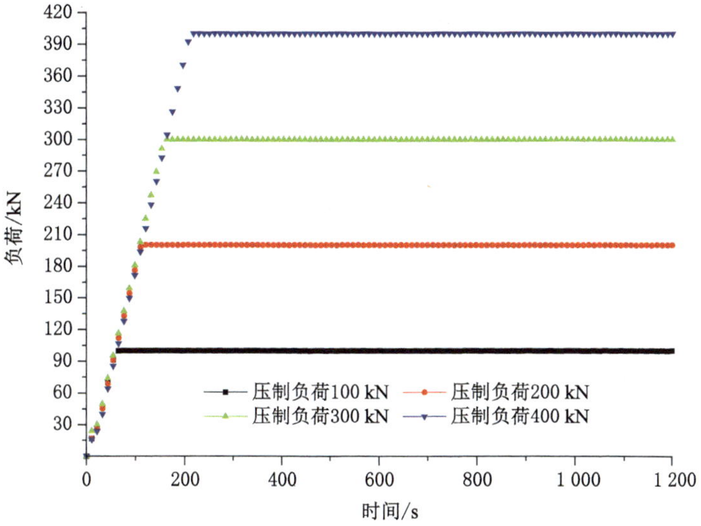

图 2-3　压制负荷随时间的变化规律

由图 2-3 可知，压制负荷随时间的增大而增大，增大至预设置的压制负荷值后，进入稳压阶段，稳压曲线近似于一条水平线。稳压阶段不同时间的压力值在设定的负荷值附近上下波动。因为煤体是弹性体，所以在稳压过程中，煤基质收缩，试验机自动补荷，煤基质回弹，试验机自动卸荷。因此，在同一颗粒配比、同一压制负荷下制作的型煤，无论在形状上还是在结构上均趋于一致。

2.1.2　煤样孔隙率的测定

根据《工业型煤视相对密度及孔隙率测定方法》(MT/T 918—2002)测试不同压制负荷煤样的视相对密度，煤的真相对密度采用《煤的真相对密度测定方法》(GB/T 217—2008)进行测定。型煤孔隙率与型煤的真相对密和视相对密度有关，其计算公式如式(2-1)所示，孔隙率与压制负荷变化曲线如图 2-4 所示。

由图 2-4 可知，随着压制负荷的增加，型煤孔隙率逐渐变小，变小的速率逐渐减小。因为随着压制负荷的增加，煤样逐渐变密。孔隙率(φ)与压制负荷(F)满足 $\varphi=0.430\ 56F^{-0.076\ 25}$($R^2=0.998\ 06$)的关系。

$$\varphi=(\mathrm{TRD}-\mathrm{ARD})/\mathrm{TRD}\times 100\% \tag{2-1}$$

式中　φ——型煤孔隙率，%；

TRD——型煤的真相对密度，g/cm^3；

ARD——型煤的视相对密度，g/cm^3。

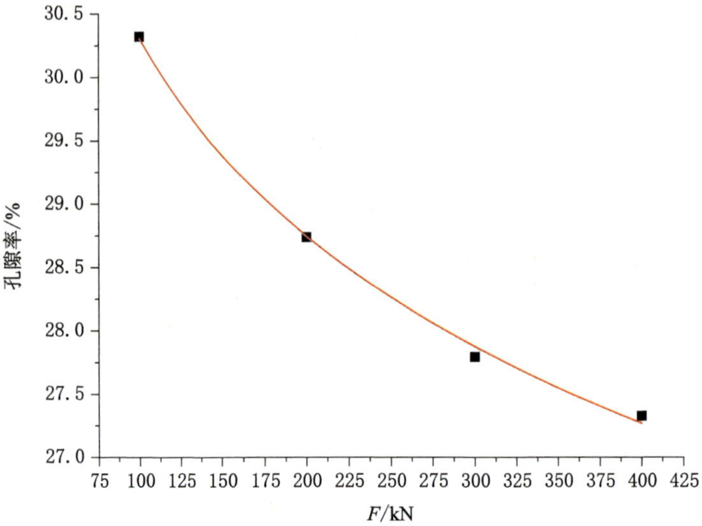

图 2-4　孔隙率与压制负荷的变化曲线

2.2　不含瓦斯型煤渗吸高度实验方法

2.2.1　水敏指示剂的配置

本节采用羧甲基纤维素、碳酸钙、二氧化钛、硫酸钴、硫氰酸钴和水配制水敏显色指示剂。通过在型煤外部标刻度，实时读取显色高度，并将显色高度与煤样切片求中值法的渗吸高度进行对比，得出水敏显色指示剂在渗吸高度实验中的可行性，同时自主设计了一套不含瓦斯型煤渗吸高度实验装置。

采用中子成像技术（Hanžič et al.，2003；张鹏 等，2011）及伽马射线衍射法（Quenard et al.，1988；Nielsen，1972）都可以通过水分分布推演出渗吸高度，但是上述技术在实验过程和定性定量分析中较为复杂。因此，为了找出一种方便考察渗吸高度的方法，需要研制一种遇水实时、真实反映渗吸高度的水敏显色指示剂。遇水变色的指示剂有很多，如示水标、无水硫酸铜、变色硅胶等。但是把示水标、无水硫酸铜、变色硅胶粘贴在煤壁表面，存在着所观察到的渗吸高度远远大于显色高度的问题。因此，采用一些化学物质按一定的比例混合，遇水实时显色以考察渗吸高度。配制的化学物质包括硫酸钴、硫氰酸钴、羧甲基纤维素、二氧化钛、碳酸钙和水（黄玉媛，2008），如图 2-5 所示。

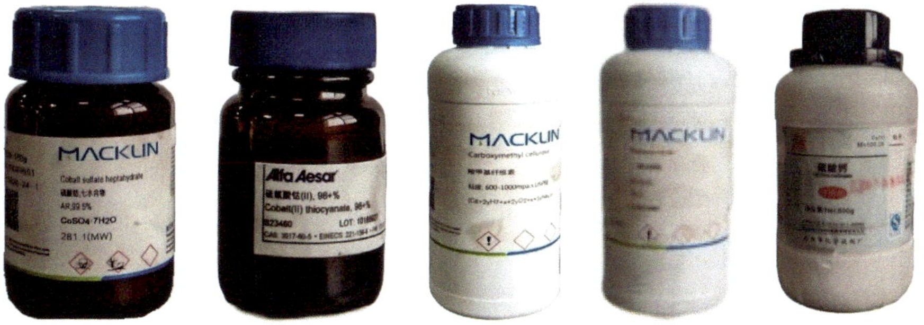

(a) 硫酸钴　(b) 硫氰酸钴　(c) 羧甲基纤维素　(d) 二氧化钛　(e) 碳酸钙

图 2-5　水敏显色指示剂的成分

进行羧甲基纤维素、碳酸钙、二氧化钛、硫酸钴、硫氰酸钴和水多次混配实验,获得了性能稳定的水敏指示剂,其配制比例为 1∶2∶5∶6∶13∶32。具体配制过程如下:

① 按上述比例称取一定质量的各化学物质。

② 将硫酸钴和硫氰酸钴溶于水。

③ 加入羧甲基纤维素。

④ 加入二氧化钛和碳酸钙。

⑤ 充分研磨分散制得水敏显色指示剂(图 2-6)。

图 2-6　水敏显色指示剂

2.2.2 水敏显色指示剂的使用方法

(1) 型煤的热力干燥

煤体中存在结合水和游离水。游离水是以物理吸附方式与煤结合的水。游离水分为两种形式:外在水和内在水。外在水是吸附在煤颗粒表面上或非毛细水;内在水是毛细管中的水,通常在105～110 ℃时干燥一段时间才能除去的游离水。结合水指以化合的方式同煤中矿物质结合的水,较难除去,通常要在200 ℃才能被除去,有的甚至需要500 ℃以上。型煤的热力干燥过程分为下述两个过程:首先把型煤放在一个热源的环境中。型煤刚放入热源环境时,由于自身导热性能的影响,型煤外部的水分先被蒸发,然后在内部和外部水分梯度的作用下,内部水分向外部扩散;当型煤在热源环境中被加热到水的蒸发点时,型煤的水分被加热成水蒸气,水蒸气被热源环境中的热气流带走,因此型煤的含水率不断下降,型煤周围水蒸气压力与型煤的水蒸气压力达到平衡时,型煤的含水率达到平衡含水率,型煤的干燥过程结束(张玉军,1999)。

本小节采用热空气消毒箱对实验所需型煤进行干燥,将热空气消毒箱温度设置为105 ℃,每间隔一段时间对型煤进行称重,直至前后两次称重质量差不超过0.5%,此时的煤样被认为是干燥煤样,并记下干燥后的型煤质量。

(2) 不含瓦斯型煤渗吸高度的实验过程

① 将干燥后的型煤编号,测定型煤高度,并计为 $H_i(i=1,2,3,\cdots,7)$。

② 将配好的水敏指示剂涂在型煤外壁上[图 2-7(a)],放入热空气消毒箱干燥,直至指示剂的颜色变为灰色且质量不变[图 2-7(b)],然后放入干燥器中冷却。

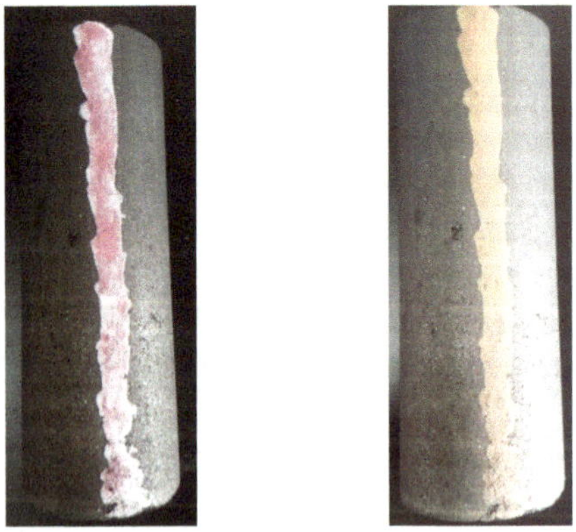

(a) 干燥前　　(b) 干燥后

图 2-7　涂抹水敏指示剂的型煤干燥前后的状态

(3) 水敏显色指示剂被干燥后的型煤实验前处理

① 用保鲜膜将型煤包裹。

② 用透明胶带将保鲜膜接口处封住。

③ 用保鲜膜包裹以后，将型煤底部用纱布包裹。采用纱布包裹的目的是：一方面防止纱布与型煤的壁接触；另一方面可以防止型煤底部吸水后散掉，造成质量流失，在包裹之前称取纱布的质量 $m_{纱}$。

④ 把刻度尺粘于型煤涂料附近。

⑤ 用透明胶带将型煤外部包裹。

⑥ 测试处理后型煤的总质量 $M_i(i=1,2,3,\cdots,n)$，处理后的型煤如图 2-8 所示。

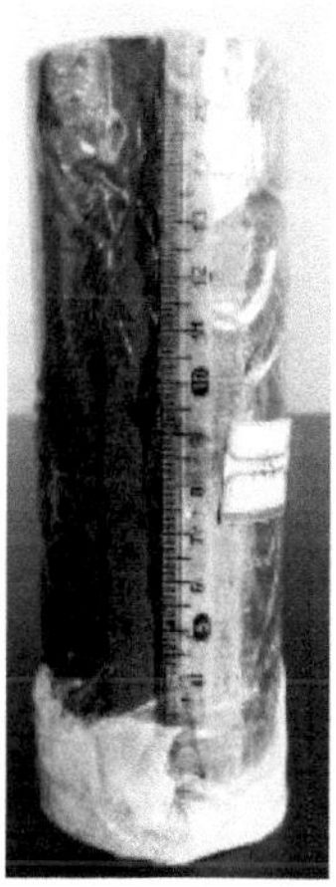

图 2-8　处理后的型煤

(4) 渗吸准备

在一个规则大容器里放置一块与容器截面积相等的海绵，然后在容器中加入一定量的水，实时监测水位，保证水位高度始终高于海绵 0.5 cm，置于恒温环境中。

(5) 底水渗吸

将同一压制负荷下制作的 7 个平行煤样放入底水渗吸装置中(图 2-9)并固定，通过空调控制实验温度，煤样开始底水渗吸。

(6) 渗吸高度测试

① 经过 t_1 时间，读取 7 个平行煤样的变色高度值 h_{1t1}、h_{2t1}、h_{3t1}、h_{4t1}、h_{5t1}、h_{6t1}、h_{7t1}，除去一个偏离稍大的高度值，然后求取其他 6 个变色高度的平均值，即该时间的渗吸高度值。同时，取出第 1 块型煤称量，质量计为 M_{1t1}，然

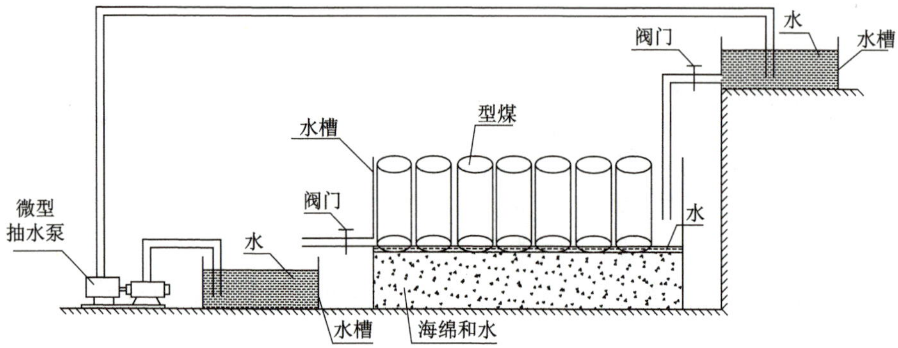

图 2-9　底水渗吸装置

后从高度为 h_{1t1} 处切断，在 0～ h_{1t1} 之间从底部开始每隔一定距离切一个片，在 h_{1t1}～H_1 之间每隔一定的距离切一个片，然后把所切的片装进称量瓶中，采用干燥法(图 2-10)对所切的片进行含水率的测定。

图 2-10　干燥法测试含水率

② 经过 t_2 时间，读取 6 个平行煤样的变色高度值 h_{2t2}、h_{3t2}、h_{4t2}、h_{5t2}、h_{6t2}、h_{7t2}，除去一个偏离稍大的高度值，然后求取其他 5 个高度值的平均值，即该时间的渗吸高度值。同时，取出第 2 块型煤称量，质量计为 M_{2t2}，然后从高度为 h_{2t2} 处切断，在 0～h_{2t2} 之间从底部开始每隔一定距离切一个片，在 h_{2t2}～H_2 之间每隔一定的距离切一个片，然后把所切的片装进称量瓶中，再采用干燥法对所切的片进行含水率的测定。

③ 按照上述方法进行渗吸高度读取，并测试每一块型煤不同高度处的含水率，直到最后一个型煤。

注：为了保证数据的充分性，在某些时刻不进行切片，只读取变色高度值。

配制的水敏指示剂变色高度是否可以定性和定量确定渗吸高度，需要通过切片法测试含水率来进行验证。假设显色高度为 h，从 h 处切断，从 h 处上下取样测试含水率，绘制含水率分布图，得出渗吸高度的范围，与水敏显色指示剂显色高度比对验证。

2.2.3　水敏显色指示剂效果考察

在实验过程中，首先用肉眼观察煤体中渗吸高度与水敏指示剂变色高度，如图 2-11 所示。由图 2-11 可以看出，配制的水敏指示剂遇水显色高度与肉眼所观察到的渗吸高度（湿润锋线）基本一致。

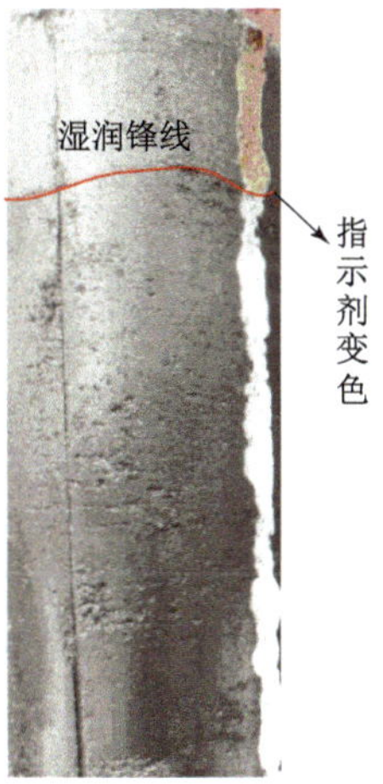

图 2-11　水敏指示剂的显色高度

随机选取 4 个型煤，编号为 X_1、X_2、X_3 及 X_4，渗吸时间分别为 60 min、120 min、150 min 及 600 min。通过显色法所测试的渗吸高度分别为 3.5 cm、5.7 cm、5.8 cm 及 11.8 cm。而后采用切片法分别测试煤样 X_1、X_2、X_3 及 X_4 沿煤样轴向高度的含水率，其变化规律如图 2-12 所示。由图 2-12 可知，沿高度方向煤体中含水率会发生突变，表明含水率突变高度即为该时段内的渗吸高度。在含水率突变高度区间内取中值为煤样的渗吸高度，与显色法观测到的渗吸高度对比见表 2-1。

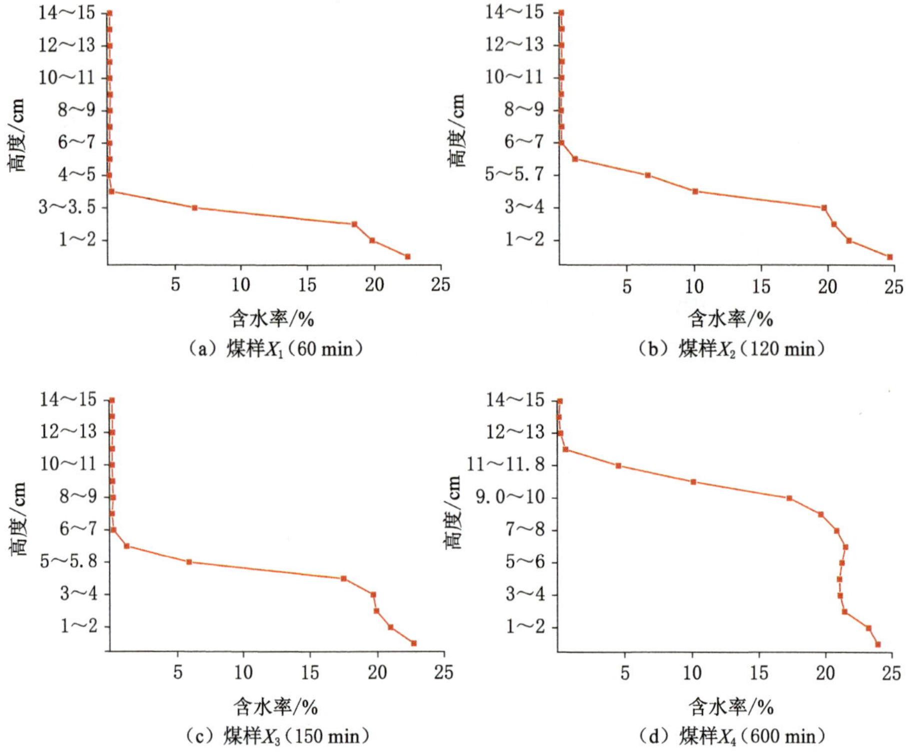

图 2-12　切片法测试含水率沿高度变化规律

表 2-1　水敏指示剂与干燥法对比结果

煤样	X_1	X_2	X_3	X_4
显色高度 h_1/cm	3.5	5.7	5.8	11.8
含水率突变区间/cm	3.5～4.0	5.7～6	5.8～6.0	11.8～12.0
渗吸高度中值 h_2/cm	3.75	5.85	5.90	11.90
相对误差[$(h_2-h_1)/h_2$]/%	6.67	2.56	1.70	0.84

由表 2-1 可知，空气中的水分、电子天平的误差等因素使得煤样未吸水部分的含水率不为 0，但变化不大。由显色法和切片求中值法得到的渗吸高度基本一致，相对误差不超过 7%。因此，水敏指示剂可用于渗吸高度的测试研究，而且使用方便。水敏显色指示剂只能定性获得渗吸高度，不能定量地获得不同高度处的含水率。

2.3　不含瓦斯型煤渗吸高度的变化规律

毛细吸水的动力是毛管力，毛管力的大小与液体的表面张力、毛细管半径及湿润角有关。对于某一物质，液体的表面张力、固体的湿润角是一定的。毛细管半径是复杂多变的，影响毛细管半径的因素有很多。例如，土是一种多孔介质，可以发生渗吸效应，影响土渗吸高度及渗吸时间的因素有土体的化学组分、颗粒的构成及压实度等，而颗粒的构成、压实度与毛细管半径有关；对于低渗透油藏，渗吸驱油是一个复杂的综合作用过程，其主要靠毛管力渗吸水驱油，毛管力与岩心的致密程度、油藏孔隙结构等因素有关（朱建红，2023；王彪 等 2023；杨建 等，2023；张娟 等，2022；Zhong et al.，2023）。煤体是一种双重孔隙结构的介质（聂百胜 等，2024；张贝贝 等 2023；Yue et al.，2023），因此外加水分在煤中也能够发生渗吸效应。

实验选取了压制力为 100 kN、200 kN 和 400 kN 的型煤，按照渗吸高度测试方法，在 t_1 时间，读取 7 个平行煤样的变色高度值 h_{1t1}、h_{2t1}、h_{3t1}、h_{4t1}、h_{5t1}、h_{6t1}、h_{7t1}，除去一个偏离稍大高度值，然后求取其他 6 个高度值的平均值；在 t_2 时间，读取 6 个平行煤样的变色高度值 h_{2t2}、h_{3t2}、h_{4t2}、h_{5t2}、h_{6t2}、h_{7t2}，除去一个偏离稍大的高度值，然后求取其他 5 个高度值的平均值，即该时间的渗吸高度值。按照以上方法，进行渗吸高度读取，直到最后一个型煤。根据不同渗吸时间下、不同压制负荷型煤的渗吸高度测试结果，绘制得到渗吸高度随时间的变化曲线，如图 2-13 所示。渗吸高度与时间满足 $h=a\sqrt{t}$ 的关系，拟合参数见表 2-2。

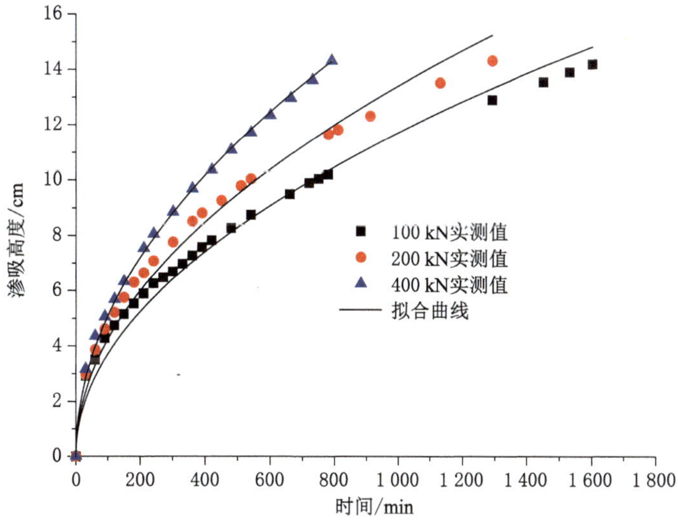

图 2-13　渗吸高度随时间变化规律

表 2-2　渗吸高度拟合公式及拟合参数 a

压制负荷 F/kN	拟合公式	a	R^2
100	$h=a\sqrt{t}$	0.370 53	0.982 54
200		0.424 08	0.980 79
400		0.508 60	0.997 97

由图 2-14 及表 2-2 可知，不同压制负荷型煤的渗吸高度随渗吸时间的变化具有如下的特征：

① 型煤的渗吸高度随时间的增加逐渐增大。因为毛管力是水分沿型煤轴向向上运输的动力，型煤持续吸水，渗吸高度呈现出初期快速增长、后期缓慢增长的现象。

② 压制负荷越大，渗吸高度越大。因为压制负荷越大，孔隙率越小，毛细管直径小，毛管力大，因此其渗吸高度大。

③ 渗吸高度(h)与渗吸时间(t)满足 $h=a\sqrt{t}$ 的关系，拟合公式较好反映了型煤渗吸高度关于时间的变化规律。

④ 对于压制负荷为 400 kN、200 kN 和 100 kN 煤样的渗吸高度方程，其拟合系数 a 逐渐减小。

在表 2-2 中，不同压制负荷型煤渗吸高度拟合方程 $h=a\sqrt{t}$ 中的系数 a 进行曲线拟合，如图 2-14 所示。

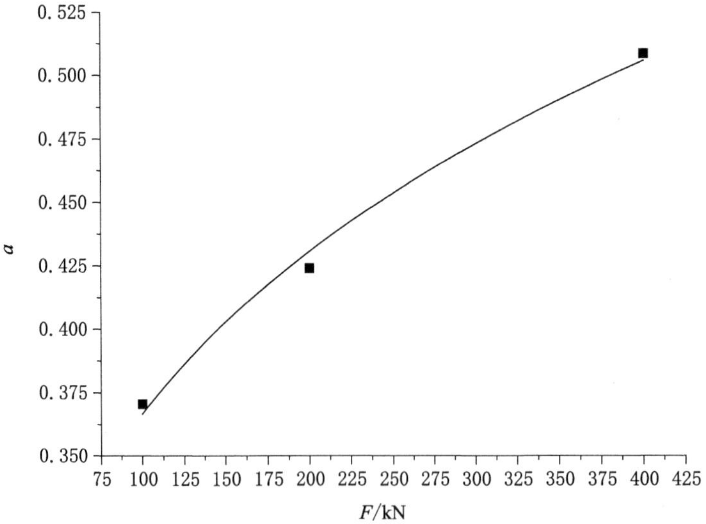

图 2-14　系数 a 与压制负荷 F 规律

由图 2-14 及表 2-3 可知，同一颗粒配比、不同压制负荷型煤渗吸高度的拟合方程 $h=a\sqrt{t}$ 的系数 a 具有如下的特征：

① 压制负荷越大，型煤渗吸高度的拟合方程 $h=a\sqrt{t}$ 的系数 a 越大。

② 不同压制负荷型煤渗吸高度的拟合方程 $h=a\sqrt{t}$ 的系数 a 与压制负荷 F 满足 $a=bF^c$ 的关系，拟合效果较好，拟合公式较好地反映了拟合系数 a 关于压制负荷 F 的变化规律。

③ 根据型煤渗吸高度关于时间的方程 $h=a\sqrt{t}$ 和拟合系数 a 关于压制负荷 F 的方程 $a=bF^c$ 的关系，可以建立渗吸高度关于压制负荷、时间的关系 $h=bF^c\sqrt{t}$，b 和 c 为拟合常数。

表 2-3　拟合公式及参数

压制负荷 F/kN	拟合公式	拟合后方程	R^2
100	$a=bF^c$	$a=0.125\ 94F^{0.232\ 05}$	0.986 39
200			
400			

为了研究渗吸高度和孔隙率的联系，须建立压制负荷和型煤孔隙率的关系。对不同压制负荷型煤的孔隙率进行拟合，拟合曲线如图 2-15 所示。

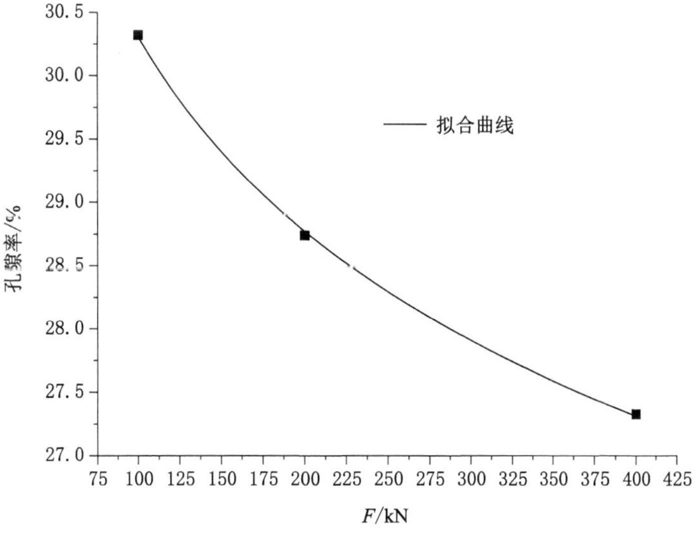

图 2-15　型煤孔隙率与压制负荷的关系

由图 2-15 及表 2-4 可知，孔隙率与压制负荷满足 $\varphi=dF^f$ 的关系，拟合效果较好；根据渗吸高度关于压制负荷、时间的关系 $h=bF^c\sqrt{t}$（b 和 c 为拟合参数）与孔隙率关于压制负荷的关系 $\varphi=dF^f$，可构建出渗吸高度关于孔隙率的方程 $h=b\mathrm{e}^{c/f\ln\frac{\varphi}{d}}\sqrt{t}$，其中 b、c、d、f 为拟合参数。

表 2-4 拟合公式及参数

负荷 F/kN	拟合方程	d	f	R^2
100	$\varphi=dF^f$	0.428 2	−0.075 05	0.999 33
200				
400				

已得知渗吸高度关于孔隙率的方程 $h=b\mathrm{e}^{c/f\ln\frac{\varphi}{d}}\sqrt{t}$，其中 b、c、d、f 为拟合参数。根据式 $h=bF^c\sqrt{t}$ 与式 $\varphi=dF^f$ 可数值解算出 b、c、d、f。型煤孔隙率 $\varphi=0.428\ 2F^{-0.075\ 05}$ 及系数 $a=0.125\ 94F^{0.232\ 05}$，对于压制负荷为 300 kN 的孔隙率 φ 进行数值解算，参数 φ 为0.279 1，由表 2-3 及表 2-4 可知，b、c、d 及 f 分别为 0.125 94、0.232 05、0.428 2 及−0.075 05。

将表中的相关参数代入式 $h=b\mathrm{e}^{c/f\ln\frac{\varphi}{d}}\sqrt{t}$，可以求得压制负荷为 300 kN 的型煤不同时刻的渗吸高度，将其与实测值对比，如图 2-16 所示。

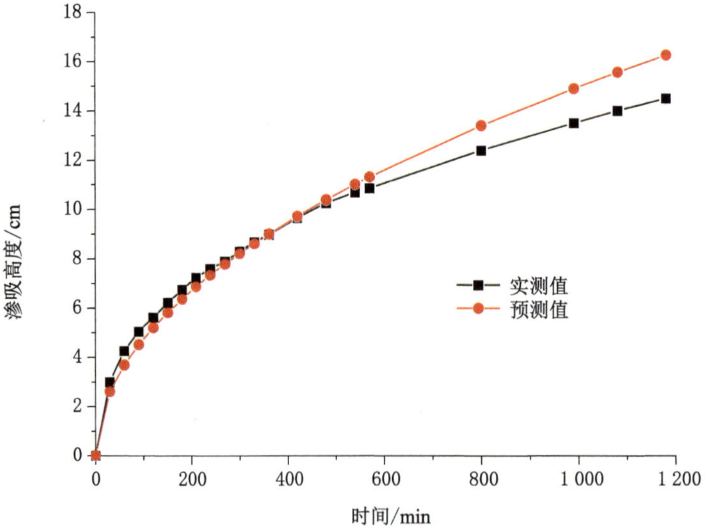

图 2-16 压制负荷为 300 kN 的型煤渗吸高度实测值与预测值对比

由图 2-16 可知，压制负荷为 300 kN 的型煤渗吸高度实测值与预测值差别不大。对压制负荷为 250 kN 的型煤渗吸高度进行预测，并与压制负荷为 200 kN 的型煤渗吸高度实测值进行对比，预测结果如图 2-17 所示。

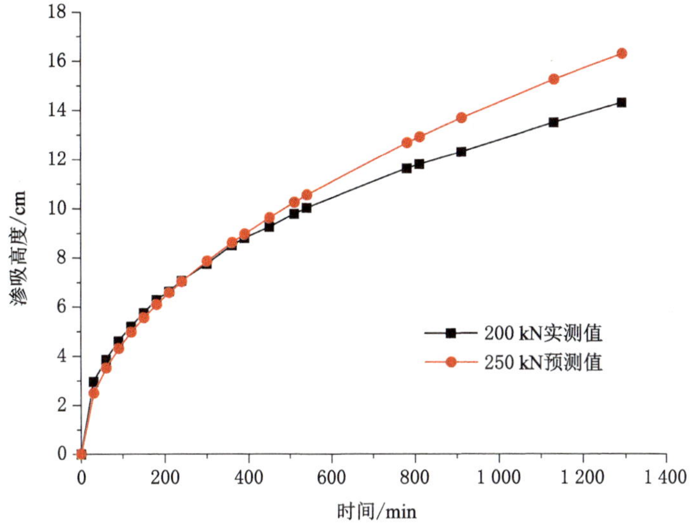

图 2-17　压制负荷为 250 kN 的型煤渗吸高度预测值

由图 2-17 可知，压制负荷为 250 kN 的型煤渗吸高度预测值具有如下特征：压制负荷为 250 kN 的型煤渗吸高度预测值比压制负荷为 200 kN 型煤渗吸高度实测值大，该规律满足压制负荷越大渗吸高度越大的规律。因此，对压制负荷为 300 kN 和 250 kN 型煤的渗吸高度进行预测，通过对比分析可知，渗吸高度关于孔隙率的方程为 $h = b\mathrm{e}^{c/f\ln\frac{\varphi}{d}}\sqrt{t}$，其中 b、c、d、f 为拟合参数，可以用来预测不含瓦斯型煤的渗吸高度。

2.4　外加水分渗吸过程煤中水分分布规律

2.4.1　型煤径向水分分布特征

按照不含瓦斯型煤渗吸高度测试方法中的含水率测试步骤，在恒温下，采用切片法测试型煤渗吸过程中水分沿径向分布规律。

实验中做如下假设：

① 型煤自发吸水过程中不考虑型煤遇水后的蒸发等因素。

② 将 1 cm 厚煤片的含水率等效为中值含水率。

③ 初始状态型煤是完全干燥的，吸水过程中其边界条件不发生变化(即不考虑吸水后径向膨胀)。

不含瓦斯型煤是一个圆柱体，径向水分分布是指沿柱体半径方向的水分分布。为考察沿半径方向的水分分布，首先沿柱体的轴向方向切 1 cm 厚的煤片，其次沿半径方向从圆心到边缘进行环切。环切的方式有两种，如图 2-18 所示，其中一种是按照半径 2.5～2 cm、2～1 cm、1～0 cm 的方式进行环切[图 2-18(a)]，另一种是按照半径 2.5～1.6 cm、1.6～0.8 cm、0.8～0 cm 的方式进行环切[图 2-18(b)]。采用干燥法测试型煤径向含水率，两种环切方式径向含水率的测试结果如图 2-19 所示。

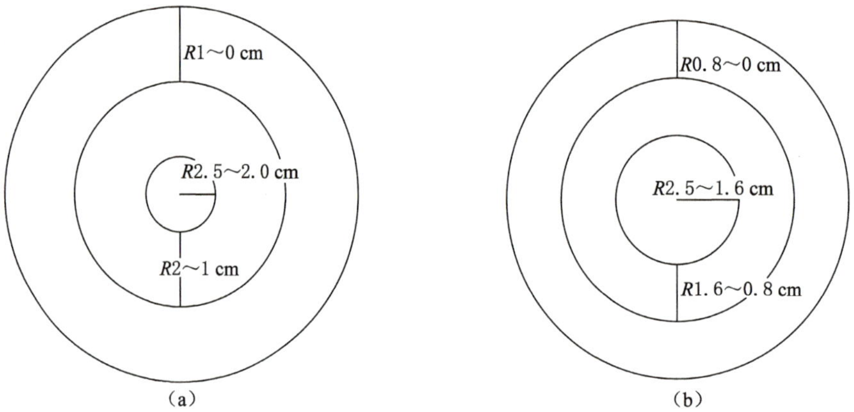

图 2-18　两种环切取样方式

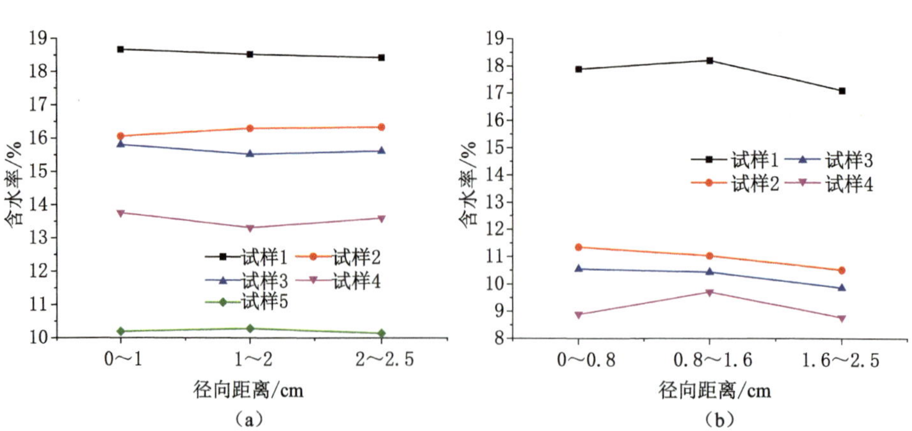

图 2-19　沿径向含水率测试结果

由不含瓦斯型煤径向含水率沿径向距离的变化规律可知，不含瓦斯型煤径向含水率差别不大。出现以上现象，可能是型煤直径较小造成的，从而造成不含瓦斯型煤径向含水率沿径向距离变化不大。

2.4.2 型煤轴向水分分布特征

不含瓦斯煤在底水渗吸的作用下，水分依靠毛管力的作用向上运输，因此型煤的含水率在未达到完全饱和之前，自下而上型煤的含水率存在差别，采用平行试样切片法研究不含瓦斯型煤的含水率沿高度方向的分布，从而掌握自下而上的水分输运机制。根据测试数据绘制得到不同时刻型煤渗吸过程含水率沿轴向的变化曲线，如图 2-20 所示。

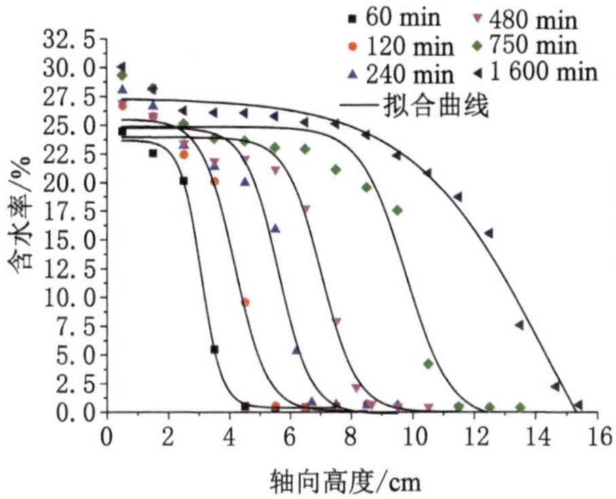

(a) 100 kN

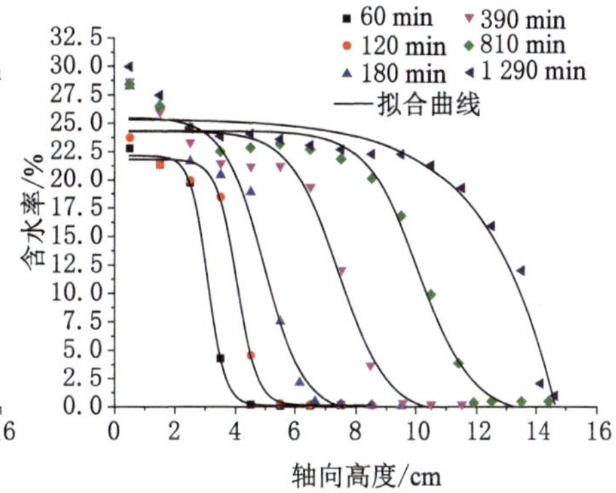

(b) 200 kN

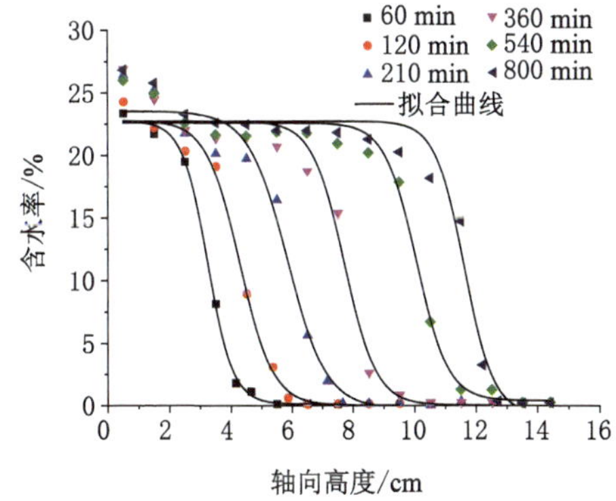

(c) 300 kN

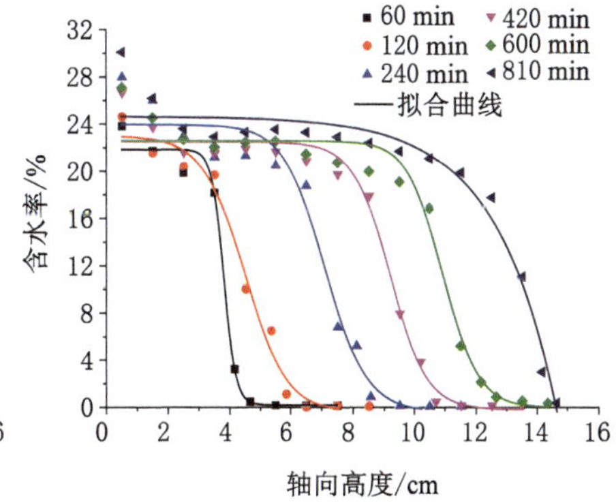

(d) 400 kN

图 2-20　不同时刻型煤沿轴向含水率的变化规律

图 2-20 中的曲线呈反 S 形，玻尔兹曼函数具有反 S 形图像的性质，因此对图 2-20 中不同时刻、不同高度处的含水率，采用玻尔兹曼函数 $w=A_2-(A_1-A_2)/(1+e^{(h-B_1)/B_2})$ 进行拟合，拟合参数表见表 2-5。

表 2-5　玻尔兹曼函数拟合参数表

型煤型号	时间/min	A_1	A_2	B_1	B_2	R^2
100 kN	60	0.236 7	0.004 0	3.072 0	0.337 5	0.996 9
	120	0.255 1	9.210×10^{-4}	4.172 0	0.535 1	0.987 5
	240	0.247 8	−0.001 4	5.607 0	0.542 3	0.957 6
	480	0.234 0	$2.256\ 1\times10^{-4}$	7.036 3	0.581 2	0.979 4
	750	0.248 6	−0.006 7	9.766 7	0.729 1	0.945 0
	1 600	0.273 4	−0.194 8	14.546 8	2.262 0	0.978 6
200 kN	60	0.221 6	0.001 2	3.088 7	0.284 9	0.998 0
	120	0.218 2	0.001 55	4.047 3	0.338 5	0.988 2
	180	0.255 1	−0.005 5	4.958 3	0.677 5	0.965 6
	390	0.242 9	−0.005 9	7.426 9	0.795 5	0.956 6
	810	0.243 3	−0.006 5	10.102 8	0.886 8	0.972 5
	1 290	0.254 0	−552.151 0	33.058 3	2.393 1	0.936 3
300 kN	60	0.227 3	0.001 3	3.239 7	0.409 7	0.997 4
	120	0.227 8	$2.679\ 3\times10^{-4}$	4.286 9	0.537 8	0.991 7
	210	0.235 3	−0.002 2	5.853 7	0.638 0	0.974 5
	360	0.227 2	$4.448\ 8\times10^{-4}$	7.721 8	0.515 1	0.965 0
	540	0.226 0	0.004 0	10.066 3	0.508 2	0.976 8
	800	0.227 3	−0.006 8	11.623 0	0.468 6	0.955 0
400 kN	60	0.218 3	0.002 0	3.804 6	0.192 5	0.986 4
	120	0.230 2	−0.003 8	4.478 3	0.687 1	0.977 2
	240	0.239 7	−0.003 0	7.087 9	0.660 2	0.960 1
	420	0.225 3	−0.001 5	9.184 5	0.603 9	0.976 0
	600	0.226 0	$-1.150\ 9\times10^{-4}$	10.924 6	0.576 2	0.965 3
	810	0.246 6	−355.950 0	29.433 4	2.036 0	0.934 8

由图 2-20 可知，渗吸过程中，不同时间、不同高度型煤水分含量变化具有如下特征：

① 含水率随轴向高度的增加逐渐减小，即从底部到顶部由大变小。从势能

方面考虑：根据能量守恒定律，能量是守恒的，能量高的状态会向能量低的状态转化，水分在煤体中运动速度非常缓慢，其动能可以忽略，煤体水分所具有的势能叫煤水势，煤水势由基质势和重力势组成。选择型煤底部为标准状态，基质势是由煤体对水分的吸持作用引起的，煤体的基质作用引起煤体对水做功，因此非饱和煤体水的基质势永远是负值，重力势为正值。煤水势对煤体内水分的运动起着重要的作用，因而型煤不同高度之间的煤水势差是水分在煤中运动的动力。因此，轴向含水率从底部到顶部由大到小。

② 轴向高度上的含水率变化与轴向高度曲线类似反 S 形曲线，毛管力是水分沿型煤轴向向上运输的动力，因此，在一定高度上的水分随着时间的增加而增大，呈现出开始增长快、后期随着时间的推移变得缓慢的特征。

③ 不同渗吸时间下的含水率沿型煤轴向变化曲线可以用玻尔兹曼函数 $w=A_2-(A_1-A_2)/(1+e^{(h-B_1)/B_2})$ 进行拟合，拟合度 R^2 接近于 1，A_1、A_2、B_1 及 B_2 为拟合常数，w 为含水率。

2.5　本章小结

本章首先研制了水敏指示剂，其次阐明了水敏指示剂的使用方法及不含瓦斯煤渗吸高度的实验方法，最后测试了不含瓦斯煤的渗吸高度、不含瓦斯煤径向及轴向的含水率，获得的成果如下：

① 水敏显色指示剂的成分为羧甲基纤维素、碳酸钙、二氧化钛、硫酸钴、硫氰酸钴和水，配制比例为 1∶2∶5∶6∶13∶32。

② 切片求中值法测试含水率与水敏显色指示剂得到的渗吸高度结果基本一致，相对误差不超过 7%，水敏显色指示剂不但可用于渗吸高度的测试研究，而且使用方便。

③ 型煤的压制负荷越大，孔隙率越小，同一时间内渗吸高度越大，渗吸高度与孔隙率满足 $h=be^{c/f\ln\frac{\varphi}{d}}\sqrt{t}$ 的关系。

④ 不含瓦斯型煤径向含水率差别不大，轴向高度上的含水率变化与轴向高度曲线类似反 S 形曲线，毛管力是水分沿型煤轴向向上运输的动力，轴向含水率与高度满足 $w=A_2-(A_1-A_2)/(1+e^{(h-B_1)/B_2})$ 的函数关系。

参考文献

[1] 陈建，程卫民，郭立稳，等，2022.基于 CT 和超声波技术联合分析的注水煤岩监测参数规律研究[J].采矿与安全工程学报，39(4)：786-796.

[2] 黄玉媛,2008.涂料配方[M].北京:中国纺织出版社.
[3] 聂百胜,赵丹,王孟霞,等,2024.含瓦斯煤体受载微破坏模型及失稳判识准则[J].煤炭学报,49(2):707-719.
[4] 王彪,李太伟,虞建业,等,2023.页岩储层表面活性剂渗吸驱油机理及影响因素分析[J].油气地质与采收率,30(6):92-103.
[5] 杨建,杨斌,王良,等,2023.川中大安寨段页岩油储层基质孔隙压裂液渗吸驱油侵入深度研究[J].油气地质与采收率,30(5):84-91.
[6] 岳基伟,王兆丰,董家昕,等,2022.受载煤自发渗吸过程水分运移规律及其影响机理[J].煤炭学报,47(11):4069-4082.
[7] 张贝贝,沈军平,金超,等,2023.九龙矿构造煤压力作用下孔隙结构及分形变化特征[J].科学技术与工程,23(35):14955-14963.
[8] 张娟,邓波,张浩弋,等,2022.致密砂岩动静渗吸增油机理实验研究[J].科学技术与工程,22(24):10526-10533.
[9] 张鹏,赵铁军,WITTMANN F H,等,2011.基于中子成像的水泥基材料毛细吸水动力学研究[J].水利学报,42(1):81-87.
[10] 张玉军,1999.型煤干燥过程的研究[J].洁净煤技术,5(2):29-30.
[11] 赵伟,王凯,李成武,等,2022.基于流动扩散互竞关系的基质吸附态瓦斯表观扩散系数实验室测定准确性分析[J].煤炭学报,47(2):860-869.
[12] 朱建红,2023."渗吸水盾"影响下 CO_2 吞吐动用页岩油机理研究[D].西安:西安石油大学.
[13] HANŽIČ L,ILIĆ R,2003.Relationship between liquid sorptivity and capillarity in concrete[J].Cement and concrete research,33(9):1385-1388.
[14] NIELSEN A F,1972.Gamma-ray-attenuation used for measuring the moisture content and homogeneity of porous concrete[J].Building science,7(4):257-263.
[15] QUENARD D,SALLEE H,1988.A gamma-ray spectrometer for measurement of the water diffusivity of cementitious materials[J].MRS online proceedings library,137(1):165-169.
[16] YUE J W,MA Y K,ZHAO A H,et al,2023.Competitive adsorption effect during spontaneous external water imbibition in loaded gas-bearing coal and application of a normalized desorption rate model[J].Geoenergy science and engineering,226:211799.
[17] YUE J W,WANG Z F,SHI B M,et al,2022.Interaction mechanism of water movement and gas desorption during spontaneous imbibition in gas-bearing coal[J].Fuel,318:123669.

[18] ZHONG J J, DUAN H Z, WANG J, et al, 2023. Simulation of water self-imbibition in nanometer throat-pore structure filled with oil[J]. Geoenergy science and engineering, 221: 211370.

第3章 外加水分在含瓦斯煤中的渗吸特性

煤炭为建筑、工业、电力和供暖等行业提供了强有力的支持。据预测，到2050年，中国的煤炭需求量约为3.8×10^{9} t(Yuan et al.,2018)，煤炭仍将是中国的主要能源。因此，持续开采煤炭是必要的。然而，随着开采深度的增加，煤层逐渐表现出低渗透性(Zhou et al.,2021;Lu et al.,2022)。随着埋深的增加，煤与瓦斯突出事故的发生频率越来越高，可能造成许多财产损失和人员伤亡(Zhang et al.,2023;Bai et al.,2022)，严重影响着煤炭企业的高质量发展。

为防治煤与瓦斯突出，煤层注水(石必明 等,2013;孙文标 等,2004)、水力冲孔(王兆丰 等,2012;刘明举 等,2005)、水力压裂(翟成 等,2011;孙炳兴 等,2010)等一系列水力化措施得到了广泛的应用，并取得了很好的成效。实施水力化措施后，进入煤体的水分会对煤中瓦斯解吸产生影响。现场测试方面，肖知国等(2009)、孟筠青(2011)、黄炳香等(2013)认为，高压水能够增透煤体、驱替游离瓦斯，进入煤体孔隙的水分能够封堵瓦斯、抑制瓦斯解吸。秦长江等(2013)认为，注水期间高压水能够增透煤体、驱替游离态瓦斯，促进瓦斯解吸，注水后水分对煤中瓦斯解吸产生了置换促进和封堵抑制的双重作用。实验室测试方面，张国华(2011)测试了外液侵入对煤体瓦斯解吸的影响进行测定，结果发现外液侵入过程中出现液置气和水锁的现象。陈向军(2013)在实验室对高压注水后不同变质程度颗粒煤的瓦斯解吸过程进行测定，发现水分对煤中瓦斯解吸的影响与注水后煤层的渗透性有关。王兆丰等(2015)、陈金生等(2016)排除高压注水对煤体破坏和压缩罐内气体的影响，对水分自然侵入煤体后的置换效应进行了测试，发现外加水分越多置换效应越明显，然而研究水分对煤中瓦斯置换作用时，无法排除系统压力升高引起一部分置换的瓦斯重新被吸附的影响，导致测试数据不能真实评价置换效果。鉴于此，本章开发了等压加水及等压解吸装置(等压加水能够保证水分的加入不造成煤样罐内压力升高，等压解吸能够使水分置换的瓦斯解吸及时排出解吸仪)，研究了不同外加水分、不同吸附平衡压力条件下外加水分对煤中瓦斯的渗吸效应，研究结果为揭示煤层注水治理瓦斯的机理奠定理论基础。

3.1　外加水分渗吸实验装备的研发

3.1.1　等压加水装置

研究外加水分对煤中瓦斯解吸的影响时，加水的方式主要为高压注水，但高压注水会产生破煤及驱替瓦斯的作用，当外来水加入实验系统后会占据实验系统空间，造成实验系统压力增大，进而导致游离瓦斯吸附，这两个方面均影响着外加水分对煤中瓦斯置换效应的评判。基于此，设计了一个等压加水装置，该装置主要包括尖端铁块、可旋转针阀、储水玻璃瓶三部分。等压加水装置示意图如图 3-1 所示。

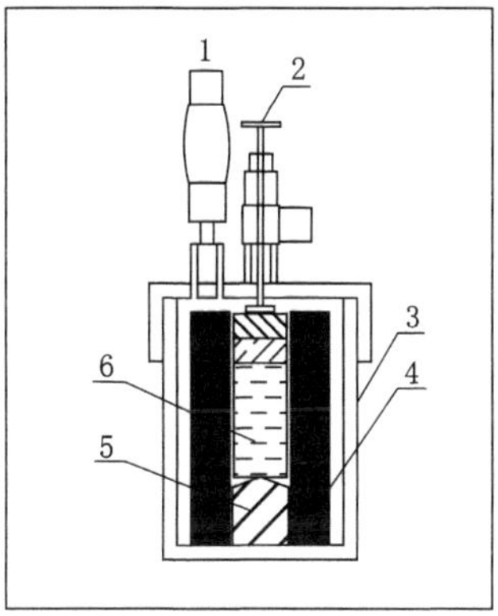

1—压力传感器；2—可旋转针阀；3—煤样罐；4—型煤；5—尖端铁块；6—储水玻璃瓶。

图 3-1　等压加水装置示意图

等压加水操作步骤如下：将尖端铁块、储水玻璃瓶放入型煤中心孔洞中，然后将型煤置于煤样罐中；采用充气吸附平衡单元对煤样罐进行充气，使煤样罐中的煤样吸附瓦斯平衡；利用可旋转针阀，旋转、挤压储水玻璃瓶上部，此时储水玻璃瓶底部挤压带有尖端的铁块，利用铁块的尖端将储水玻璃瓶打破，实现水分无外压地加入煤样中。

其中，储水玻璃瓶装入的水量等于干燥型煤的质量与实验所要测试加水率的乘积，若玻璃瓶装入水后仍有部分剩余空间，则将固态石蜡加热成液态石蜡，将液态石蜡倒入储水玻璃瓶中占据剩余空间，以消除这部分体积对实验环境压力带来的影响，待液态蜡凝固后，采用 A-B 胶密封储水玻璃瓶。由于储水玻璃瓶是预先内置于煤样罐中，所以打破后煤样罐中死体积不会发生变化，并且水分可无压力地进入煤体，有效排除注水压力及注入水占据的体积对实验的影响，其为等压环境下研究外加水分对煤中瓦斯的置换效应创造了实验条件。

3.1.2 等压解吸装置

研究外加水分对煤中瓦斯的置换效应时，由于实验是在封闭系统中进行的，所以水分置换出的瓦斯会使煤样罐内的压力升高，导致一部分置换出的瓦斯重新吸附，重新吸附的瓦斯会使微孔隙内瓦斯压力增高，阻碍水分在煤体中的运移，影响置换效应的考察。如果能够通过一种途径使置换出的瓦斯排出系统，实验系统内的压力将不会发生变化，上述问题将会得到解决。

目前主要通过安全阀来保证系统处于等压环境，安全阀一般安装在封闭系统的设备或管路中，可依据系统的压力变化自动开启或者关闭，保护系统的安全性(唐军，2016)。目前卸压装置可以分为重锤杠杆式、弹簧式(宋卫臣，2017)。重锤杠杆式安全阀具有笨重、开启压力大且不易关闭等缺点(王水珍 等，1988)；弹簧式安全阀的弹簧阻尼过大会造成卸压过小，弹簧的阻尼过小会造成卸压过大(丁卫撑等，2016)。由于实验要求系统一直处于等压环境，需要高精度地排放气体，而安全阀在开启后不能快速地闭合及开启，所以无法满足实验的需要。鉴于此，笔者开发了一套等压卸压装置，以期为测试含瓦斯煤渗吸效应提供一种可行的条件。

等压卸压装置是通过内置胶皮软管的张开、闭合来实现稳压的，由于胶皮软管的壁厚较薄，胶皮软管能够实现快速的张开、闭合，对压力的灵敏度高。其作用原理是首先向等压装置中加入一定量的水，直至水能够淹没胶皮软管，然后充入一定量的高压气体 p_0，利用水的不可压缩性，高压气体 p_0 作用于水，水将胶皮软管压紧。外来气体 p_1 通过等压装置时，若 $p_1>p_0$，胶皮软管张开，外来气体 p_1 通过胶皮软管排出，直至 $p_1\leqslant p_0$ 时，胶皮软管闭合，外来气体 p_1 不能通过。等压卸压装置如图 3-2 所示。

3.1.3 等压卸压装置测试含瓦斯煤渗吸效应可行性研究

等压卸压装置高可靠性是指等压装置在一定时间内、在一定条件下保证煤样罐内压力恒定的能力强，其是实验能够精确得出解吸数据的保障。现对设计的等压卸压装置的可行性进行测试，测试的方法是将等压解吸装置安装到外加水分渗吸实验装备中，通过观察煤样罐内稳定时的压力 p_1 与初始压力 p_0 的比值，研究等压卸压装置的可行性。外加水分渗吸实验装备如图 3-3 所示，该装备主要包括以下六个单元：真空脱气单元、恒温单元、压力监控单元、充气吸附平衡单元、等压卸压单元、解吸单元。等压卸压装置可行性测试步骤如下。

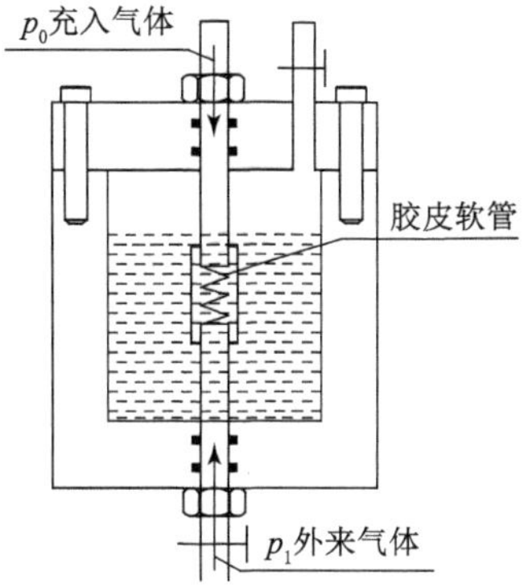

图 3-2 等压卸压装置

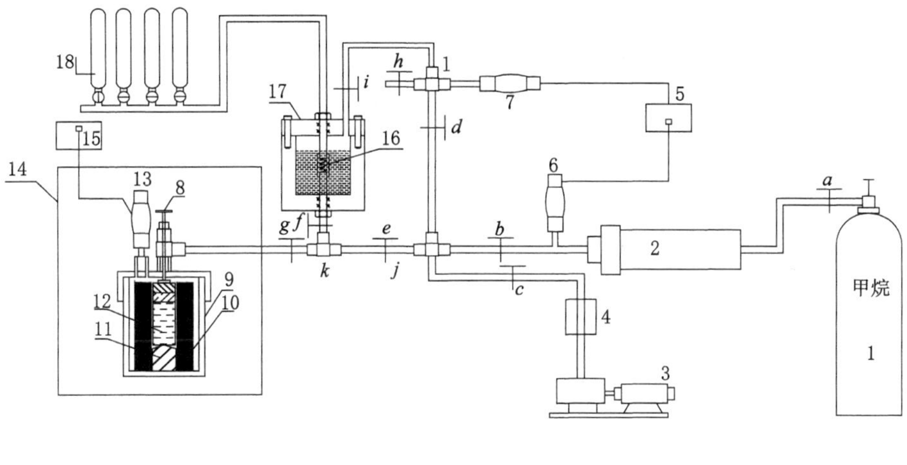

1—高压甲烷气瓶；2—参考罐；3—真空泵；4—真空计；5，15——数据采集器；
6，7，13—压力传感器；8—可旋转针阀；9—煤样罐；10—型煤；11—尖端铁块；
12—储水玻璃瓶；14—恒温水浴；16—胶皮软管；17—等压卸压装置；18 解吸仪；
a～i—阀门；j～l—三通。

图 3-3 外加水分渗吸实验装备

① 将采集的新鲜煤样粉碎，筛选出粒径为 0.25～0.5 mm、0.2～0.25 mm 和小于 0.2 mm 的煤样，按照 2∶1∶1 的比例均匀混合，添加 20%的蒸馏水，充分搅拌，加入专用模具中[图 3-4(a)]；采用伺服压力机进行压制，压力为 200 kN，稳压 30 min，型煤的尺寸为 ϕ50 mm×80 mm，中心孔洞尺寸为 ϕ22 mm×80 mm，型煤中心预留孔洞[图 3-4(b)]，孔洞是为了放储水玻璃瓶而设的。

(a) (b) (c)

图 3-4 煤样的制作过程

② 将型煤放入 GRX-9053A 型热空气消毒箱中在 105 ℃下干燥，每隔半个小时进行称重，直至质量不变，视为干燥完成；将储水玻璃瓶加入水，加入水的量根据实验设置的含水率及型煤质量决定(即型煤干燥后的质量与实验设置的加水率乘积)，加入水后如果玻璃瓶还有剩余的空间，用液体石蜡进行填充，待石蜡凝固后，用胶水对固体石蜡上表面以及储水玻璃瓶盖进行密封；向型煤中心孔洞中依次放入带尖端的铁块、密封好的储水玻璃瓶。

③ 对系统进行抽真空，当真空度小于 20 Pa 时，关闭相应阀门 c，打开阀门 a，由高压甲烷气瓶 1 对参考罐 2 进行充气，待参考罐中的压力稳定后(由压力传感器 6 监测可得)，关闭阀门 a。打开阀门 b、e 及 g 向煤样罐 9 充气，使煤样达到吸附平衡压力，关闭阀门 b、e 及 g，吸附平衡时间不少于 12 h。

④ 向等压卸压装置 17 中加入水直至淹没装置内的胶皮软管 16，通过打开高压甲烷气瓶 1 对参考罐 2 进行充气，待参考罐压力稳定后(由压力传感器 6 可监测可得)，打开阀门 b、d、i 向等压卸压装置 17 充气，使等压卸压装置 17 的压力稳定到煤样吸附平衡压力。

⑤ 煤样吸附平衡后，采用煤样罐 9 上部可旋转针阀 8 将内置的储水玻璃瓶 12 挤压，储水玻璃瓶 12 的底部在下部尖端铁块 11 的挤压作用下，储水玻璃瓶 12 中水分等压加入型煤 10 中。

⑥ 水分进入含瓦斯煤体的同时，打开煤样罐 9 与等压卸压装置 17 连接处 g、f 阀门，当煤样罐 9 内的压力超过吸附平衡压力时，等压卸压装置 17 打开，置换出的瓦斯逸散到煤样罐外；低于吸附平衡压力时，等压卸压装置 17 关闭，通过等压卸压装置 17 的打开、关闭，使煤样罐 9 内的压力稳定在一个相对稳定的值。通过与等压卸压装置 17 相连接的解吸仪 18 对排出的瓦斯进行收集，每隔一定时间记录解吸量，当 2 h 内的解吸量小于 0.007 mL/g 时，视为实验结束。

按照上述渗吸实验步骤，测定等压卸压装置在外加水分为 2%、4%、6%、8%及 10%，瓦斯压力为 1 MPa、1.5 MPa、2 MPa、2.5 MPa 及 3 MPa 条件下的可行性。等压卸压装置可行性测试结果见表 3-1。

表 3-1　等压卸压装置可行性测试结果

<table>
<tr><th colspan="5">p_0/MPa</th><th>M/%</th><th colspan="5">p_1/MPa</th><th colspan="5">R/%</th></tr>
<tr><td rowspan="5">1</td><td rowspan="5">1.5</td><td rowspan="5">2</td><td rowspan="5">2.5</td><td rowspan="5">3</td><td>2</td><td rowspan="5">0.98</td><td rowspan="5">1.48</td><td rowspan="5">1.98</td><td rowspan="5">2.48</td><td>2.98</td><td rowspan="5">98</td><td rowspan="5">98.67</td><td rowspan="5">99</td><td rowspan="5">99.2</td><td>99.3</td></tr>
<tr><td>4</td><td>2.98</td><td>99.3</td></tr>
<tr><td>6</td><td>2.98</td><td>99.3</td></tr>
<tr><td>8</td><td>2.97</td><td>99.2</td></tr>
<tr><td>10</td><td>2.97</td><td>99.2</td></tr>
</table>

表 3-1 中，p_0 为吸附平衡压力，MPa；p_1 为渗吸开始后煤样罐的稳定压力，MPa；R 表示稳定压力 p_1 与初始压力 p_0 的比值，%，即等压卸压装置的可行性。

由表 3-1 可知，等压卸压装置的可行性 R 在 98%～99.3%范围内波动，等压卸压装置可行性较高，能够满足实验要求。

3.2　等压环境下外加水分对煤中瓦斯置换效应研究

3.2.1　外加水分对煤中瓦斯置换效应的影响规律

为了阐明外加水分对煤中瓦斯置换效应的影响规律，实验测试了吸附平衡压力为 1.5 MPa、2.5 MPa，外加水分为 2%、4%、6%、8%、10%条件下的置换瓦斯量，测试结果如图 3-5 所示。

由图 3-5 可知，向煤样罐中等压加水后，水分子与瓦斯分子产生竞争吸附，吸附态瓦斯被水置换为游离态瓦斯，煤样罐中瓦斯压力逐渐增加，当煤样罐中瓦斯压力大于吸附平衡压力时，橡胶管被打开，游离态瓦斯通过卸压装置被释放。当煤样罐中气体压力等于吸附平衡压力时，橡胶管被关闭。随着渗吸时间的增加，置换瓦斯量先是快速增加，而后缓慢增加，最后趋于平衡。在同一吸附平衡压力条件下，置换瓦斯量随着外加水分的增加而增加。煤层注水以后，水分渗吸的过程有多重作用：一是水分渗吸能够将吸附态瓦斯置换为游离态瓦斯，从而增加局部瓦斯压力及瓦斯流动的动力；二是裂隙中的水向煤基质中渗吸，减小煤中的水锁效应；三是随着渗吸时间的增加，煤中裂隙水分减小，煤体的渗透率逐渐恢复。

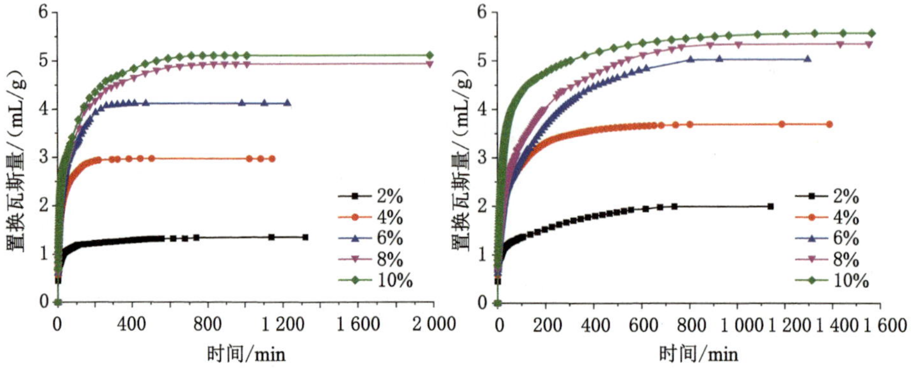

(a) 1.5 MPa　　(b) 2.5 MPa

图 3-5　不同含水率下置换瓦斯量随时间的变化曲线

吸附平衡压力为 1.5 MPa、2.5 MPa，外加水分为 2%、4%、6%、8%、10%条件下的最大瓦斯置换量及最大瓦斯置换率如图 3-6 所示。

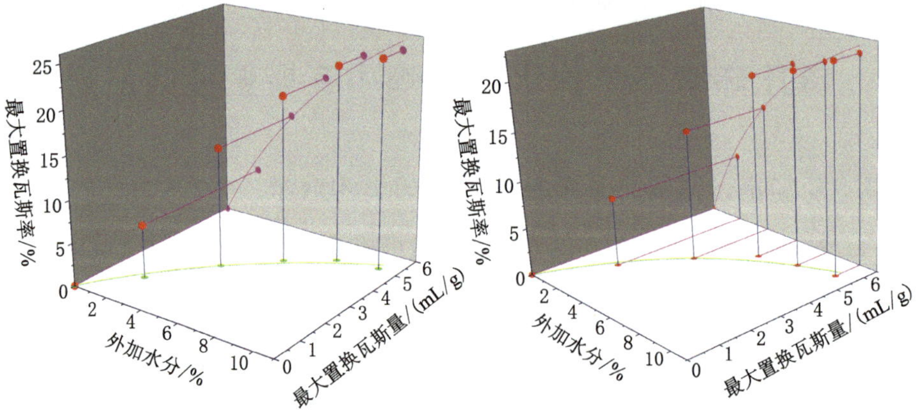

(a) 1.5 MPa　　(b) 2.5 MPa

图 3-6　最大置换瓦斯量、最大置换瓦斯率随外加水分的变化规律

由图 3-6 可知，对于吸附平衡压力为 1.5 MPa，外加水分为 2%、4%、6%、8%、10%条件下的最大置换瓦斯量为 1.35 mL/g、2.97 mL/g、4.12 mL/g、4.93 mL/g、5.11 mL/g，最大置换瓦斯率为 6.17%、13.94%、19.42%、22.79%、24.15%。对于吸附平衡压力为 2.5 MPa，外加水分为 2%、4%、6%、8%、10%条件下的最大置换瓦斯量为 2.00 mL/g、3.70 mL/g、5.03 mL/g、5.35 mL/g、5.57 mL/g，最大置换瓦斯率为 7.26%、13.63%、19.02%、19.09%、21.51%。最

大置换瓦斯量和最大置换瓦斯率随外加水分的增加而增加，其原因是煤中吸附态瓦斯占 80%～90%，煤对瓦斯分子的吸附能力小于煤对水分子的吸附能力，外加水分越多，置换的瓦斯分子越多。最大置换瓦斯量、最大置换瓦斯率均与外加水分满足 Langmuir 函数关系，如式(3-1)及式(3-2)所示，拟合参数见表 3-2。

$$Q_{max} = abw/(1+bw) \tag{3-1}$$

$$\eta_{max} = cdw/(1+dw) \tag{3-2}$$

式中　Q_{max}——最大置换瓦斯量；

η_{max}——最大置换率；

a、b、c 及 d——拟合参数；

w——外加水分。

表 3-2　式(3-1)及式(3-2)的拟合参数

吸附平衡压力/MPa	a	b	R^2	c	d	R^2
1.5	11.918 88	0.081 76	0.984 85	56.967 19	0.079 18	0.985 62
2.5	9.441 30	0.160 47	0.984 29	38.072 36	0.140 21	0.984 87

3.2.2　吸附平衡压力对煤中瓦斯置换效果的影响规律

为了阐明吸附平衡压力对煤中瓦斯置换效果的影响规律，实验测试了吸附平衡压力为 1.0 MPa、1.5 MPa、2.0 MPa、2.5 MPa、3.0 MPa，含水率为 4%、10% 条件下的置换瓦斯量，测试结果如图 3-7 所示。

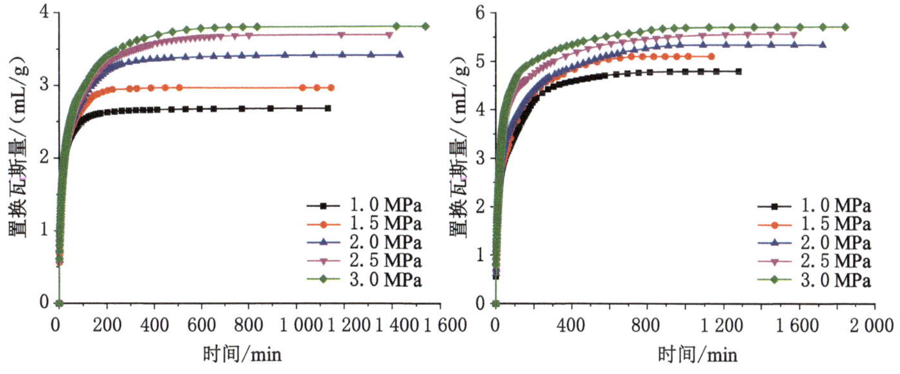

（a）4%　　（b）10%

图 3-7　不同吸附平衡压力下置换瓦斯量随时间的变化曲线

由图 3-7 可知，置换瓦斯量随着渗吸时间的增加，先是快速增加，后是缓慢增加，最后趋于平衡，其原因如下：随着渗吸时间的增加，水分的重量逐渐增加，水分运移速率逐渐减小。同一外加水分条件下，置换瓦斯量随着吸附平衡压力的增加而增加，其原因是吸附平衡压力越大，吸附态瓦斯分子浓度越大，一个水分子可以置换更多的甲烷分子。

吸附平衡压力为 1.0 MPa、1.5 MPa、2.0 MPa、2.5 MPa、3.0 MPa，含水率为 4%、10%条件下的最大瓦斯置换量及最大瓦斯置换率如图 3-8 所示。

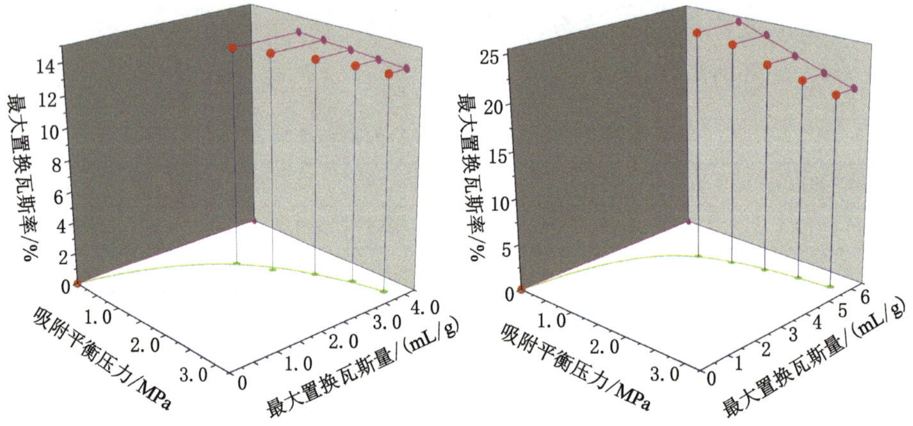

(a) 4%　　(b) 10%

图 3-8　最大置换瓦斯量、最大置换瓦斯率随吸附平衡压力的变化规律

由图 3-8 可知，最大置换瓦斯量随着吸附平衡压力的增加而增加，其原因是吸附平衡压力越大，吸附态瓦斯分子浓度越大，一个水分子可以置换更多的甲烷分子。最大置换瓦斯率随着吸附平衡压力的增加而减小，煤中吸附态瓦斯的密度及孔隙的润湿程度共同决定着最大置换瓦斯率，最大瓦斯置换量与吸附平衡压力满足 Langmuir 函数关系[式(3-3)]，最大瓦斯置换率与吸附平衡压力满足指数函数关系[式(3-4)]，拟合参数见表 3-3。

$$Q_{\max 1} = ABp/(1+Bp) \tag{3-3}$$

$$\eta_{\max 1} = CD^{p} \tag{3-4}$$

式中　$Q_{\max 1}$——最大置换瓦斯量；

$\eta_{\max 1}$——最大置换率；

A、B、C 及 D——拟合参数；

p——吸附平衡压力。

表 3-3　式(3-3)及式(3-4)的拟合参数

外加水分/%	A	B	R^2	C	D	R^2
4	4.972 23	1.099 09	0.996 97	14.288 16	0.982 02	0.977 37
10	6.269 36	3.121 08	0.999 32	27.642 84	0.906 54	0.985 28

3.3　等压和非等压卸压环境下渗吸效应测试结果与分析

等压环境即图 3-2 中所描述，非等压环境即外加水分置换的瓦斯不能及时排出(不包含图 3-3 中的等压卸压装置)。不同含水率、不同吸附平衡压力下等压与非等压环境下最大置换瓦斯量如图 3-9 及图 3-10 所示。

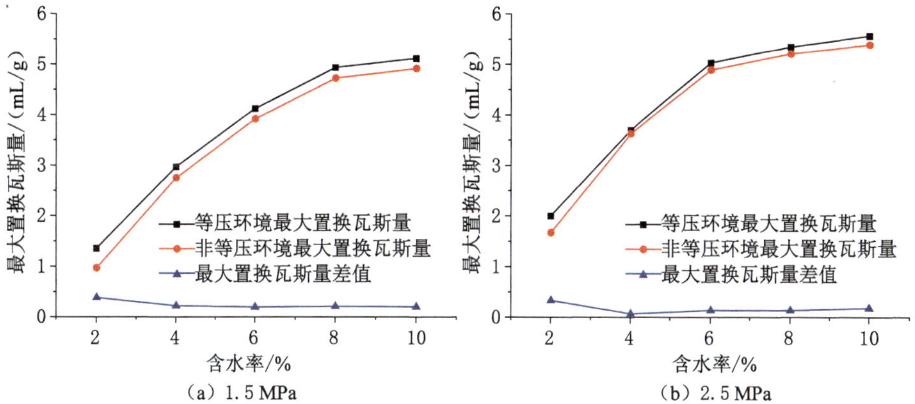

图 3-9　不同含水率下等压与非等压环境最大置换瓦斯量对比

由图 3-9 可知，相同吸附平衡压力下，等压环境下的最大置换瓦斯量比非等压环境下的最大置换瓦斯量大，非等压环境下置换出的一部分瓦斯会因煤样罐内的压力升高而重新吸附，其会使微孔内压力增高，微孔内瓦斯压力的增高阻碍水分在孔隙中的运移，影响置换瓦斯的效果，造成测试的置换瓦斯量偏小。随着含水率的增加，最大置换瓦斯量的差值幅度有逐渐减小的趋势，因为煤对瓦斯的吸附能力随着含水率的增加逐渐降低，煤样含水率越大，非等压环境下因煤样罐内压力升高引起重新吸附的瓦斯量越少。

由图 3-10 可知，相同含水率下，等压环境下的最大置换瓦斯量比非等压环境下的最大置换瓦斯量大，其主要是因为非等压环境下煤样罐内瓦斯压力升高

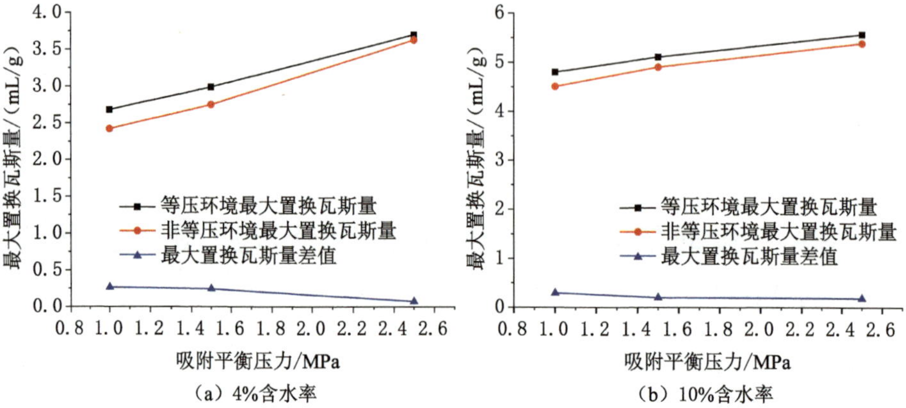

图 3-10 不同吸附平衡压力下等压与非等压环境最大置换瓦斯量对比

导致反吸附。相同含水率下随着吸附平衡压力的增加，最大置换瓦斯量的差值逐渐减小，吸附平衡压力变大，瓦斯分子在煤体表面占据的吸附位就增多，排列得更密，吸附能力增大，非等压环境下置换出的瓦斯重新吸附的难度增大，重新吸附的量随之减少。

由最大置换瓦斯量的差值可知，等压环境下的最大置换瓦斯量比非等压环境下的最大置换瓦斯量大，研究外加水分对煤中瓦斯的置换效应，需在等压环境下进行，其能够更准确地评价置换效果，得出的结果更具有工程指导意义。

3.4 本章小结

本章通过自主搭建的实验平台，在等压环境下测试了外加水分对煤中瓦斯的置换效应，主要研究结论如下：

① 等压卸压装置的可行性在 98%～99.3%之间，其灵敏度高，能够用于测试外加水分在含瓦斯煤中的渗吸效应。

② 相同的吸附平衡压力条件下，置换瓦斯量随外加水分的增加而增加；相同外加水分条件下，置换瓦斯量也随吸附平衡压力的增加而增加，然而置换瓦斯率逐渐减小。

③ 相同的吸附平衡压力条件下，最大置换瓦斯量和最大置换瓦斯率均随外加水分的增加而增加，但增加的速率减小；最大置换瓦斯量、最大置换瓦斯率与水分的关系均可以采用 Langmuir 函数表示；相同外加水分条件下，最大置换瓦斯量与吸附平衡压力正相关，其可以采用 Langmuir 函数表示，最大置换瓦斯率

与吸附平衡压力负相关,可以采用指数函数表示。

④ 采用等压卸压装置测试含瓦斯煤渗吸效应,其最大置换瓦斯量大于非等压环境下的最大置换瓦斯量。相同吸附平衡压力下,随着含水率的增加,最大置换瓦斯量的差值有减小的趋势。相同含水率下,随着吸附平衡压力的增加,最大置换瓦斯量的差值亦有减小的趋势。采用等压卸压装置测试外加水分在含瓦斯煤中的渗吸效应,排除了因煤样罐瓦斯内压力升高出现反吸附的现象,其为研究外加水分在含瓦斯煤中的渗吸效应提供了可靠的工具。

参考文献

[1] 陈金生,王兆丰,樊亚庆,2016.水分自然侵入促进含瓦斯煤解吸效应实验研究[J].中国安全生产科学技术,12(4):76-80.

[2] 陈向军,2013.外加水分对煤的瓦斯解吸动力学特性影响研究[D].徐州:中国矿业大学.

[3] 丁卫撑,陈浩峰,邓友,等,2016.弹簧式安全阀在线校验阀瓣微启识别技术[J].测控技术,35(4):132-135.

[4] 黄炳香,程庆迎,陈树亮,等,2013.突出煤层深孔水力致裂驱赶与浅孔抽采消突研究[J].中国矿业大学学报,42(5):701-711.

[5] 刘明举,孔留安,郝富昌,等,2005.水力冲孔技术在严重突出煤层中的应用[J].煤炭学报,30(4):451-454.

[6] 孟筠青,2011.煤层高压脉动注水防治煤与瓦斯突出理论与技术研究[D].北京:中国矿业大学(北京).

[7] 秦长江,赵云胜,李长松,2013.孔间煤体水力压裂技术现场试验研究[J].安全与环境工程,5:126-129,139.

[8] 石必明,穆朝民,2013.突出煤层注水湿润防突试验研究[J].煤炭科学技术,41(9):147-150.

[9] 宋卫臣,2017.安全阀类型和规格的选用[J].化工设备与管道,54(1):82-86.

[10] 孙炳兴,王兆丰,伍厚荣,2010.水力压裂增透技术在瓦斯抽采中的应用[J].煤炭科学技术,38(11):78-80.

[11] 孙文标,刘辉,赵宏伟,2004.煤层注水在煤矿安全中的应用及效果浅析[J].煤矿安全,12:24-25.

[12] 唐军,2016.安全阀在密封辅助系统上的应用[J].化工设备与管道,53(2):80-82.

[13] 王水珍,吴金福,1988.杠杆式安全阀的改进[J].华东电力,4:43-45.

[14] 王兆丰,范迎春,李世生,2012.水力冲孔技术在松软低透突出煤层中的应用[J].煤炭科学技术,40(2):52-55.

[15] 王兆丰,苏伟伟,陈向军,等,2015.含瓦斯煤自然吸水渗吸试验研究及机理探析[J].煤炭科学技术,43(8):72-76.

[16] 肖知国,王兆丰,2009.煤层注水防治煤与瓦斯突出机理的研究现状与进展[J].中国安全科学学报,10:150-158,179.

[17] 翟成,李贤忠,李全贵,2011.煤层脉动水力压裂卸压增透技术研究与应用[J].煤炭学报,36(12):1996-2001.

[18] 张国华,2011.外液侵入对含瓦斯煤体瓦斯解吸影响实验研究[D].阜新:辽宁工程技术大学.

[19] BAI G,SU J,LI X M,et al,2022.Step-by-step CO_2 injection pressure for enhanced coal seam gas recovery:a laboratory study[J].Energy,260:125197.

[20] LU S Q,LI M J,MA Y K,et al,2022.Permeability changes in mining-damaged coal:a review of mathematical models[J].Journal of natural gas science and engineering,106:104739.

[21] YUAN L,ZHANG N,KANG J G,et al,2018.The concept,model and reserve forecast of green coal resources in China[J].Journal of China University of Mining and Technology,47(1):1-8.

[22] ZHANG F J,XU H,QIN Y P,et al,2023.Numerical simulation and investigation of methane gas distribution and extraction in goaf with U-type ventilation of working face[J].Environmental science and pollution research,30(21):59510-59527.

[23] ZHOU B,XU J,PENG S J,et al,2021.Effects of geo-stress on the dynamic response of multi-physical field parameters during coal and gas outbursts under true triaxial stress[J].International journal of rock mechanics and mining sciences,142:104759.

第4章 受载含瓦斯煤外加水分渗吸实验系统的研发

煤层注水是一种综合灾害防治措施，被广泛用于煤层瓦斯治理、防止冲击地压及煤矿粉尘防治(秦玉金 等，2020；章梦涛 等，2023；杨威 等，2021)，其治理瓦斯、防止冲击地压及降尘的效果与煤体是否被有效润湿紧密相关。张晓梅等(2006)、王青松等(2004)、秦文贵等(2000)提出煤层注水过程中煤体的润湿过程是注入煤层中的水逐渐进入煤体孔隙并储存于孔隙的过程，煤层注水过程中水分在煤体内流动过程包括渗透的过程及渗吸的过程。渗透的过程迫使煤层内部原有裂隙相互沟通或在煤层内部形成新的裂隙网，提供水在煤层内流动的网络通道。渗透过程湿润煤体的效果差，该过程主要以驱替游离瓦斯为主，驱替瓦斯量呈现很快的衰减性。渗吸过程中渗流通道中的水为煤基质的渗吸提供水源，毛细管网络为水的运移提供通道，水分在毛管力、瓦斯压力等共同作用下进入煤基质润湿含瓦斯煤体，同时水与瓦斯发生相互作用，吸附态瓦斯被置换形成游离态瓦斯，游离态瓦斯在抽采负压的作用下排出煤层。渗吸对含瓦斯煤体的润湿效果主要体现在瓦斯的置换效应及润湿距离两个方面。目前，含瓦斯煤渗吸过程水分对煤体的润湿距离鲜有研究，煤体被润湿的距离与湿润空白带、瓦斯局部富集及防尘的效果紧密相关。基于此，我们研发了一套受载煤渗吸过程水分运移距离及置换瓦斯量测试系统，该系统能够保证受载含瓦斯煤等压加水后实验系统内气体压力不变化，以相似模拟煤层注水所引入水分的渗吸过程。

4.1 电阻率法测试渗吸高度的可行性探析

水分运移的距离与煤体被润湿的效果、瓦斯被置换的程度、残余瓦斯分布、粉尘量紧密相关。受工程地质条件的限制，现场测试水分的运移距离比较困难，为了研究水分的运移机理，需要在实验室建立相似模拟实验平台。水分运移的测定方法包括烘干法、电容法、红外线法、射线法、微波法、核磁共振成像法、电阻法等。烘干法是一种经典的方法，测量含水率的精度及可靠性较高，不受物质形状影响，可用来检测微量的含水率。岳基伟等(2017a)采用切片干燥法测试了水分的运移，但是干燥法是一种破坏性的测试方法，无法实现含气氛围水分运移的测试。电容法(王文涛 等，2020)是将被测介质放置于电容极板的两极之间，但电容极板阻断了水分的运输。红外线法(Nieuwmeyer et al.，2007；周新奇 等，2012)在检测被测物质的过程中，穿透能力很弱，无法穿透钢制品，无法进行含气条件的测试。Quenard 等(1989)基于伽马射线入射后衍射强度随材料密度的变化规律获得了含水率的分布。Hanžič等(2003)、张鹏等(2011)采用中子成像技术对混凝土毛细吸水过程水分的运移高度进行了研究。伽马射线、中子成像技术需引入放射源，具有一定的安全隐患，设备价格高昂且不易维护，氢的散射特性并不稳定，容易造成射线泄漏、污染环境等。微波法对于低含水率较难测试准确，含气条件下罐体为钢制品吸收微波的能量导致无法测试含气条件的水分运移。核磁共振(NMR)常用于测试水分的运移，王彬等(2018)通过 NMR 成像技术测试不含瓦斯煤在 x、y、z 三个方向的扩散半径。Guo 等(2007)、Yao 等(2010)、徐祖新等(2014)采用 NMR 对 T_2 谱图进行分析，发现煤样中的水分以吸附水、毛细管水和自由水的形式存在，吸附态的峰值均在 10 ms 以下。对于煤矿开采领域，核磁共振测试技术无法测试含瓦斯条件下的水分运移规律，因为甲烷分子中的氢原子与水分子中的氢原子会相互干扰，当采用重水时，得到的是甲烷总体变化规律，无法获知水分的运移规律。因此，亟待探索一种测试含气条件下水分运移规律的方法。

电阻率法是基于“多孔介质材料+液态水”体系的电阻率变化，多孔固体材料具有高电阻，而液态水具有低电阻的原理进行的测试。电阻率测试法可连续动态监测，设备价格适宜，危险程度低，易于推广使用。因此，本节拟对电阻率法测试多孔介质水分运移的可行性进行分析，以期为测试含气条件下的水分运移距离提供一种测试手段。

岳基伟等(2017b)采用切片干燥法证明了水敏指示剂测试渗吸距离的可行性及准确性，本节采用水敏指示剂法所测试的渗吸距离与电阻率法所测试的渗吸距离联合对比，以得出电阻率法测试多孔介质渗吸距离的可行性。为便于将电阻率法与显色指示剂法所测试的水分运移距离进行对比，本节采用重塑煤进行测试，从而得出电阻法测试多孔介质水分运移距离的可行性，测试流程如下：

① 将从山西沁河能源集团永红煤矿 3 号煤层新暴露煤壁工作面取回的煤样进行粉碎并筛选，筛选出粒径为 0.25 mm 以下及 0.25～0.5 mm 的煤样。

② 分别称取一定质量的粒径为 0.25 mm 以下及 0.25～0.5 mm 的煤样，其

质量比为 2∶1，将称量后的煤样均匀混合，加入一定质量的水(其质量是煤样质量的 10%)均匀搅拌。

③ 将均匀搅拌后的湿润煤样加入自制的模具中，采用伺服压力实验机对装入模具中的湿润煤样进行加载，压制负荷为 100 kN，稳压时间为 30 min。稳压结束后，将模具倒置，对试样进行退模，制成高度约为 150 mm、直径为 50 mm 的煤样。

④ 采用台钻在重塑煤体的侧壁钻取 8 个孔，共 4 排，每排 2 个，排间距 30 mm，其中每排的 2 个孔成 180°角，孔深 20 mm，孔的直径为 1.1 mm，如图 4-1(a)所示。

(a) 侧壁钻孔　　(b) 涂抹指示剂　　(c) 贴毫米刻度尺

图 4-1　渗吸实验前煤样的处理

⑤ 水敏显色指示剂由羧甲基纤维素(Carboxymethyl Cellulose)、碳酸钙($CaCO_3$)、二氧化钛(TiO_2)、硫酸钴($CoSO_4 \cdot 7H_2O$)、硫氰酸钴[$Co(SCN)_2$]及水(H_2O)组成，其配置质量比例为 1∶2∶5∶6∶13∶32。制作工艺如下：a. 按照 1∶2∶5∶6∶13∶32 的比例分别称取一定质量的上述物质；b. 将 $CoSO_4 \cdot 7H_2O$ 及 $Co(SCN)_2$ 溶于 H_2O；c. 加入 Carboxymethyl Cellulose；d. 加入 TiO_2 和 $CaCO_3$；e. 充分研磨分散获得水敏显色指示剂。

⑥ 首先，将水敏指示剂涂于重塑煤体外壁；其次，将涂有水敏指示剂的重塑煤体放入干燥箱干燥，干燥温度为 105 ℃，直至水敏指示剂的颜色变为灰色[图 4-1(b)]；最后，将涂有水敏指示剂的重塑煤体取出放入蒸发皿中冷却备用。

⑦ 首先，采用保鲜膜将重塑煤体包裹；其次，采用透明胶带将保鲜膜固定；最后，在保鲜膜外壁贴毫米刻度尺，如图 4-1(c)所示。

⑧ 将直径为 1.1 mm 具有端头导电功能的漆包线插入步骤④所钻的孔中。

⑨ 分别称取一定量的模具硅胶和固化剂，按照 100∶2 的比例进行配制，均

匀搅拌后将硅胶涂抹于漆包线与孔口的接合处，放置 10 min 左右，漆包线与孔口的接合处即可固化。

⑩ 将漆包线的另一端与测试线的一端连接，测试线的另一端与接线端子连接，将接线端子与安捷伦（Agilent）测试仪连接，将连接后的试样放置在底水渗吸装置中（图 4-2），Agilent 测试仪可以自动采集两点之间的电阻，同时每间隔一定的时间记录水敏指示剂的变色高度。

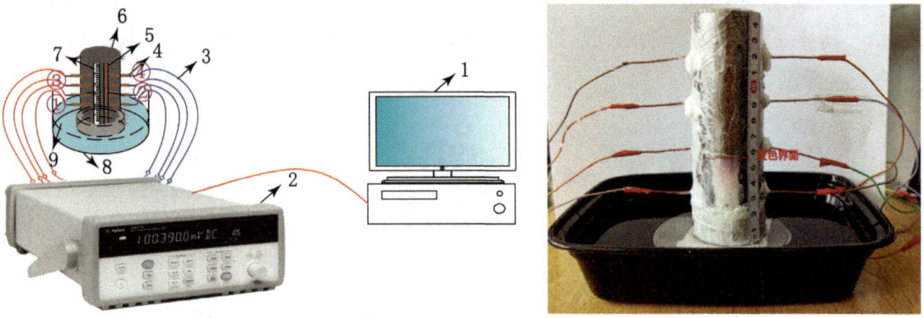

（a）原理图　　　　　　　　（b）实物图

1—PC；2—Agilent；3—导线；4—漆包线（电极）；5—水敏指示剂；6—重塑煤体；7—刻度尺；8—容器；9—水。

图 4-2　电阻率法测试外加水分在重塑煤体中的渗吸距离

⑪ 整理数据，将所采集两测点之间的电阻值转换为电阻率值，分析水敏指示剂法和电阻率法测试的渗吸距离的差值，进而分析电阻率法测试煤体水分运移距离的可行性。

按照上述方法测试渗吸过程中每对电极之间电阻率的变化规律，同时也读取渗吸过程中水敏指示剂的变色高度，渗吸过程中每对电极之间的电阻率变化规律如图 4-3 所示。

由图 4-3(a)可知，随着渗吸时间的增加，两电极之间的电阻率在某一时刻发生突变，即水分进入两电极之间，其电场强度较大，同时电流具有了“优势路径”。由图 4-3(b)可知，突变后电阻率随着时间的增加迅速减小，而后电阻率值相对稳定在某一值附近。在图 4-3(b)中，突变的时间区间（灰色区域）随着渗吸时间的增加逐渐增加，出现此种现象的原因是随着渗吸时间的增加，水的重力增加，渗吸速度逐渐减小，因此水分通过相同的路径所需要的时间增加。根据每排电极突变时的时间与电极的高度，即可得到渗吸距离与渗吸时间的变化规律，同时根据水敏指示剂的变色高度与渗吸时间，即可得到水敏指示剂的变色高度与渗吸时间的变化规律（图 4-4）。

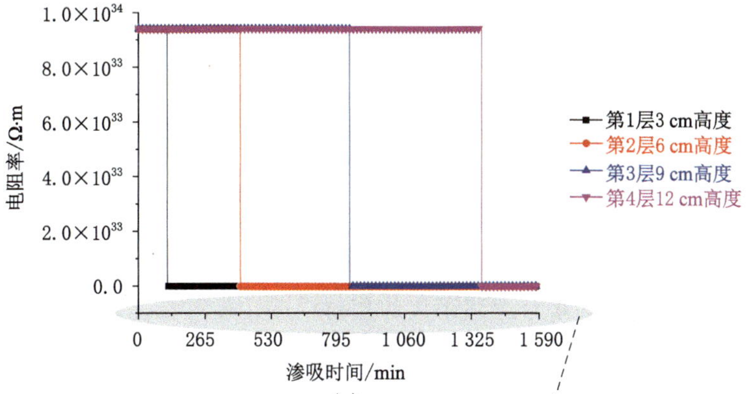

(a)

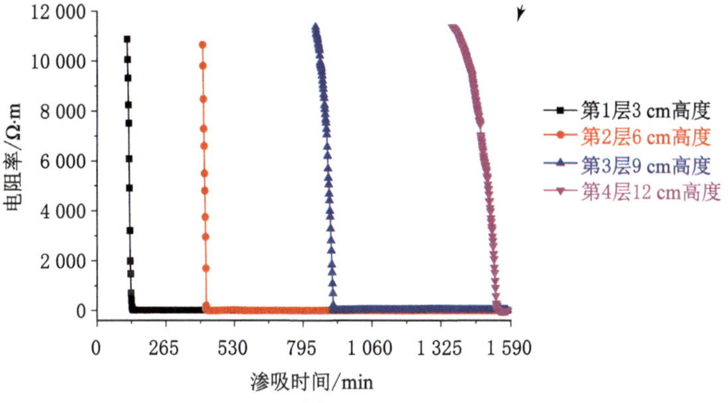

(b)

图 4-3　渗吸过程中每对电极之间的电阻率变化规律

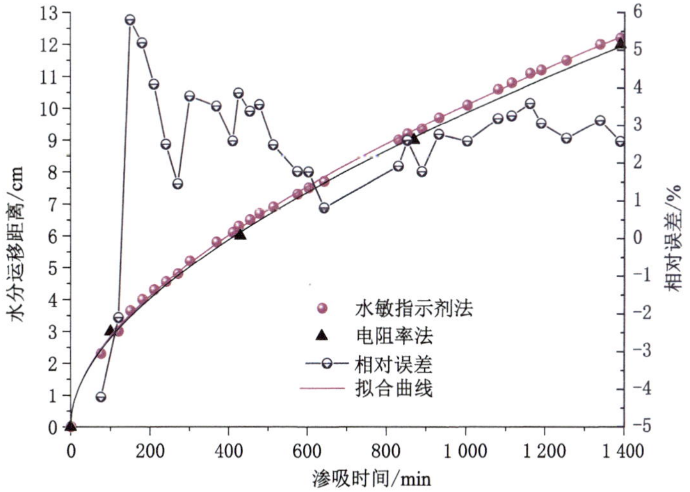

图 4-4　电阻率法和水敏指示剂法测试的水分运移距离对比

由图 4-4 可知，由于测试电极共设置了 4 排，因此电阻率测试法共有 4 个测点，电极高度与渗吸时间的变化规律曲线和水敏指示剂的变色高度与渗吸时间的变化规律曲线基本重合。

为了对比水敏指示剂法所测试的渗吸距离与电阻率法所测试的渗吸距离的相对误差，首先采用式(4-1)对图 4-4 中水分运移距离与渗吸时间进行拟合，拟合参数见表 4-1；其次，根据式(4-1)采用插值法求出在同一时间变色高度值与电阻率法所测试的值；最后，采用式(4-2)计算水敏指示剂法所测试的水分运移距离与电阻率法所测试的水分运移距离的相对误差。相对误差如图 4-4 所示，相对误差在−4.2%～5.8%之间，相对误差较小。

$$t=-\frac{e}{f^2}\ln\left(1-\frac{f}{e}h\right)-\frac{h}{f} \tag{4-1}$$

式中 t——渗吸时间，min；

h——水分运移距离，cm；

e、f——拟合参数。

表 4-1 拟合参数

方法	e	f	R^2
水敏指示剂法	0.036 28	−0.002 27	0.999 58
电阻率法	0.032 26	−0.002 56	0.999 49

$$\xi=(h_w-h_e)/h_e \tag{4-2}$$

式中 ξ——相对误差，%；

h_w——水敏指示剂法所测试的水分运移距离，cm；

h_e——电极法所测试的水分运移距离，cm。

因此，在本书的研究中，Agilent 电阻测试所测试的电阻值发生突变时视为水分到达，即该时间被认为是水分运移距离所对应的时间。Hanžič等(2003)、张鹏等(2011)基于中子成像技术对混凝土的毛细吸水过程进行研究，发现在湿润锋的前后饱和度值存在一个突变。岳基伟等(2017a)基于切片干燥法对不含瓦斯煤的渗吸高度进行测试，发现湿润锋前后的含水率值存在着突变现象。电阻率发生突变与 Hanžič等(2003)、张鹏等(2011)及岳基伟等(2017a)的研究结果存在着一致现象。

随着渗吸时间的增加，水分逐渐浸入煤体，水分与煤成为一个体系，煤样的电阻率发生变化，变化分为三个过程，即突变过程、快变过程、渐变过程。突变过程是指 Agilent 电阻测试仪从无穷大到有示数，即该阶段煤样中裂隙、大孔等存在水分，水分吸附在部分煤颗粒的表面，颗粒与颗粒之间的部分气体被水所代替，水的电阻远远小于气体的电阻，因此电阻发生突变。快变过程是指电极之间煤样的含水率逐渐增大，大孔及裂隙中的水分含量也逐渐增加，吸附在煤颗粒表面的水分逐渐被中孔、小孔及微孔吸附。渐变过程是指微小孔隙中的水分逐渐增加，煤样之间的含水率变化相对较小甚至达到稳定状态。煤样的电阻率发生三个变化过程的共同原因是：① 煤样中裂隙或大孔中存在部分水分，水分吸附在部分煤颗粒的表面，颗粒与颗粒之间的部分气体被水所代替，水的电阻远远小于气体的电阻，因此电阻率发生变化；② 煤样发生了润湿现象；③ 在外加电场的作用下，随着湿润程度的增加，煤水体系中载流子数目和运输速率逐渐增大。

随着渗吸时间的增加，水分逐渐向上运移，第一层至第四层的测点逐渐发生突变，而后发生快变与渐变；将第一层至第四层之间的电阻率值进行对比，没有明显的变化规律，可能存在的原因如下：① 各个测点之间煤体本身存在差异；② 湿润的煤体两测点之间的电阻可能是多个电阻串联、并联的结果或者具有电容、电感特性；③ 电阻测点位于煤体内部，当煤体两测点之间发生湿润后，测点之间形成的电场为球形电场，两测点之间的电流无法简单地认定为电流从两测点之间直线流过。王彬(2019)、赵晨光等(2020)研究中将电极测点布置在柱状煤体的两个端面，测试整个柱状煤体的电阻率，测点形成的电场为平面电场，其测试出的电阻率与含水率呈负相关关系。由以上分析可知，电阻率法可用于多孔介质渗吸距离的测试研究。

4.2　电阻率法测试多孔介质中水分运移的方案探析

采用电阻率法测试无加载围压柱状样品的水分运移距离，可采用布置梳状电极的方法进行测试[图 4-5(a)]，采用手钻钻取梳状电极的插入孔，将电极插入孔中，即可实现无加载围压柱状样品的水分运移距离连续性测试。

采用电阻率法测试散体被压制成柱状样品的水分运移距离时，可采用分层压制的方法。压制一定高度后，通过罐体的侧面在该层布置多个测点[图 4-5(b)]。布置后，按照同样的方法压制下一层。压制完成后，可在一端加载轴压并供水，即可实现散体被压制成柱状样品(加载轴压，周围被约束)的水分运移距离测试。

采用电阻率法测试被加载轴压、围压的柱状样品时[图 4-5(c)]，可采用周围加载围压，煤样的一端加载并供水，样品的另一端竖向打孔布置测试电极，即可实现加载轴压、围压柱状样品的水分运移距离连续性测试。

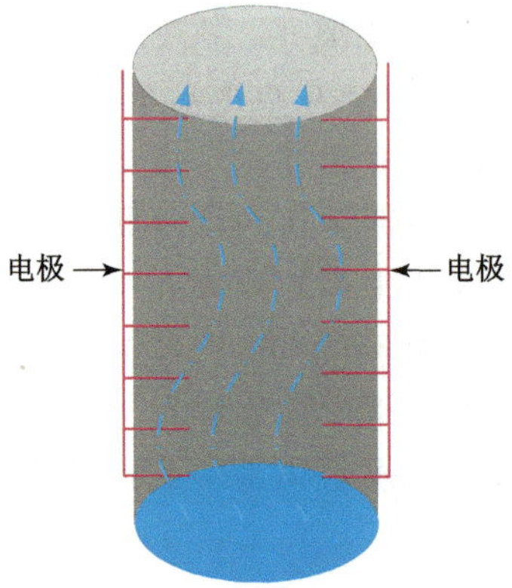

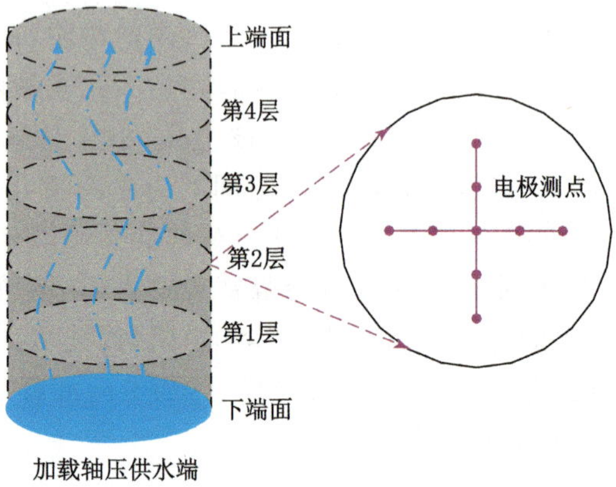

(a) 无加载围压柱状样品——布置梳状电极　　(b) 加载轴压/周围被约束——分层布置电极

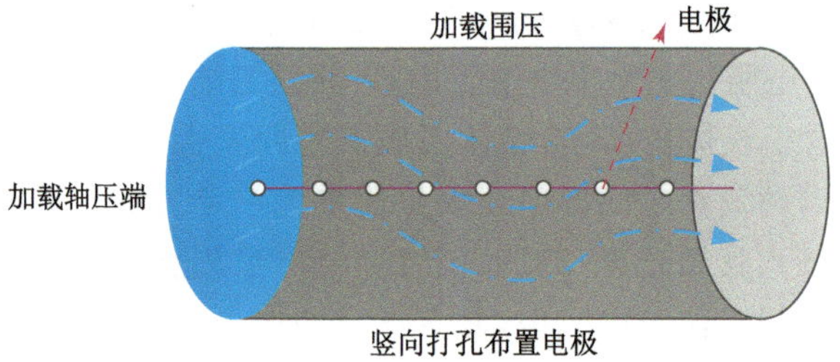

(c) 加载轴压/围压——一端竖向打孔布置测试电极

图 4-5　电阻率法测试多孔介质水分运移的方案探析

4.3　受载含瓦斯煤外加水分渗吸实验系统

根据电阻率法测试渗吸高度的可行性分析，本节设计了一套集渗吸高度测试、置换瓦斯量测试于一体的受载含瓦斯煤外加水分渗吸实验系统。实验系统的原理图如图 4-6 所示。

实验系统由以下几个单元组成：充气单元、死体积标定单元、真空脱气单元、等温控制单元、煤样罐吸附单元、轴压加载单元、等压加水单元、等压解吸单元、煤样制作单元、渗吸高度测试单元和自动化监控单元。各个单元的组成、功能技术参数如下。

(1) 充气单元

充气单元由高压甲烷瓶、阀门、甲烷缓冲罐、三通、精密压力传感器、连接管

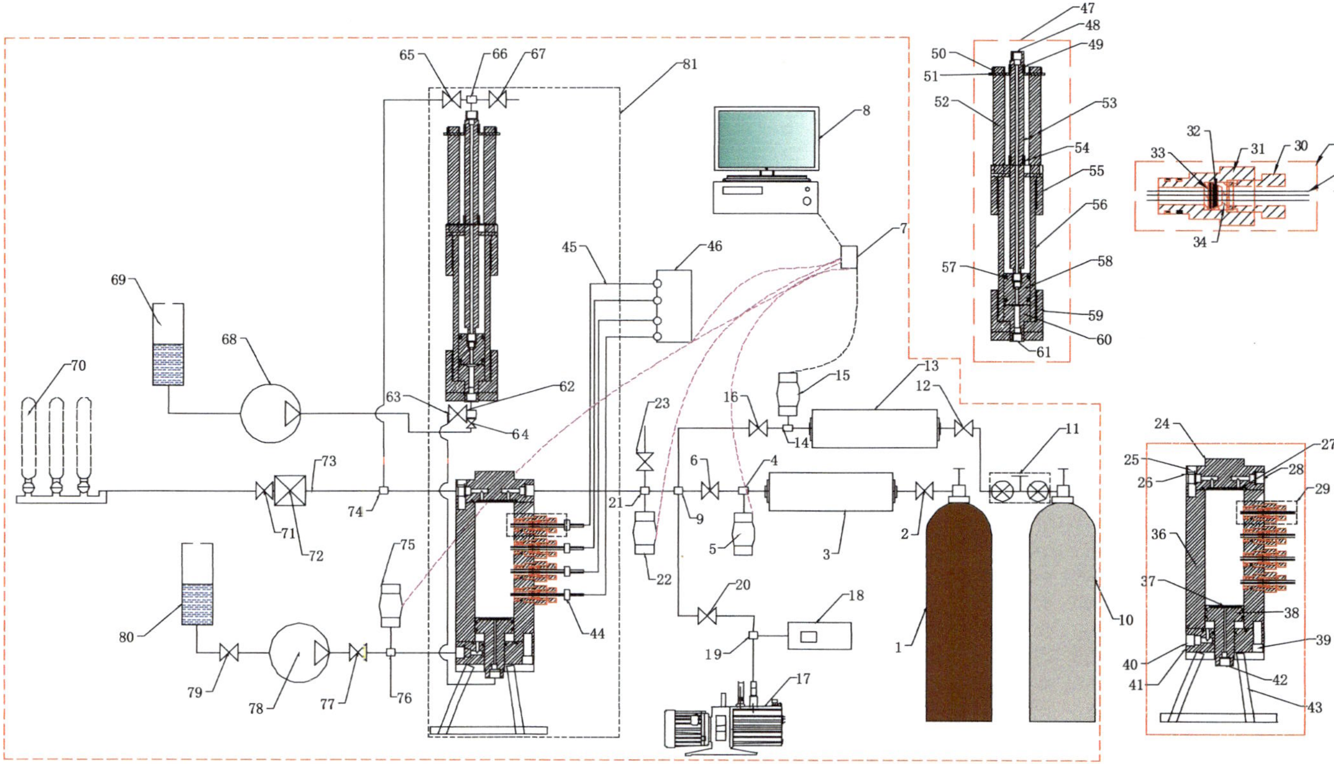

1—高压甲烷瓶；2, 6, 12, 16, 20—阀门；3—甲烷缓冲罐；4, 14, 19, 66, 74, 76—三通；5—气体压力传感器；7—PLC集成电路板；8—PC；9, 21, 62—四通；10—高压氦气瓶；11—氦气减压阀；13—氦气缓冲罐；15—高精度压力传感器；17—高负压真空泵；18—电阻式真空计；22—平衡压力传感器；23—放空阀门；24—煤样罐上盖；25—内六角螺栓；26—煤样罐解吸口；27—上透水盘；28—煤样罐进气口；29—穿线密封组合件；30—压帽；31—电极接头；32—聚四氟乙烯；33—Peek材料下垫片；34—Peek材料上压片；35—漆包线；36—煤样罐筒体；37—下透水盘；38—活塞；39—内六角螺栓；40—轴压加载口；41—煤样罐下盖；42—煤样罐下加水口；43—煤样罐支架；44—插拔式接线端子；45—电阻测试线；46—Aligent测试仪；47—加水活塞；48—加水活塞上进口；49—上并冒；50—六角螺纹；51—法兰；52—螺纹支柱；53—导杆；54—下并冒；55—加水活塞上盖；56—加水活塞桶；57—O形圈；58—活塞；59—加水活塞下盖；60—堵头；61—加水活塞下进口；63—加水阀门；64—注水阀门；65—气液连通阀门；67—排气阀门；68—平流泵；69, 80—储水瓶；70—解吸仪；71—节流阀门；72—气动阀；73—管路；75—轴压传感器；77—出水阀门；78—轴压加载泵；79—进水阀门；81—恒温箱。

图4-6　受载含瓦斯煤外加水分渗吸实验系统

路以及信号控制线组成。充气单元主要用于对煤样罐定量地充入瓦斯，充气单元主要技术参数如下：

高压甲烷瓶的压力为(13±0.5) MPa，甲烷纯度为99.99%；甲烷缓冲罐容积为1 900 mL，耐压为20 MPa(材料不锈钢316L)；精密压力传感器量程为10 MPa，精度≤0.1%F.S；连接管路为直径3 mm的不锈钢管。

(2) 死体积标定单元

死体积标定单元由高压氦气瓶、氦气减压阀、阀门、氦气缓冲罐、三通、精密压力传感器、管路以及信号控制线组成。死体积标定单元主要用于对煤样罐装样后死体积标定，主要技术参数如下：

高压氦气瓶压力为(13±0.5) MPa，氦气纯度为99.99%；氦气缓冲罐的容积为100 mL，耐压20 MPa(材料不锈钢316L)；精密压力传感器量程为10 MPa，精度≤0.1%F.S；连接管路为直径3 mm的不锈钢管。

(3) 真空脱气单元

真空脱气单元由高负压真空泵、真空计、阀门、管路以及信号控制线组成。真空脱气单元主要用于对煤样罐进行真空脱气，为甲烷提供吸附场所。真空脱气单元主要技术参数如下：

高负压真空泵抽气速率为4 L/s，极限真空度为6.0×10^{-2} Pa，转速为1 400 r/min；连接管路为直径3 mm的不锈钢管及软胶管。

(4) 等温控制单元

温度是影响煤样吸附/解吸的一个重要因素，为了排除温度变化对实验的干扰，需要采用等温控制单元控制吸附系统的温度，等温控制单元由恒温箱和信号控制线组成。

恒温箱尺寸为1 200 mm×600 mm×700 mm，温度控制范围为室温至60 ℃，精度为±0.5 ℃，室温由实验室的中央空调控制。

(5) 煤样罐吸附单元

煤样罐由煤样罐上盖、煤样罐筒体、穿线密封组合件、活塞及煤样罐下盖组成。煤样罐主要用于实验煤样的压制及受载含瓦斯煤的外加水分渗吸实验。煤样罐的原理及实物分别如图4-7(a)和(b)所示。

煤样罐尺寸为ϕ50 mm×180 mm，可承载的吸附平衡压力为20 MPa，具备轴向加载功能，可实现对煤样的加载。

(6) 轴压加载单元

轴压加载单元由轴压加载泵、管路、三通、轴压加载传感器及储水杯组成。轴压加载单元主要用于煤层垂直应力加载的相似模拟。轴压加载单元的稳压性能对实验结果至关重要，为了证明轴压加载单元的保压性能是否良好，通过比较

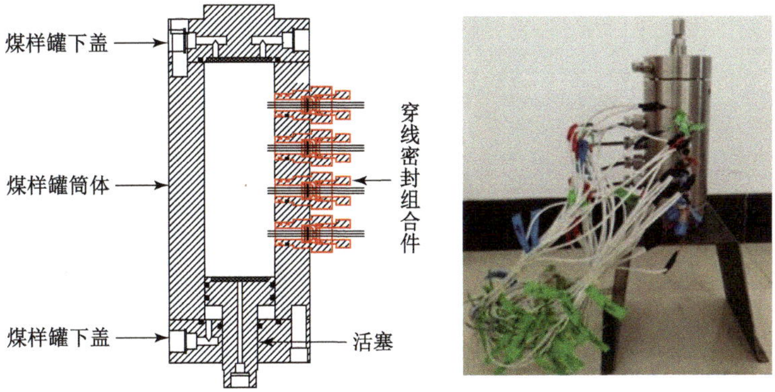

(a) 煤样罐的原理图　　(b) 煤样罐的实物

图 4-7　煤样罐的原理图及实物图

控制系统输入的值与 LED 面板显示的值，即可了解轴压加载单元的稳压性能，轴压加载单元的应力误差值及误差率如图 4-8 所示。由图 4-8 可知，轴压加载单元的误差值在 0.01～0.06 MPa 范围内，误差率 LED 面板的范围是 0.2%～1.0%，满足研究需要。

轴压加载泵输出模拟压力为 0～16 MPa，液压缸体容积为 100 mL，轴压加载传感器的量程为 16 MPa，精度≤0.25%F.S。

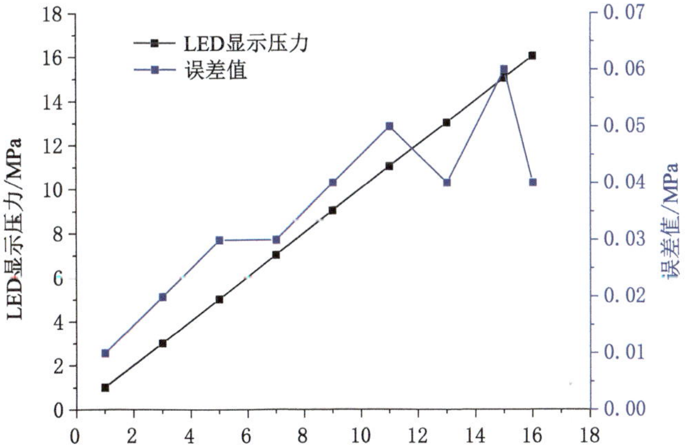

(a) 误差值

图 4-8　轴压加载单元的压力误差值及误差率

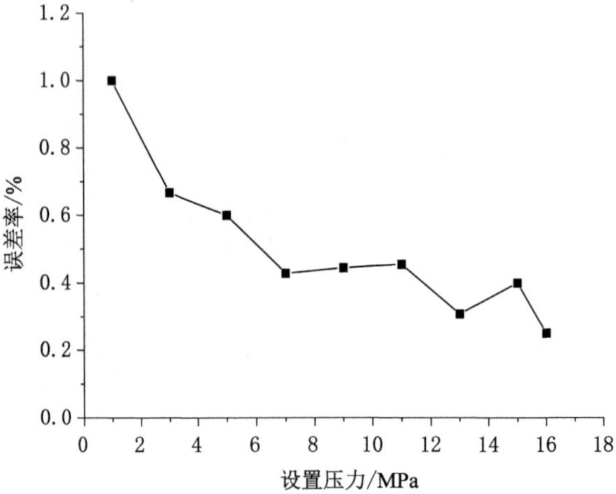

（b）误差率

图 4-8 （续）

（7）等压加水单元

等压加水单元由平流泵、储水杯、加水活塞容器、阀门、信号线及管路组成。等压加水单元可实现煤样罐内加水后罐体内压力不改变，不引起煤样罐中死体积增加。加水活塞容器的原理及实物如图 4-9 所示。

受载含瓦斯煤外加水分渗吸等压加水的流程如图 4-10 所示。

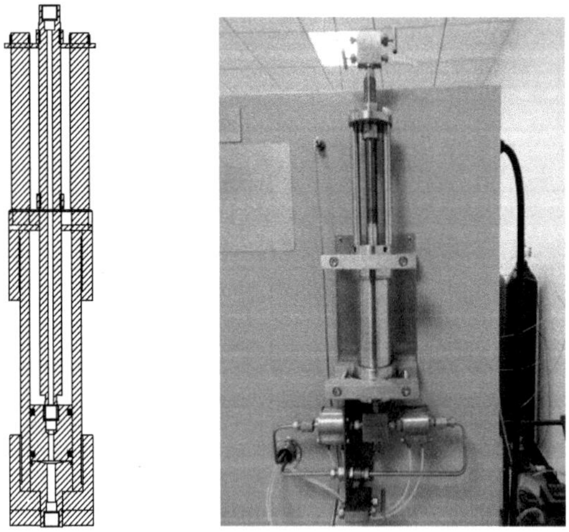
（a）原理图　　（b）实物图

图 4-9 等压加水活塞的原理图及实物图

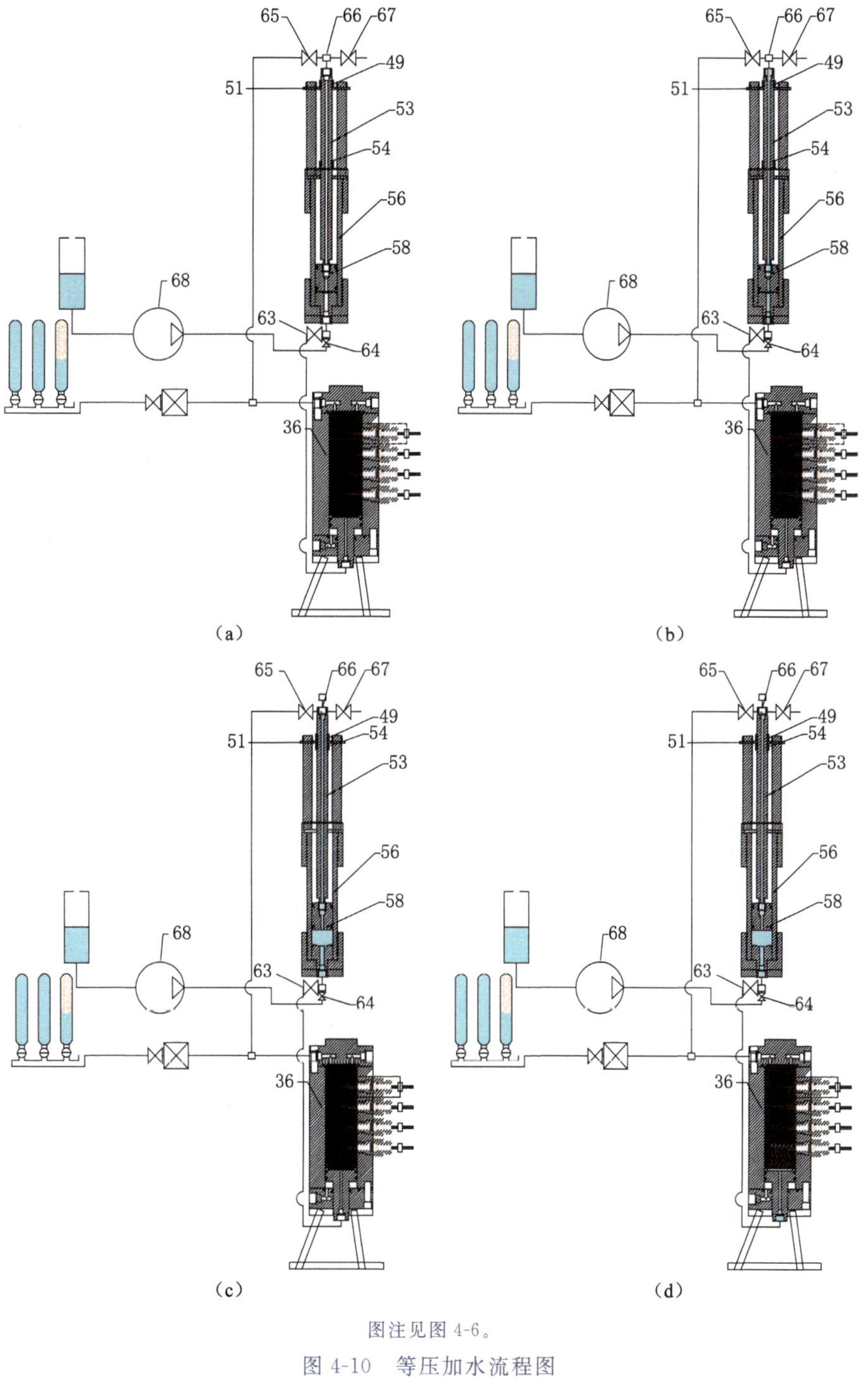

图注见图 4-6。

图 4-10　等压加水流程图

向平流泵连接的水杯中加水，依次打开图 4-10(a)中的阀门 64 及 67，采用平流泵向可移动活塞容器内加水，当阀门 67 出水时，此时说明加水活塞容器内的空气完全被排出，关闭阀门 67，如图 4-10(b)所示；水具有不可压缩性，水推动加水活塞内部的堵头向上移动[图 4-10(c)]，加水活塞停止移动后说明所设置的加水体积已被加入完毕[图 4-10(d)]。因排出空气流出一部分水，造成所设置的加水体积减小，需将流出水的质量进行补偿，补偿后，关闭阀门 64，将法兰上方和下方的螺母分别旋转至法兰的上端面和下端面固定加水活塞的导杆，此时加水活塞成为一个固定的容器；吸附平衡后，打开阀门 65，吸附罐体与加水活塞容器成为一体，打开阀门 63，水沿着管路流出加水活塞进入吸附罐体发生渗吸效应[图 4-10(d)]。

另外，等压加水单元加水量的准确性对实验同样至关重要，为了证明加水单元的可靠性，通过对平流泵界面设置加水质量，启动系统后水经过等压加水系统流出，称量经过等压加水系统流出水的质量，测试等压加水单元可靠性，等压加水单元加水质量误差值及误差率如图 4-11 所示，等压加水单元误差率在 0～1.4%之间，满足研究需要。

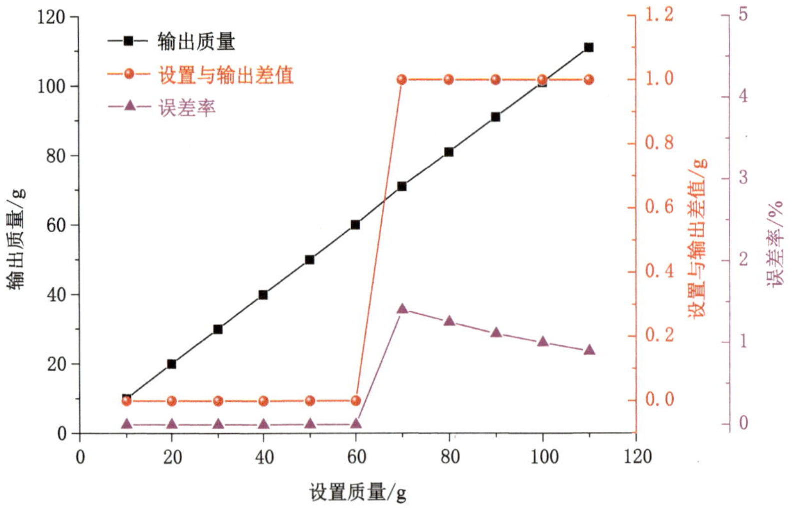

图 4-11　等压加水单元的加水质量误差值及误差率

(8) 等压解吸单元

等压解吸单元由气动阀、节流阀、气体压力传感器、三通、管线、空压机及解吸仪等组成。通过控制程序对压力传感器示数的巡检，当压力传感器的示数高于吸附平衡压力 0.01 MPa 时，气动阀自动打开；当压力传感器示数等于吸附平衡压力时，气动阀自动关闭；节流阀的作用是防止气动阀一次开度过大，释放出过量的气体。等压解吸单元能够保证被置换的瓦斯及时逸出到解吸仪，避免了反吸附效应，从而实现等压解吸。解吸仪能够实现对实验煤样瓦斯解吸量的不断检测。

气体压力传感器量程为 10 MPa，精度≤0.1%F.S，空压机的最大输出压力为 0.8 MPa，最大流量为 0.083 m^3/min。

(9) 渗吸高度测试单元

渗吸高度测试单元由多通道的 Agilent 34970A 电阻测试仪、穿线密封组合件及快速接头组成。Agilent 34970A 电阻测试仪能够实现多通道采集，穿线密封组合件由压帽、电极接头、上垫片、Peek 材料压片、四氟材料密封件、Peek 材料下垫片、O 形圈及漆包线组成。漆包线具有周围绝缘、端点导电的特点。穿线密封组合件原理及实物如图 4-12 所示。

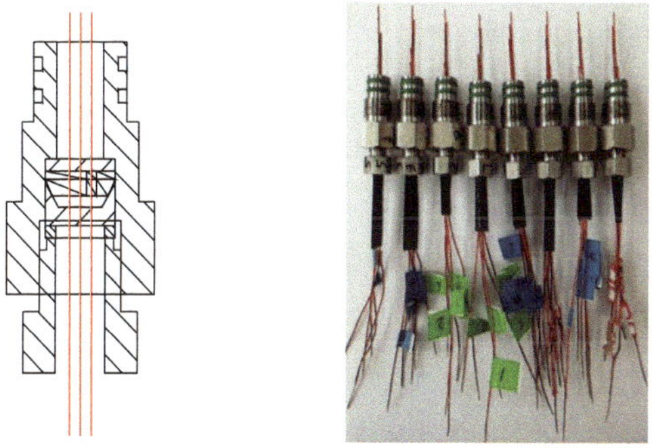

(a) 原理图　　(b) 实物图

图 4-12　穿线密封组合件原理图及实物图

Agilent 34970A 数据采集仪的测量范围为 0.1～120 MΩ，测量速度为 12 次/s，监测精度为 2.0%F.S。

Peek 材料下垫片[图 4-13(a)]、四氟材料密封件[图 4-13(b)]及 Peek 材料压片[图 4-13(c)]组成一组密封件，对电极接头进行密封。将 Peek 材料压片、四氟材料密封件及 Peek 材料下垫片堆叠在一起放进钻模[图 4-13(d)和(e)]中，采用台钻钻取直径为 1.1 mm 的孔(钻取的孔具有同心同径的特点)，目的是实现漆包线的穿入。

(a)　(b)　(c)　(d)　(e)

图 4-13　Peek 材料下垫片、四氟材料密封件、Peek 材料压片及钻模实物图

(10) 试样制作单元

试样制作单元由反力架、液压千斤顶及特制煤样罐组成，主要用于实验煤样的压制。反力架的材质为 316L 不锈钢。

(11) 自动化监控单元

自动化监控单元采用 LabVIEW 软件对实验系统进行图形化的编程语言开发，实现实验系统的自动控制及数据的自动连续采集。

4.4　本章小结

煤层注水渗吸过程中水分的运移距离及置换瓦斯效应是评价水分对含瓦斯煤体润湿效果的关键，为了获得水分在受载煤中的渗吸效果，本章首先探析了电阻率法测试渗吸高度的可行性，其次对电阻率法测试多孔介质水分运移的方案进行了探讨，最后研发了受载含瓦斯煤外加水分渗吸实验系统。主要研究结论如下：

① 随着渗吸时间的增加，水分逐渐浸入煤体，水分与煤成为一个体系，煤样的电阻率发生变化，变化分为突变过程、快变过程及渐变过程。

② 分层布置电极的测试方法与显色指示剂法测试的水分运移距离相对误差在−4.2%～5.8%之间，电阻率法可用于多孔介质水分运移距离的测试研究，为研究水分在多孔介质内的运移机理奠定了理论基础。

③ 电阻率法可以用于外加水分在无轴压、无围压、加载轴压及围压样品多孔介质内运移距离的测试研究。

④ 开发了受载含瓦斯煤外加水分渗吸实验系统，实验系统中的轴压加载单元误差值在 0.01～0.06 MPa 范围内，误差率的范围是 0.2%～1.0%，等压加水单元误差率在 0～1.4%之间，满足研究的需要。

参考文献

[1] 秦文贵，张延松，2000.煤孔隙分布与煤层注水增量的关系[J].煤炭学报，25(5)：514-517.

[2] 秦玉金，苏伟伟，田富超，等，2020.煤层注水微观效应研究现状及发展方向[J].中国矿业大学学报，49(3)：428-444.

[3] 王彬，2019.不含瓦斯煤渗吸电阻率对含水率的响应特性研究[D].焦作：河南理工大学.

[4] 王彬，王兆丰，岳基伟，等，2018.NMR成像技术测试煤样渗吸过程中水分变化规律研究[J].中国安全生产科学技术，14(10)：32-38.

[5] 王青松，金龙哲，孙金华，2004.煤层注水过程分析和煤体润湿机理研究[J].安全与环境学报，4(1)：70-73.

[6] 王文涛，张鹏，高凯凯，等，2020.电容层析成像技术及其在水泥基材料领域的应用[J].硅酸盐通报，39(7)：2042-2051.

[7] 徐祖新，郭少斌，2014.基于NMR和X-CT的页岩储层孔隙结构研究[J].地球科学进展，29(5)：624-631.

[8] 杨威，贾茹，李希建，等，2021.采煤工作面“爆注”一体化防突理论与技术[J].中国矿业大学学报，50(4)：764-775.

[9] 岳基伟，王兆丰，陈金生，等，2017a.用水敏指示剂快速测定重塑煤体渗吸高度的研究[J].中国安全科学学报，27(11)：126-131.

[10] 岳基伟，王兆丰，2017b.不含瓦斯重塑煤体的渗吸特性[J].煤炭学报，42(增刊)：377-384.

[11] 张鹏，赵铁军，WITTMANN F H，等，2011.基于中子成像的水泥基材料毛细吸水动力学研究[J].水利学报，42(1)：81-87.

[12] 张晓梅，宋维源，2006.煤岩双重介质注水驱气渗流的理论研究[J].煤炭学报，31(2)：187-190.

[13] 章梦涛，宋维源，潘一山，2003.煤层注水预防冲击地压的研究[J].中国安全科学学报，13(10)：69-72.

[14] 赵晨光，雷东记，张玉贵，2020.含水煤层复电阻正交裂隙阻容模型[J].煤炭学报，45(10)：3541-3547.

[15] 周新奇，杨伟伟，房兆华，等，2012.基于近红外光谱技术与BP-ANN算法的豆粕品质快速检测[J].粮油食品科技，20(2)：27-30.

[16] GUO R，MANNHARDT K，KANTZAS A，2007.Characterizing moisture

and gas content of coal by low-field NMR[J].Journal of canadian petroleum technology,46(10):5.

[17] HANŽIČ L,ILIĆ R,2003.Relationship between liquid sorptivity and capillarity in concrete[J].Cement and concrete research,33(9):1385-1388.

[18] NIEUWMEYER F J S,DAMEN M,GERICH A,et al,2007.Granule characterization during fluid bed drying by development of a near infrared method to determine water content and Median Granule size[J].Pharmaceutical research,24(10):1854-1861.

[19] QUENARD D,SALLEE H,1988.A gamma-ray spectrometer for measurement of the water diffusivity of cementitious materials[J].MRS online proceedings library,137(1):165-169.

[20] YAO Y B,LIU D M,CHE Y,et al,2010.Petrophysical characterization of coals by low-field nuclear magnetic resonance (NMR)[J].Fuel,89(7):1371-1380.

第 5 章　受载煤样的物性参数及吸附特性研究

受载煤样的物性参数包括孔隙率、渗透率、比表面积等，而这些参数与煤体的抗压强度、流体的流动、孔隙结构、比表面积等密切相关，煤样的吸附特性可反映出煤体的吸附能力。为得到以上参数，本章参照参数测试的相关标准、采用简单改装后的受载含瓦斯煤外加水分渗吸实验系统及 ASAP2020 比表面积分析仪对上述参数进行测试，参数测试结果可为后续章节的分析及建模奠定理论基础。

5.1　受载煤样孔隙率测试

5.1.1　实验煤样的制作

实验煤样取自河南能源化工集团焦煤公司古汉山矿。古汉山矿位于河南省焦作市修武县五里源乡李固村北，古汉山矿西部以北碑断层为界与九里山矿相邻，处于油房蒋断层和古汉山断层之间，煤系地层为 NE40°，倾向 SE 方向，倾角 12°～19°，井田内构造简单，局部具有特征不明显的层状滑动构造。

古汉山矿煤质为无烟煤，矿井主采煤层为$二_1$煤层。$二_1$煤层属于复合煤层（软分层与硬分层互存的煤层），是在经历复杂地质构造运动后形成的一种特殊煤层（王兆丰 等，2019）。实验煤样取自软分层，根据煤与瓦斯突出的综合假说，煤的力学性质是影响煤与瓦斯突出的一个重要因素，软煤容易造成煤与瓦斯突出事故的发生，硬煤不易发生突出。由于上覆应力的存在，煤体在软煤层中处于受压状态，因而软分层内的煤样整体上呈现出一定的形状。如果对所采集的软分层煤样进行取芯，很难成型。基于此，选择对实验煤样进行重塑模拟其在原始煤层的赋存状态，同时对实验煤样进行加载轴压，模拟其在原始煤层的上覆应力状态。

按照《煤和岩石物理力学性质测定方法 第 12 部分：煤的坚固性系数测定方

法》(GB/T 23561.12—2010),采用落锤法对实验煤样的 f 值进行测定。当 $f>0.5$ 时,煤样属于硬煤;当 $f\leqslant 0.5$ 时,煤样属于软煤,f 值的测定结果见表 5-1。按照《煤的岩相分析法 用显微镜技术测定镜质体反射系数的方法》(ISO 7404-5:2009)测试煤样的镜质组最大反射率(R_{max}),测试结果见表 5-1。根据中国煤炭分类标准,实验煤样的煤质属于无烟煤。按照《煤的工业分析方法》(GB/T 212—2008)进行煤的工业分析测试,测试结果见表 5-1。

表 5-1 实验煤样的 f 值、R_{max} 及工业分析测试结果

R_{max}	f	M_{ad}/%	A_{ad}/%	V_{daf}/%
2.90%	0.41	1.23	23.22	8.56

实验煤样的制作流程如下:

① 对从工作面取回的新鲜煤样粉碎、筛选,筛选出粒径为 0.25~0.5 mm 和 0.25 mm 以下的煤样,将筛选出的煤样放置在热空气干燥箱中进行干燥,并将热空气干燥箱温度设置为 105 ℃,每间隔 0.5 h 测试煤样的质量,直至煤样的质量不再发生变化,干燥完毕后放入干燥器中冷却、备用,干燥后的煤样如图 5-1 所示。

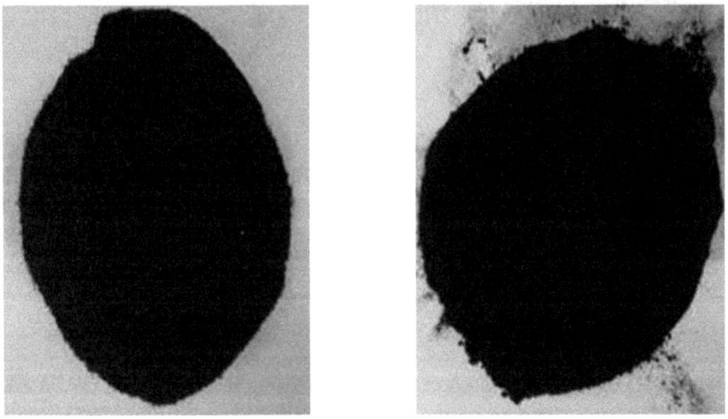

(a) 粒径为0.25~0.5 mm的煤样　　(b) 粒径为0.25 mm以下的煤样

图 5-1 干燥后的颗粒煤

② 按照(0.25~0.5 mm):(0.25 mm 以下)=1:2 的比例分别称取一定质量上述干燥完毕的煤样,煤样的总质量为 M_1,对称量后的煤样进行混合,混合均匀后,添加 10%的水,充分搅拌均匀,搅拌后煤样的质量为 $1.1M_1$。

③ 采用内六角螺栓将煤样罐筒体与煤样罐上盖固定,然后倒置,即为制样模具,如图 5-2 所示。

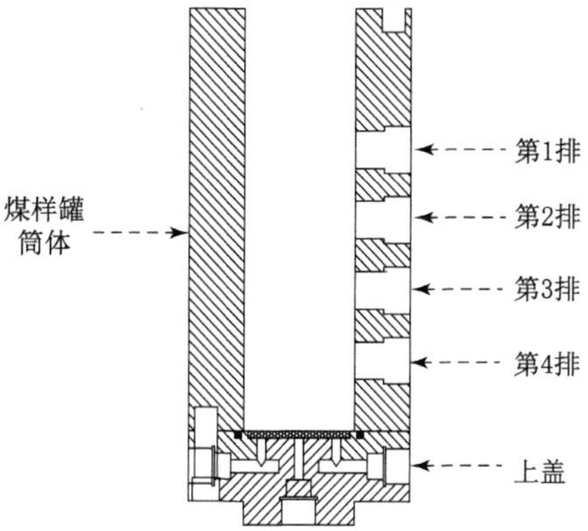

图 5-2　组装完成的试样模具

④ 将均匀搅拌后的部分湿润煤样加入试样模具中，加入完毕后，将压力头插入试样模具中进行预压实，将压力头留置在试样模具中，同时并称量剩余煤样的质量(M_2)，加入煤样的质量为 $1.1M_1-M_2$。

⑤ 将装入试样后的模具放置在试样制作系统上，对千斤顶施加油压，使千斤顶缓慢升高，直至压力表的示数值为 90 MPa，停止施加油压，当压力低于 90 MPa 时，继续对千斤顶施加油压，使压力表的示数值达到 90 MPa，稳压时间为 180 min。

⑥ 当稳压时间结束后，对千斤顶进行卸压，然后把试样模具从反力架中取出，将压力头从试样模具中取出；将游标卡尺插入试样模具中，读出游标卡尺的示数(H_1)，试样模具高度为 H_2，则每毫米内煤样的质量为$(1.1M_1-M_2)/(H_2-H_1)$。

⑦ 试样模具第 1 排孔距试样模具底端面的高度为 H_3，因此可计算出步骤⑥中煤样上表面距试样模具第 1 排孔的距离 $H_3-(H_2-H_1)$，向试样模具中再次加入一定质量的湿润煤样，质量为$(1.1M_1-M_2)[H_3-(H_2-H_1)]/(H_2-H_1)$，重复上述步骤⑤，稳压时间结束后，对千斤顶进行卸压。

⑧ 在 Peek 材料压片、四氟材料密封件和 Peek 材料下垫片上钻取直径为 1.1 mm 的圆孔，一组 Peek 材料压片、四氟材料密封件和 Peek 材料下垫片称为一组电极密封件，试样模具共有 4 排孔，每排具有 2 个水平孔，每排需要 2 组电极密封件，在本书的研究中，按照十字交叉形的方式布置电极，每排孔设置 8 对测试电极。

⑨ 把已安装好漆包线(漆包线端头导电，周围不导电)的电极密封件插入电极接头中，而后将压帽拧入电极接头并压紧，把另一个组装好的电极接头拧进煤

样罐罐壁的孔中，完成第 4 排孔的布置。

⑩ 按照以上实验步骤，安装其他三排孔的测试电极（测试电极安装图如图 5-3 所示，图 5-3 中所标记的数字代表每对测点之间的距离，单位为 cm。煤样内共 4 层测试电极，每层安装 2 对测试电极，每个测试电极有 4 对测点，共 32 对测点），测试电极全部安装完成后，将煤样罐放入干燥箱中干燥，干燥温度为 105 ℃，干燥时间为 48 h，干燥完毕后冷却备用。

5.1.2 受载煤样孔隙率测试装置及测试原理

受载煤样的孔隙率可参照《工业型煤视相对密度及孔隙率测定方法》（MT/T 918—2002）进行测定。MT/T 918—2002 中规定：煤样的真相对密度（TRD）按照《煤的真相对密度测定方法》（GB/T 217—2008）进行测试。受载煤样的真密度测试方法是将压制后的煤样破碎并采集部分煤样，根据 GB/T 217—2008 中的测试方法测试煤样的真相对密度。受载煤样的孔隙率计算公式为：

$$\varphi = (\mathrm{TRD} - \mathrm{ARD}) \times 100\% / \mathrm{TRD} \tag{5-1}$$

式中 φ——受载煤样的孔隙率，%；

TRD——受载煤样的真相对密度，g/cm^3；

ARD——受载煤样的视相对密度，g/cm^3。

因为受载试样是圆柱体，所以可采用质量与体积之比获得受载试样的视相对密度，计算公式如式(5-2)所示。由式(5-2)可知，测试不同受载应力条件下试样的视相对密度旨在测试不同受载应力条件下试样的高度。

$$\mathrm{ARD} = M/V = M/(\pi \times 2.5^2 \times H) \tag{5-2}$$

式中 M——受载煤样的质量，g；

V——受载煤样的体积，cm^3；

H——受载煤样的高度，cm。

为测试不同受载应力条件下试样的高度，需要对本书中所开发的“受载含瓦斯煤外加水分渗吸实验系统”加装精密位移传感器。精密位移传感器可实时记录不同时刻的位移。改装后的受载煤样孔隙率测试装置原理及实物，分别如图 5-4(a)和(b)所示。

采用受载煤样孔隙率测试装置测试不同受载应力条件下（σ = 0 MPa、5 MPa、10 MPa 及 15 MPa）试样的孔隙率，测试步骤如下：

① 将 5.1.1 小节制作完毕且干燥后的实验煤样装入受载煤样孔隙率测试装置中。

② 启动轴压伺服泵，打开阀门 7，轴压伺服泵从储水杯 9 内吸水，吸水完毕后关闭阀门 7。

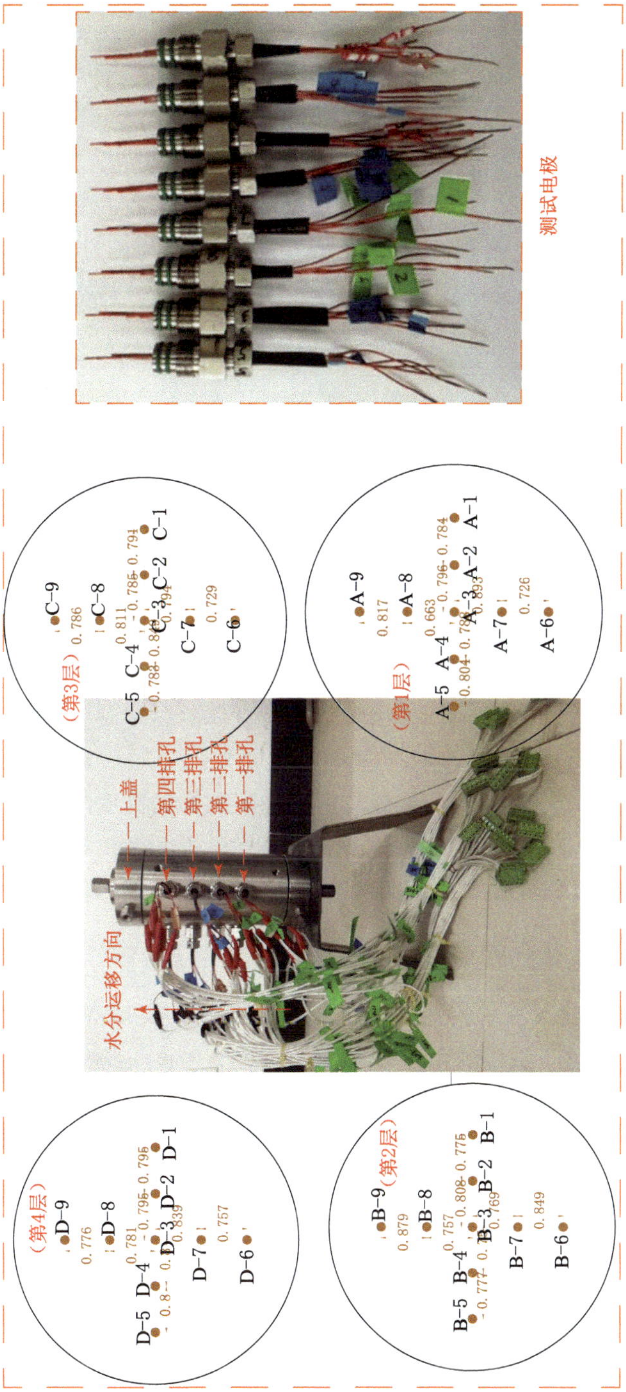

图5-3 测试电极的安装图

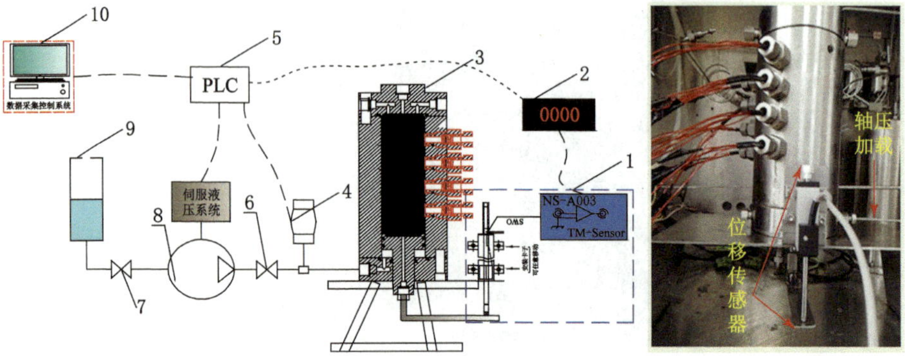

(a) 原理图　　　　(b) 实物图

1—位移传感器；2—显示仪表；3—煤样罐；4—压力传感器；5—PLC 面板；
6,7—阀门；8—轴压伺服泵；9—储水杯；10—PC。

图 5-4　受载煤样孔隙率测试装置

③ 通过 PC 设置加载轴压(σ)，打开阀门 6，煤样罐 3 内的活塞开始压缩煤样，直至达到预设加载应力(σ=0 MPa、5 MPa、10 MPa、15 MPa)。

④ 读出显示仪表 2 中的示数，未加载轴压时试样的高度减去显示仪表 2 中的示数，即可得到不同受载应力条件下试样的高度。

⑤ 重复步骤②～④，测试其他受载应力条件下试样的高度。

⑥ 根据式(5-1)及式(5-2)对实验数据进行处理，即可得到不同受载应力条件下试样的视相对密度。

5.1.3　受载煤样孔隙率测试结果与分析

采用受载煤样孔隙率测试装置(图 5-4)，按照受载煤样孔隙率实验测试流程测试不同受载应力条件下试样的孔隙率，受载试样的真密度、视密度及试样高度见表 5-2，受载试样的孔隙率及轴向压缩位移与受载应力的关系如图 5-5 所示。

表 5-2　受载试样的真密度、视密度及试样高度

受载应力/MPa	受载试样高度/mm	压缩位移/mm	TRD/(g/cm³)	ARD/(g/cm³)	φ/%
0	158	0	1.66	1.310 9	21.03
5	155.81	2.19		1.329 4	19.92
10	154.69	3.31		1.339 0	19.34
15	154.01	3.99		1.344 9	18.98

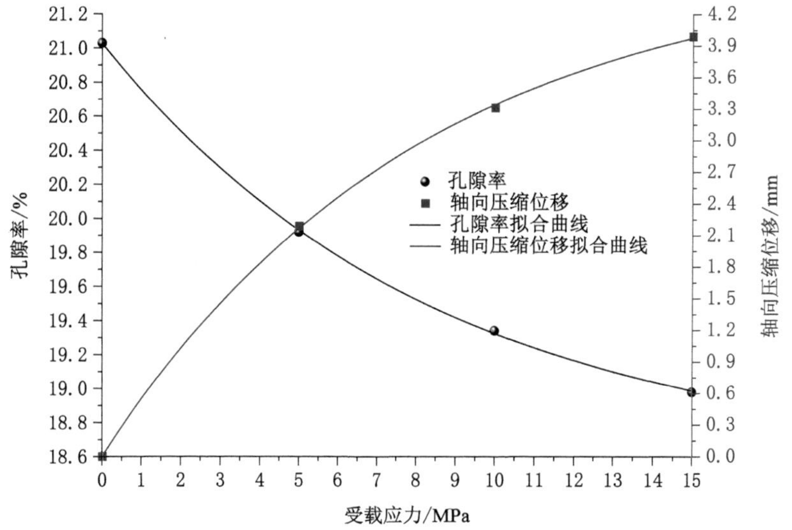

图 5-5　试样的孔隙率、轴向压缩位移与受载应力的关系

由表 5-2 可知，受载试样的高度随受载应力的增加而减小，说明在应力的作用下，煤样的高度受到了一定程度的压缩，但煤样的质量是一定的，因此受载试样的视密度随受载应力的增加而增加。

由图 5-5 可知，受载试样的轴向压缩位移随着应力的增加而增加，增加的梯度逐渐减小，压缩位移的增加分为两个阶段：第一阶段是快速压缩阶段（0～5 MPa），第二阶段是缓慢压缩阶段（5～15 MPa）。受载试样的孔隙率随受载应力的增加而逐渐减小，孔隙率的减小也分为两个阶段：第一阶段是快速减小阶段（0～5 MPa），第二阶段是缓慢减小阶段（5～15 MPa）；在 0～5 MPa 内，试样在应力的作用下颗粒与颗粒之间的孔隙迅速减小，造成受载试样的孔隙率减小幅度较快，压缩位移增加较快；在 5～15 MPa 内，因为颗粒具有一定的弹性，煤颗粒之间的接触随受载应力的增加变得更紧密，同时煤颗粒发生微小变形，从而使试样的孔隙体积减小，受载试样的孔隙率与轴向应力满足负指数的关系，如式（5-3）所示；受载试样的压缩位移与轴向应力也满足负指数的关系，如式（5-4）所示。

$$\varphi = 0.024\ 57e^{-\sigma/8.454\ 28} + 0.185\ 71 \quad (R^2 = 0.999\ 44) \tag{5-3}$$

式中　σ——受载应力，MPa。

$$\Delta s = -4.718\ 35e^{-\sigma/8.142\ 09} + 4.722\ 72\sigma^{0.538\ 34} \quad (R^2 = 0.999\ 47) \tag{5-4}$$

式中　Δs——压缩位移，mm。

5.2 受载煤样的渗透率测试

5.2.1 受载煤样渗透率测试装置及测试原理

受载煤样渗透率是受载煤样渗透性的数量表征，本节采用稳态法测试受载煤样的绝对渗透率。绝对渗透率的计算公式如下：

$$K = 2Qp_1\mu L_1/[A(p^2 - p_2^2)] \tag{5-5}$$

式中 p——入口处气体压力，MPa；

Q——出口处单位时间内的流量，mL/s；

p_1——出口处气体压力（大气压力），MPa；

p_2——多孔介质某一横截面的气体压力，MPa；

L_1——多孔介质的长度，m；

A——多孔介质的截面积，m^2；

K——多孔介质的渗透率，m^2。

对所开发的“受载含瓦斯煤外加水分渗吸实验系统”进行改装，即可得到受载煤样渗透率测试装置，其原理及实物如图 5-6 所示。

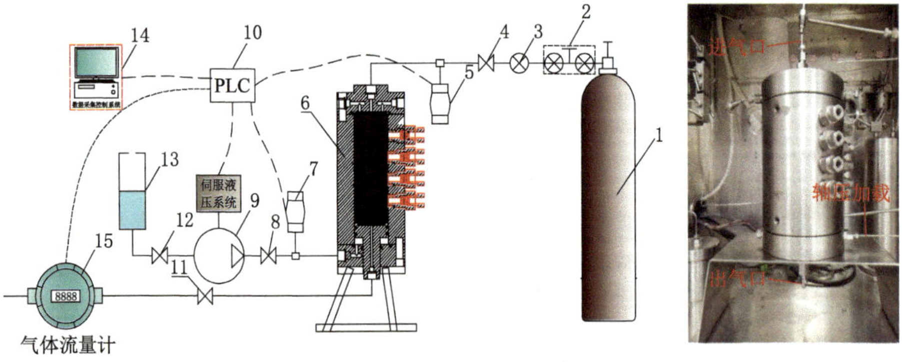

(a) 原理图　　(b) 实物图

1—氮气瓶；2—氮气减压阀；3—调压阀；4，8，11，12—阀门；5，7—压力传感器；6—煤样罐；9—轴压伺服泵；10—PLC 集成面板；13—储水瓶；14—PC；15—氮气质量流量计。

图 5-6　受载煤样渗透率测试装置

采用受载煤样渗透率测试装置测试不同受载应力条件下试样的渗透率，测试步骤如下：

① 将 5.1.1 小节制作好的实验煤样安装到受载煤样渗透率测试系统中。

② 启动轴压伺服泵 9，打开阀门 12，轴压伺服泵 9 从储水瓶 13 内吸水，吸水完毕后关闭阀门 12。

③ 通过 PC 设置加载轴压（σ），打开阀门 8，煤样罐 6 内的活塞开始压缩煤样，直至达到预设压力（σ=0 MPa、5 MPa、10 MPa、15 MPa）。

④ 打开阀门 4，打开高压氮气瓶 1 的阀门，调节氮气减压阀 2，使氮气减压阀 2 的出口压力大于预设定的煤样罐进气压力，采用氮气调压阀 3 对煤样罐进气压力进行微调，使压力传感器 5 的示数等于预设定的煤样罐进气压力。

⑤ 通过 PC 观测氮气质量流量计 15 的示数，当氮气质量流量计 15 的示数达到稳定时，记录此时的流量（Q）。

⑥ 重复步骤②～⑤，测试其他受载应力条件下试样的渗透率。

⑦ 根据式(5-5)对实验数据进行处理。

5.2.2　受载煤样渗透率测试结果及分析

采用受载煤样渗透率测试装置（图 5-6），按照受载煤样渗透率测试实验流程，测试不同受载应力条件下试样的渗透率，测试结果如图 5-7 所示。

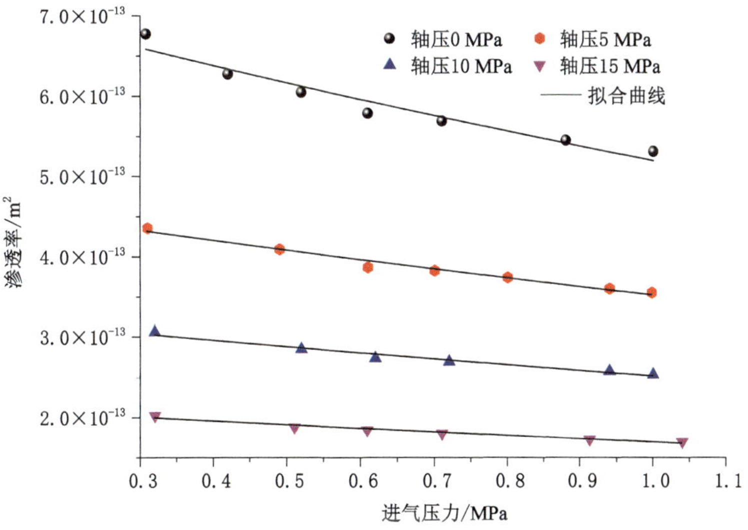

图 5-7　不同受载应力、不同进气压力条件下试样的渗透率

由图 5-7 可知，同一进气压力条件下，受载煤样的渗透率随受载应力的增加而减小，由于罐体侧向应变受约束，受载应力越大，煤基质轴向受到压缩越大，受载试

样的孔隙率越小;同一受载应力条件下,受载煤样的渗透率随进气压力的增加而减小,受载试样的渗透率与进气压力满足负指数的关系,如式(5-6)所示,式(5-6)的拟合参数见表 5-3。同一受载应力条件下,受载煤样的渗透率随进气压力的增加而减小的原因是气体的滑脱效应(岳高伟 等,2015),气体流动的达西现象和滑脱现象分别如图 5-8(a)和(b)所示。滑脱效应的严重与否与气体分子的密度和动量有关,平均压力越小,气体分子的密度越小,气体分子相互碰撞的概率越小,气体分子就更容易流动。平均压力的物理含义是指气体分子对单位面积上的碰撞力,平均压力的数学表达式为进出口的平均压力值;如果气体平均压力越大,那么气体分子相互碰撞的概率越大,气体分子的流动就越慢;当压力达到无穷大时,气体分子与固体分子之间的作用力变大,气体的流动性质与液体变得相似。

$$K = a\,e^{pb} \tag{5-6}$$

式中 a、b——拟合参数。

表 5-3 渗透率与进气压力的拟合结果

应力/MPa	$a\times10^{-13}$	b	R^2
0	7.316 18	−0.342 17	0.932 78
5	4.727 6	−0.293 54	0.974 04
10	3.296 25	−0.270 27	0.964 11
15	2.157 28	−0.241 72	0.953 82

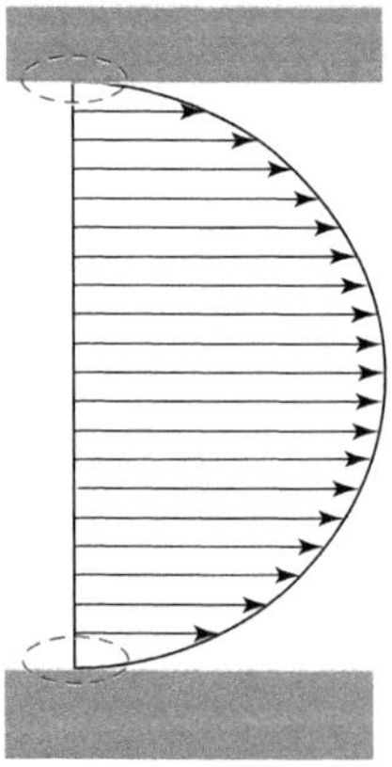

(a) 达西流动

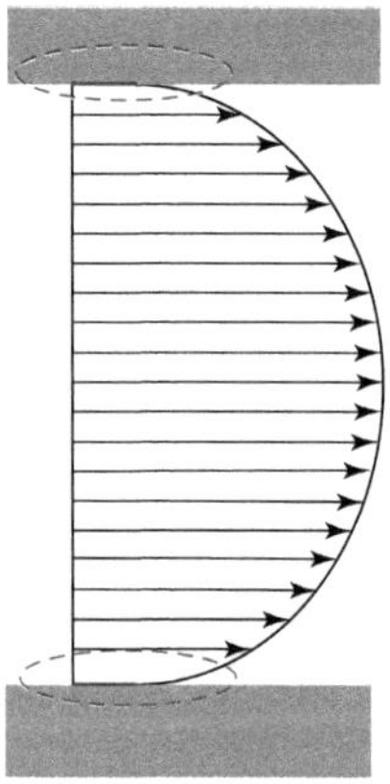

(b) 滑脱效应

图 5-8 气体流动的达西现象和滑脱现象

采用考虑气体滑脱效应的气测渗透率公式[式(5-7)]对渗透率与进出口的平均压力的散点图进行拟合,拟合曲线如图 5-9 所示,拟合参数见表 5-4。

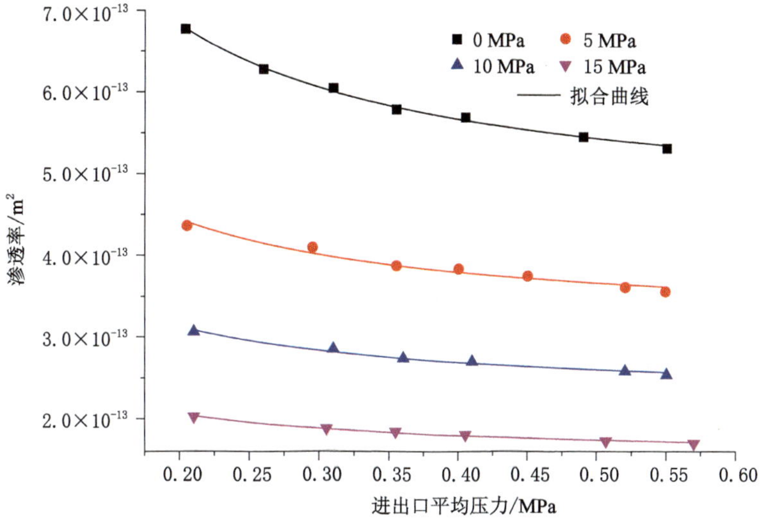

图 5-9　不同受载应力煤样的渗透率随进出口平均压力的变化规律

表 5-4　渗透率与进出口平均压力的拟合结果

应力/MPa	K_∞/m²	b	R^2
0	$4.497\,53\times10^{-13}$	0.103 70	0.995 52
5	$3.138\,14\times10^{-13}$	0.083 11	0.963 09
10	$2.245\,86\times10^{-13}$	0.078 45	0.978 11
15	$1.525\,26\times10^{-13}$	0.070 69	0.985 74

由表 5-4 可知,等效液体的渗透率随渗透率的增加而减小,因为受载应力越大,其流动空间越小。

$$K=K_\infty(1+b/\bar{p}) \tag{5-7}$$

式中　K——气体渗透率,m²;

K_∞——克氏渗透率,即等效液体的渗透率,m²;

$\bar{p}$——进出口的平均压力,MPa;

b——滑脱因子。

5.3 重塑煤样孔隙结构测试

5.3.1 重塑煤样孔隙结构测试原理及步骤

煤具有丰富的孔隙结构，采用 ASAP2020 比表面积分析仪，参照《气体吸附 BET 法测定固态物质比表面积》(GB/T 19587—2017)，采用容量法测试煤样的比表面积及孔径分布，重塑煤样的低温液氮吸附测试步骤如下：

① 制作压制应力为 50 MPa、70 MPa、90 MPa、110 MPa 的重塑煤体试样，制作完成后将试样切割并打磨成各个方向长度不大于 1.0 cm 的试块(图 5-10)，采用块状煤样的目的是与实验煤样孔-裂隙结构保持一致。

图 5-10　用于低温液氮吸附测试的试样

② 对上述处理过的煤样进行干燥，将干燥后的煤样装入样品管中测试，获得不同压制应力试样的低温液氮吸-脱附曲线。

5.3.2 重塑煤样的低温液氮吸附测试结果与分析

按照低温液氮吸附测试步骤对不同压制应力的试样进行测试，不同压制应力试样的低温液氮等温吸附-脱附曲线如图 5-11 所示。

由图 5-11 可知，不同压制应力的试样均出现磁滞回线，即低温液氮吸附曲线与脱附曲线不重合。不同压制应力试样的吸附曲线在形态上差别不大，且吸附量差别不大。根据国际纯粹与应用化学联合会(IUPAC)吸附等温线的分类，

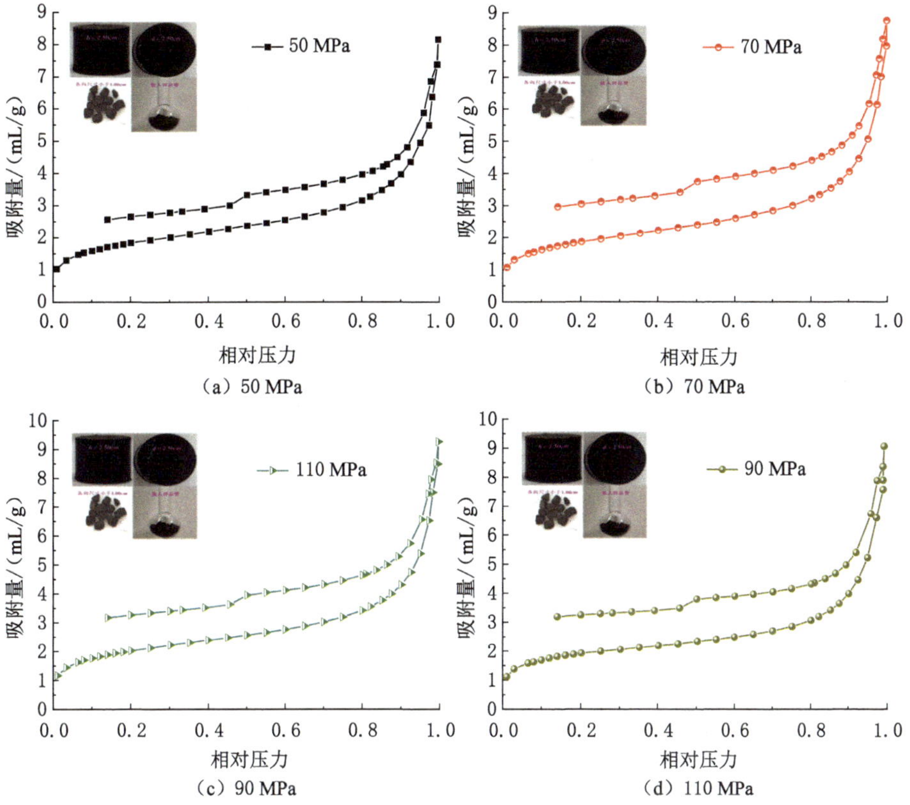

图 5-11　不同压制应力试样的低温液氮吸附-脱附曲线

不同压制应力试样的低温液氮吸附曲线符合Ⅱ类等温线。低温液氮吸附曲线中，相对压力为 0～0.05 时，吸附为单分子层吸附；相对压力为 0.05～0.35 时，吸附为多分子层吸附；相对压力大于 0.35 时，吸附为毛细凝聚（岳基伟 等，2016）。

不同压制应力的煤样，各阶段孔容及孔容占比见表 5-5。不同压制应力的试样，同一孔径阶段的孔容差别不大。小孔孔容占比最大，微孔次之，中孔最小，各阶段孔容的变化趋势基本相同。4 个压制应力煤样的总孔容差别不大，因为低温液氮吸附实验只能测试出微小孔及部分中孔的孔容和比表面积。不同压制应力煤样各阶段孔的比表面积见表 5-6，微孔比表面积所占比例最大，小孔次之，中孔最小。随着压制载荷的增大，煤样的比表面积变化不大，说明压制应力对煤样的微小孔影响不大。

表 5-5　不同压制应力煤样的孔容及孔容占比

煤样编号	孔容/(mL/g)	各孔径阶段孔体积/(mL/g)			各孔径阶段孔体积占比/%		
		>100 nm	10～100 nm	<10 nm	>100 nm	10～100 nm	<10 nm
50 MPa	0.012 77	0.001 92	0.008 44	0.002 41	15.04	66.09	18.87
70 MPa	0.012 15	0.001 62	0.007 17	0.003 36	13.33	59.01	27.65
90 MPa	0.011 47	0.001 56	0.006 67	0.003 24	13.61	58.15	28.25
110 MPa	0.010 53	0.001 67	0.005 57	0.003 29	15.86	52.90	31.24

表 5-6　不同压制应力煤样的比表面积及比表面积占比

煤样编号	BJH 比表面积/(m^2/g)	BJH 各孔径阶段孔比表面积/(m^2/g)			BJH 各孔径阶段孔表面积占比/%		
		>100 nm	10～100 nm	<10 nm	>100 nm	10～100 nm	<10 nm
50 MPa	3.527	0.079 0	0.942	2.506	0.022 4	0.267 1	0.711
70 MPa	3.546	0.014 0	0.920	2.486	0.039 5	0.259 4	0.701
90 MPa	3.622	0.088 2	0.996	2.538	0.024 3	0.275 0	0.701
110 MPa	3.661 2	0.038 2	0.979	2.644	0.010 4	0.267 4	0.722

5.4　受载煤样的吸附瓦斯特性研究

吸附是指在两相体系中,其中一相的物质或溶于该相物质的浓度发生变化的现象。吸附剂是指具有吸附作用的物质,吸附质是指被吸附的物质。煤是一种对瓦斯具有良好吸附性能的吸附剂。在一定的温度条件下,当多孔介质和吸附性气体处于一个系统时,多孔介质对吸附性气体的吸附量与气体的压力满足一定的函数关系,如式(5-8)所示。式(5-8)为等温吸附方程,方程所绘成的曲线为等温吸附线(王玲玲 等,2018)。

$$Q = f\ (p)_T \tag{5-8}$$

式中　Q——瓦斯吸附量,mL/g;

T——实验温度,℃;

p——吸附平衡压力,MPa。

采用受载含瓦斯煤外加水分渗吸实验系统对不同受载煤样的吸附瓦斯量进行测试,且每个吸附平衡压力点的吸附时间不低于 24 h,保证煤对瓦斯充分吸附,测试结果如图 5-12 所示。

① 受载应力(0 MPa、5 MPa、10 MPa、15 MPa)。

② 瓦斯吸附平衡压力区间为 0～7 MPa。

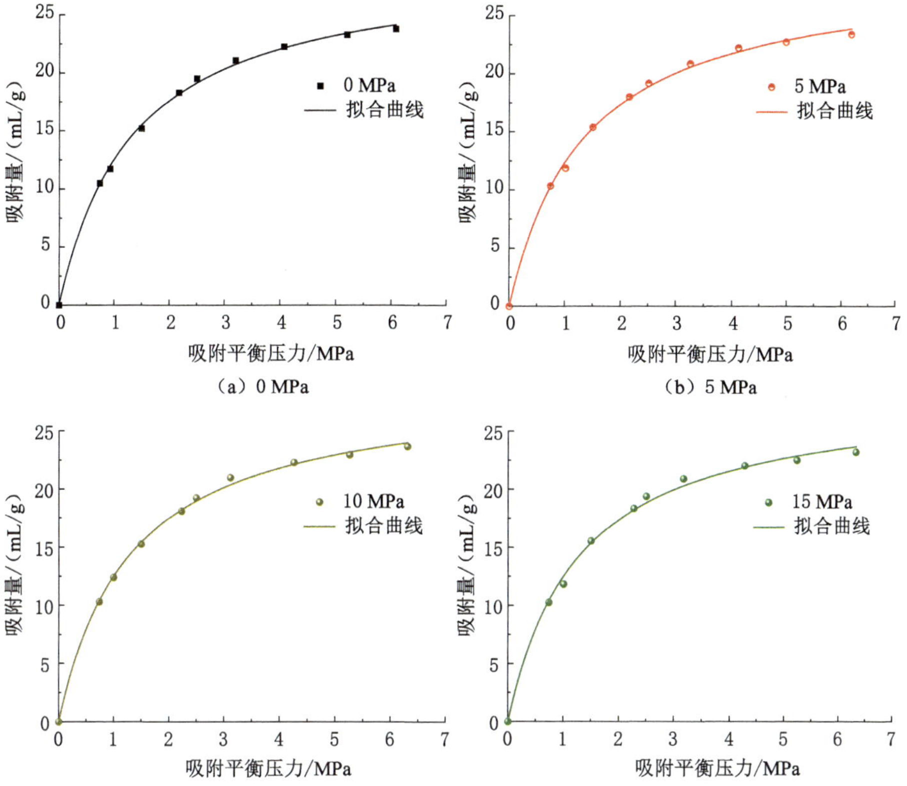

(a) 0 MPa　(b) 5 MPa　(c) 10 MPa　(d) 15 MPa

图 5-12　不同受载应力条件下试样的等温吸附曲线

③ 实验温度为 30 ℃。

由图 5-12 可知，在 0～7 MPa 区间内，煤对瓦斯的吸附量随着吸附平衡压力的增加而增加，增加的梯度逐渐减小，主要原因是平衡压力的增加导致甲烷分子撞击煤孔隙表面的概率增加，甲烷分子在煤孔隙表面的撞击次数、撞击个数、撞击面积增加，因此气体分子在煤孔隙表面的吸附相密度增加；然而，吸附相密度逐渐增加，会导致煤对瓦斯的吸附场所逐渐减小，因此煤对瓦斯的吸附量随着吸附平衡压力的增加而增加，增加的梯度逐渐减小。

煤对瓦斯的吸附量与吸附平衡压力满足 Langmuir 吸附模型[模型如式(5-9)所示]。Langmuir 吸附模型拟合参数见表 5-7。

$$Q_x = \frac{abp}{1+bp} \tag{5-9}$$

式中 p——吸附平衡压力,MPa;

Q_x——吸附量,mL/g;

a、b——吸附常数。

表 5-7 Langmuir 吸附模型的拟合参数

受载应力/MPa	a	b	R^2
0	29.399 54	0.749 26	0.998 53
5	29.168 84	0.735 97	0.997 98
10	29.143 16	0.741 57	0.996 92
15	28.555 80	0.774 25	0.996 25

由于不同受载应力条件下,煤样的吸附平衡压力点不完全相同,因此无法判断同一吸附平衡压力条件下吸附量是否相同。由图 5-12 可知,Langmuir 模型的拟合效果较好,因此可根据不同受载应力条件下的 Langmuir 拟合曲线判断各个压力点的吸附量是否相同。由图 5-12 中的拟合曲线可知,不同受载应力条件下煤样的吸附瓦斯量差别不大,同时由表 5-7 可知,在不同的受载应力(0～15 MPa)条件下吸附常数 a 值差别不大,原因如下:

① 实验煤样是预先通过 90 MPa 的压制应力压制完成的,压制完成后不退模,而后加载,不同于前人研究的直接对原煤进行加载。

② 在 0～15 MPa 的受载应力条件下,受载应力对煤体微小孔没有产生影响,而微小孔是煤体吸附瓦斯的主要场所。

③ 由重塑煤样的低温液氮吸附实验测试结果可知,压制应力对煤样孔隙比表面积基本没有影响,测试条件下的受载应力不能促使晶界之间产生位错效应及微观损伤。

④ 实验结果与胡爱军等(2007)采用粒径为 0.185 mm 以下的煤粉所制成的型煤试样测试不同轴压下的煤对瓦斯吸附量的实验结果具有一致性。以上结果同时也表明:在一定的应力范围内,静载应力不足以改变煤的微观孔隙结构,一般高压气致裂(李玮 等,2017)、物理场的激励(赵丽娟 等,2014)、冲击荷载(爆破,SHPB 冲击)(Shan et al.,2000)可在一定程度上改变煤的微观孔隙结构。

5.5 本章小结

本章主要对受载煤样孔隙率、受载煤样渗透率、重塑煤样的孔隙结构及受载煤样的吸附特性进行了研究。主要结论如下：

① 受载试样的压缩位移随轴向应力的增加而增加，孔隙率随轴向应力的增加而减小，受载试样的压缩位移、孔隙率与轴向应力满足负指数的关系。

② 受载试样的渗透率随受载应力的增加而减小，由于存在滑脱效应，所以受载煤样的渗透率随进气压力的增加而减小，受载试样的渗透率与进气压力满足负指数的函数关系。

③ 在不同的受载应力(0～15 MPa)条件下，煤对瓦斯的吸附量差别不大，且各受载应力条件下的极限吸附量差别不大，由于微小孔是煤体吸附瓦斯的主要场所，所以受载应力对煤体微小孔的影响较小，测试条件下的受载应力不能促使晶界之间产生位错效应及微观损伤。

参考文献

[1] 胡爱军，潘一山，唐巨鹏，等，2007.型煤的甲烷吸附以及 NMR 实验研究[J].洁净煤技术，13(3)：37-40.

[2] 李玮，李卓伦，杨斌，等，2017.多分支缝水力压裂近井筒起裂机制研究[J].特种油气藏，24(1)：138-142.

[3] 王玲玲，王兆丰，霍肖肖，等，2018.高温高压下煤孔隙结构的变化对瓦斯吸附特性的影响[J].中国安全生产科学技术，14(12)：97-101.

[4] 王兆丰，岳基伟，俞宏庆，等，2019.复合煤层物性差异性试验研究[J].煤炭科学技术，47(7)：31-38.

[5] 岳高伟，岳基伟，许梦飞，2015.煤层瓦斯渗流过程中压力分布的滑脱效应[J].科技导报，33(2)：74-79.

[6] 岳基伟，岳高伟，曹汉生，2016.煤体孔中低温液氮吸附层厚度研究[J].煤炭技术，35(2)：165-168.

[7] 赵丽娟，秦勇，2014.超声波作用对改善煤储层渗透性的实验分析[J].天然气地球科学，25(5)：747-752.

[8] SHAN R L，JIANG Y S，LI B Q，2000.Obtaining dynamic complete stress-strain curves for rock using the Split Hopkinson Pressure Bar technique[J].International journal of rock mechanics and mining sciences，37(6)：983-992.

第6章　吸附性多孔介质渗吸的迟滞效应研究

渗吸是润湿相液体依靠毛管力的作用置换非润湿相流体的过程。土壤吸水，煤层采气、采油，喷墨打印，毛细玻璃管吸水，沙子吸水和大豆吸水的过程都存在渗吸的过程。众所周知，毛细玻璃管自发吸水非常快，在几十秒或者几百秒的时间内即可达到毛细玻璃管的顶端，然而煤的吸水却非常缓慢，吸水缓慢的本质原因是什么？本章采用毛细玻璃管渗吸、受载河沙渗吸及重塑煤渗吸进行对比分析，获得吸附性多孔介质渗吸的迟滞效应研究，迟滞效应的发现将为受载煤渗吸的建模奠定理论基础。

6.1　水在单根毛细玻璃管中渗吸高度理论计算

为揭示水在不同直径毛细玻璃管中的渗吸高度，分别选取内径 r_1 为 0.05 mm、0.07 mm、0.09 mm 及 0.11 mm 的毛细玻璃管进行渗吸高度理论计算，毛细玻璃管的迂曲度为1，水的表面张力为 0.071 18 N/m，黏度为 0.000 800 7 Ps·s，将不同内径毛细玻璃管的物性参数代入式(1-42)求解。

根据考虑重力因素的渗吸高度模型对不同直径直毛细玻璃管的渗吸高度进行计算，计算结果如图 6-1(a)所示。根据式(1-25)及式(1-26)计算不同直径毛细玻璃管的渗吸平衡高度及渗吸平衡时间，计算结果如图 6-1(b)所示。

由图 6-1(a)可知，对于同一直径的毛细管，渗吸高度随时间的增加而增加，但增加的梯度逐渐减小，出现此现象的原因是毛细管内水的重力逐渐增加，造成水分运移速率减小。对于不同直径的毛细管，在开始的一段时间内，毛细管管径越大，渗吸高度增长得越快，主要是由于惯性力导致的；随着渗吸时间的逐渐增加，渗吸高度随着毛细管直径的减小而增加。由图 6-1(b)可知，渗吸平衡高度及渗吸平衡时间随着毛细管半径的增加而减小。造成这种现象的原因是：由于毛细管的半径小，毛管力、比表面积大，造成湿润特性增加，因此其渗吸平衡高度较大，造成的黏性损失大，因此其渗吸平衡时间较长，虽然渗吸平衡时间较长，但

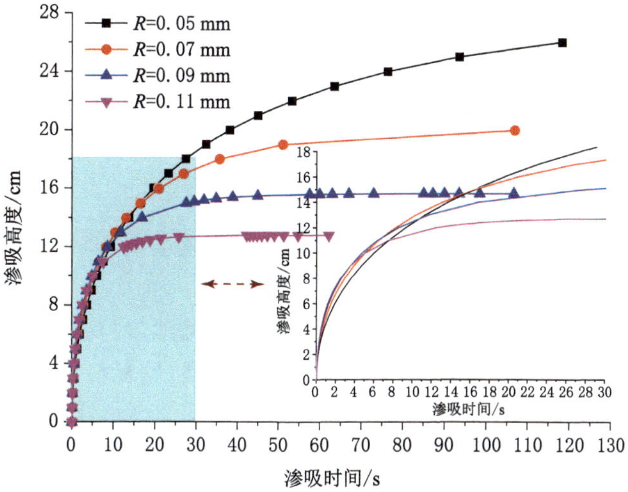

(a) 不同直径的毛细玻璃管渗吸高度随时间的变化规律

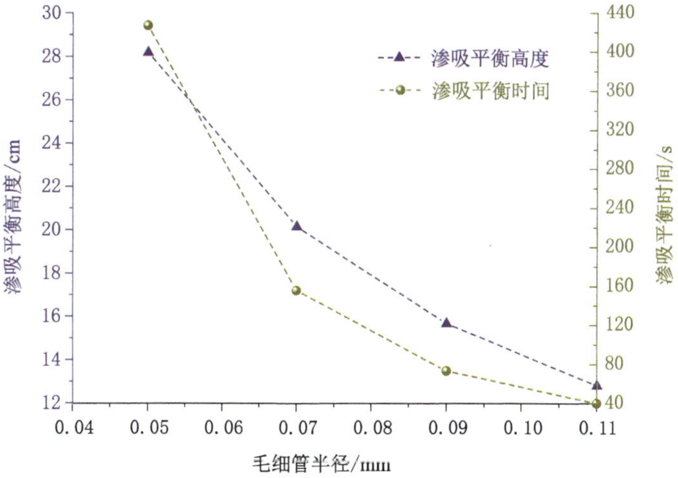

(b) 不同直径的毛细玻璃管渗吸平衡高度及渗吸平衡时间

图 6-1　不同直径的毛细玻璃管渗吸高度、渗吸平衡高度及渗吸平衡时间

时间的数量级为秒级别。

6.2　非吸附性多孔介质渗吸高度实验研究

非吸附性多孔介质指不发生瓦斯吸附的多孔介质，当多孔介质发生渗吸时，

水分的运移主要依靠颗粒间的毛细管通道及颗粒内部的毛细管通道，本节选择河沙为研究对象，对堆积压实的河沙进行测试，以探索非吸附性多孔介质渗吸高度的变化规律，同时将其与吸附性多孔介质渗吸高度的测试结果进行对比，得出非吸附性多孔介质与吸附性多孔介质渗吸存在的差异。

6.2.1 河沙样品的制作

河沙样品购于市场，由于样品中含有黏土，所以需要对河沙样品进行反复冲洗，冲洗过程如下：

① 将河沙放置在容器中并加入清水，水位淹没河沙，对河沙进行反复搓揉，搓揉后倒掉含有黏土的水，并再次加入清水进行搓揉，反复清洗，直至搓揉河沙后水能迅速变清澈，认为冲洗河沙过程结束。

② 将冲洗后的河沙放入干燥箱中干燥，直至河沙在 1 h 内的质量不再发生变化，视为干燥结束。

③ 对河沙进行筛选，筛分出粒径为 0.25～0.5 mm 及 0.25 mm 以下[图 6-2(a)及(b)]的河沙样品，筛选后将河沙样品放置在干燥器中备用。

(a) 粒径0.25～0.5 mm河沙样品　　(b) 粒径0.25 mm以下河沙样品

图 6-2　筛选后的河沙样品

6.2.2 河沙的吸附特性探析

为证明河沙是一种非吸附性的多孔介质，采用甲烷气体作为吸附质，参考《煤的甲烷吸附量测定方法(高压容量法)》(MT/T 752—1997)标准测试河沙对甲烷的吸附特性。为了证明河沙是否对甲烷产生吸附效应，需要从三个方面进行分析：① 充气后罐体内的压力值是否保持不变；② 充气量是否等于游离量；③ 充甲烷 15 h 后，常压条件下是否发生解吸效应。下面从以上三个方面进行探析。

采用受载含瓦斯煤外加水分渗吸实验系统对河沙[河沙样品的装样质量比例为：粒径(0.25～0.5 mm)∶(0.25 mm 以下)＝1∶2]的吸附量进行测试，吸附罐内的气体压力如图 6-3 所示。

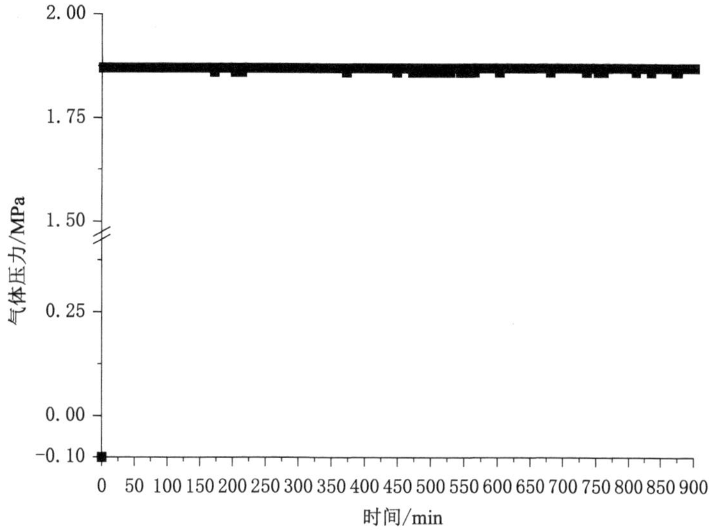

图 6-3　罐内的气体压力随时间的变化规律

(1) 充气后罐体内的压力保持不变分析

由图 6-3 可知，通过对吸附系统抽真空，罐体内的压力由常压变为负压，因此在初始时刻罐体内为负压(－0.1 MPa)，抽真空结束后采用甲烷参考罐向吸附罐充入甲烷气体，吸附罐内的压力由负压变为正压。0～2 min 时间段内罐体内的压力迅速升高(数据采集间隔为 2 min)；2～900 min 时间段内罐体内的压力值保持不变，部分点存在波动现象。出现波动现象的原因是：实验室内仪器的振动、恒温箱内温度的波动及气压的变化等。

(2) 充气量等于游离量分析

实验样品的质量为 546.1 g，甲烷参考罐充气前后的气体压力值分别为 2.11 MPa 和 1.89 MPa，常压条件下罐体内的死体积为 191.1 mL，甲烷参考罐的充气量为 3 592.433 mL 和吸附罐体内游离气体量为 3 569.047 mL，充气量与游离量相差 23.386 mL。充气量与游离量完全不相等的原因如下：压缩因子的换算存在误差、压力表的精度、温度的波动及大气压的变化；发生了极其微弱的吸附效应，即在 1.87 MPa 平衡压力下吸附量为 0.043 mL/g。

(3) 充甲烷 15 h 后，在常压条件下不发生解吸效应分析吸附 15 h 以后将罐体内的气体迅速释放至大气中，然后连通解吸仪进行解吸，发现无解吸效应发生，说明充甲烷 15 h 后没有出现解吸效应。

综合上述分析可知，充气后罐体内的压力值保持不变，充气量基本上等于游离量，充甲烷 15 h 后，在常压条件下无解吸效应的发生。由分析结果可知，河沙不会对甲烷产生吸附效应。

6.2.3 受载河沙渗吸高度测试流程及孔隙率测试

采用“受载含瓦斯煤外加水分渗吸实验系统”测试受载河沙的渗吸高度，受载河沙试样的制作及实验流程如下：

① 按照粒径为(0.25～0.5 mm)：(0.25 mm 以下)＝1：2 的比例分别称取一定质量上述干燥后粒径为 0.25～0.5 mm 和 0.25 mm 以下的河沙样品，将称量后的样品进行混合，混合均匀后，添加 10％的水(目的是使河沙压制时更容易成型)，充分均匀搅拌。

② 按照 5.1.1 小节中的步骤②～⑥制作样品及布置测试电极，制作成型的样品如图 6-4 所示。

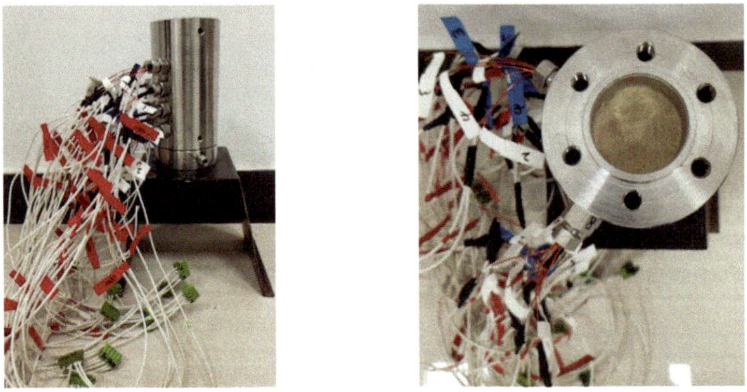

(a) 侧面　　(b) 截面

图 6-4　成型后的样品

为了获得受载河沙的孔隙率，需对视密度、真密度进行测试。受载河沙的视密度测试参考 5.1.2 小节中受载煤样的孔隙率测试步骤，真密度采用排水法测试，真密度的测试步骤如下：

① 按照(0.25～0.5 mm)：(0.25 mm 以下)＝1：2 的比例分别称取一定质量(m_s)上述干燥完毕粒径为 0.25～0.5 mm 和 0.25 mm 以下的河沙样品。

② 将一定量的水加入量筒中[图 6-5(a)]并读取量筒的示数(V_w)，而后将称量后的河沙倒入量筒中，搁置一段时间，待量筒中的液面稳定后[图 6-5(b)]，再次读取量筒的示数(V_{w+s})，则河沙的体积为 $V_{w+s}-V_w$。

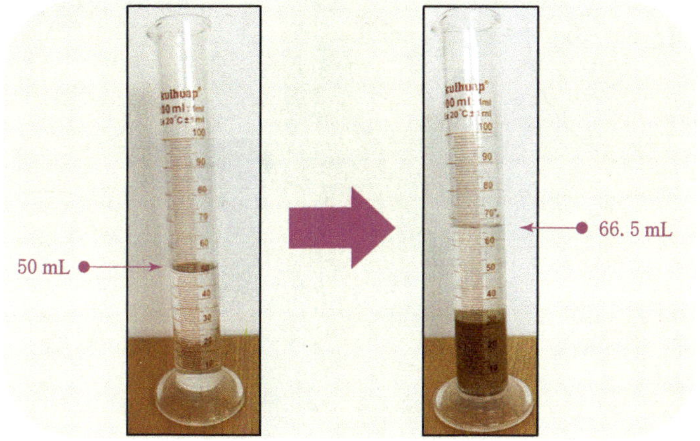

(a)　　(b)

图 6-5　河沙体积的测量

③ 采用河沙的质量与体积计算出河沙的真密度，受载河沙的视密度测试参照受载煤样孔隙率测试流程进行，受载河沙的真密度及视密度已知，即可计算出受载河沙的孔隙率。受载河沙的相关参数见表 6-1。

表 6-1　受载河沙的相关参数

m_s	m_{ss}	h_s	r_s	V_w	V_{w+s}	TRD_s	ARD_s	φ/%
43.9	546.1	15.4	2.5	50	66.5	2.661	1.807	32.09

注：m_s 为加入量筒中河沙的质量，g；m_{ss}为罐体中河沙的质量，g；h_s 为受载河沙的高度，cm；r_s 为受载河沙的半径，cm；V_w为加水的体积，mL；V_{w+s}为河沙和水的总体积，mL；TRD_s 为受载河沙的真密度，g/cm^3；ARD_s 为受载河沙的视密度，g/cm^3；φ 为受载河沙孔隙率，%。

6.2.4　受载河沙渗吸高度测试与结果分析

实验测试了受载应力 15 MPa、气体压力(常压、1.5 MPa 及 2.5 MPa)条件下试样的渗吸高度。受载河沙渗吸高度测试电极布置如图 6-6 所示，受载河沙样品内共设置 4 层测试电极，每层有 8 对测试电极，共 32 对电极，每对电极之间相互独立，通过测试每对电极之间的电阻率获得受载河沙渗吸高度的变化规律。不同气体压力条件下每对电极之间的电阻率值如图 6-7(a)～(c)所示。

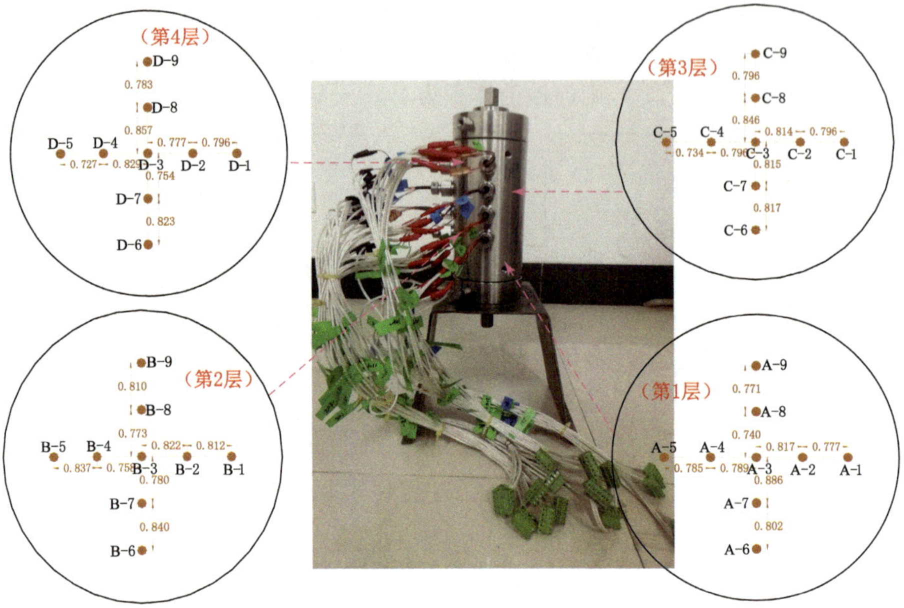

图 6-6　受载河沙渗吸高度测试电极布置示意图

由图 6-7(a)～(c)可知,在发生渗吸之前不同气体压力条件下每对电极之间的电阻值无穷大($9.0\times10^{37}\ \Omega$),因此其对应的电阻率值也是无穷大,由于坐标系范围的限制,在图 6-7(a)～(c)中未给出突变之前的电阻率值,由图 6-7(a)～(c)可知,水自发侵入河沙,当水分到达两电极之间时,两电极之间的电阻率发生突变,而后快速下降直至达到相对稳定的状态。根据突变点所对应的突变时间,即可获得水分到达各测点所对应的渗吸时间,见表 6-2(a)～(c),表中①、②、③及④代表第一排、第二排、第三排及第四排电极。对每层的 8 对测点求取平均值(部分断路的点除外)即可得到达到该层的渗吸时间,如图 6-8 所示。

由图 6-8 可知,对于给定载荷的河沙样品,渗吸高度随着时间的增加而增加,但增加的速率逐渐减小,因为随着时间的增加,水的重力逐渐增加,导致水分的运移速率逐渐减小;同一时间内,受载河沙的渗吸高度随着气体压力的增加而增加,但是差别不大,原因如下:实验是在等压的条件下进行的,同一受载应力条件下,河沙内存在一些一端不连通一端开放的孔隙,在毛细渗吸过程中孔隙内的一部分游离气体被憋压,压力越大,憋压效应越明显,因此受载河沙的渗吸高度随着气体压力的增加而增加;河沙颗粒与颗粒之间、颗粒内部的孔隙连通性较好,两端开放且从一端向另一端渗吸的孔占比较多,同时实验是在等压的条件下进行的,气体压力对两端开放且从一端向另一端渗吸的孔渗吸影响不大。

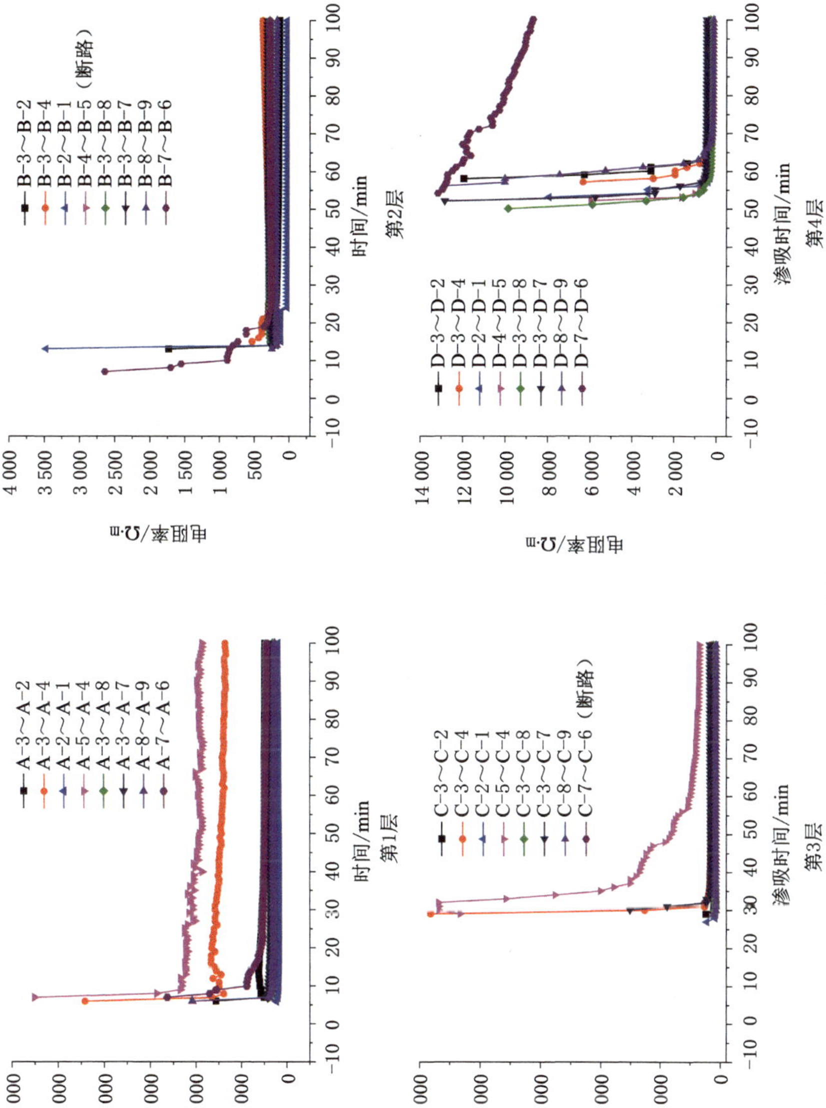

（a）常压0 MPa

图6-7　不同气体压力条件下河沙样品内每对电极之间电阻率随时间的变化规律

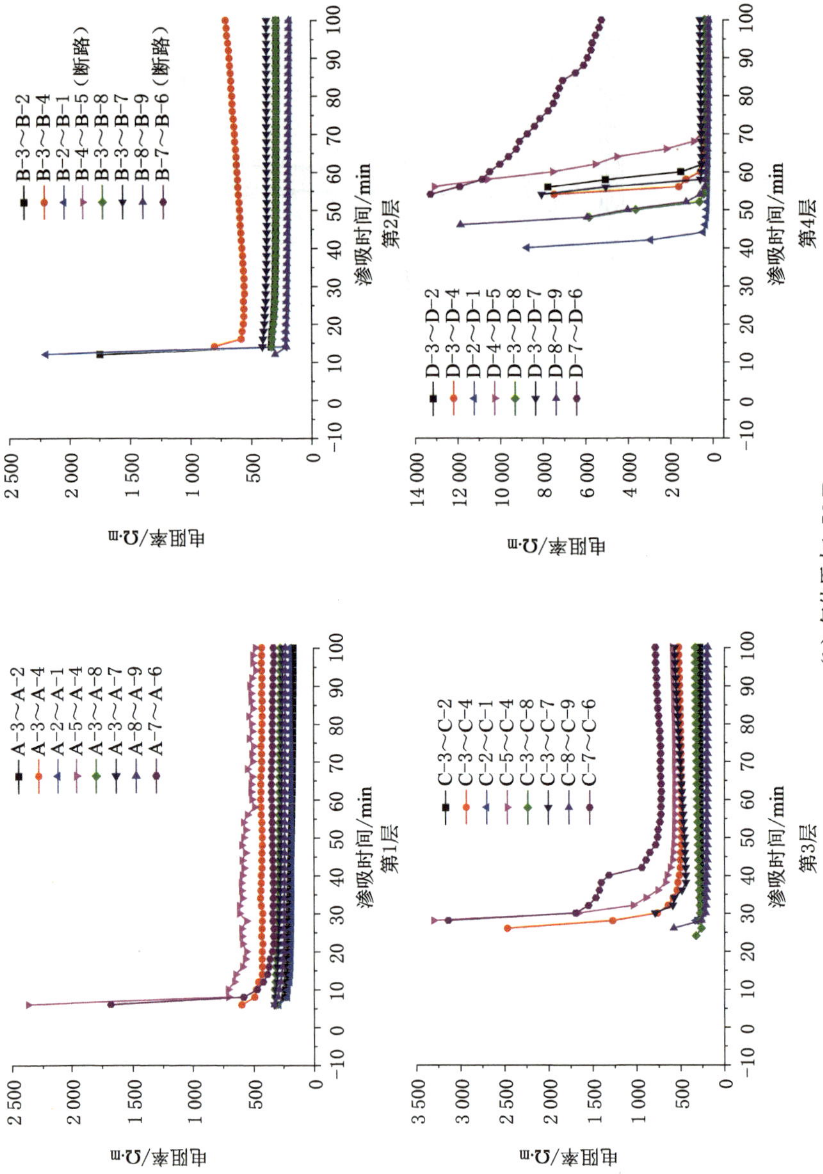

（b）气体压力1.5 MPa

图6-7 （续）

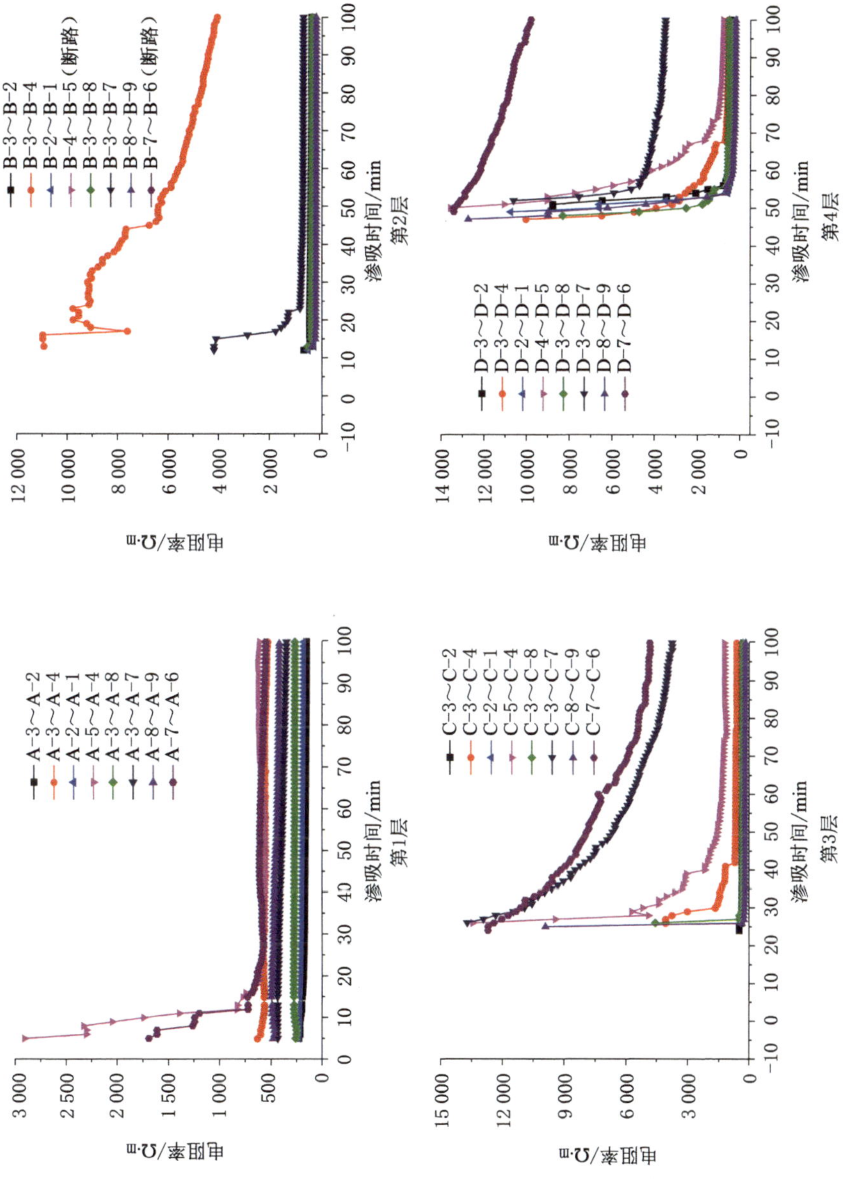

（c）气体压力2.5 MPa

图6-7　（续）

表 6-2 各个测点所对应的渗吸时间

(a) 常压 0 MPa									
①	A-3～A-2	A-3～A-4	A-2～A-1	A-5～A-4	A-3～A-8	A-3～A-7	A-8～A-9	A-7～A-6	平均时间
时间	6 min	6 min	6 min	7 min	7 min	7 min	6 min	7 min	6.5 min
②	B-3～B-2	B-3～B-4	B-2～B-1	B-5～B-4	B-3～B-8	B-3～B-7	B-8～B-9	B-7～B-6	平均时间
时间	13 min	15 min	13 min	断路	14 min	14 min	13 min	17 min	14 min
③	C-3～C-2	C-3～C-4	C-2～C-1	C-5～C-4	C-3～C-8	C-3～C-7	C-8～C-9	C-7～C-6	平均时间
时间	29 min	29 min	27 min	30 min	29 min	30 min	29 min	断路	29 min
④	D-3～D-2	D-3～D-4	D-2～D-1	D-5～D-4	D-3～D-8	D-3～D-7	D-8～D-9	D-7～D-6	平均时间
时间	58 min	57 min	53 min	52 min	50 min	52 min	56 min	54 min	54 min
(b) 气体压力 1.5 MPa									
①	A-3～A-2	A-3～A-4	A-2～A-1	A-5～A-4	A-3～A-8	A-3～A-7	A-8～A-9	A-7～A-6	平均时间
时间	6 min	6 min	6 min	6 min	6 min	6 min	6 min	6 min	6 min
②	B-3～B-2	B-3～B-4	B-2～B-1	B-5～B-4	B-3～B-8	B-3～B-7	B-8～B-9	B-7～B-6	平均时间
时间	12 min	14 min	12 min	断路	14 min	14 min	12 min	断路	13 min
③	C-3～C-2	C-3～C-4	C-2～C-1	C-5～C-4	C-3～C-8	C-3～C-7	C-8～C-9	C-7～C-6	平均时间
时间	28 min	26 min	28 min	28 min	24 min	28 min	26 min	28 min	27 min
④	D-3～D-2	D-3～D-4	D-2～D-1	D-5～D-4	D-3～D-8	D-3～D-7	D-8～D-9	D-7～D-6	平均时间
时间	56 min	54 min	40 min	56 min	48 min	54 min	46 min	54 min	51 min
(c) 气体压力 2.5 MPa									
①	A-3～A-2	A-3～A-4	A-2～A-1	A-5～A-4	A-3～A-8	A-3～A-7	A-8～A-9	A-7～A-6	平均时间
时间	5 min	5 min	5 min	5 min	5 min	5 min	5 min	5 min	5 min
②	B-3～B-2	B-3～B-4	B-2～B-1	B-5～B-4	B-3～B-8	B-3～B-7	B-8～B-9	B-7～B-6	平均时间
时间	12 min	13 min	12 min	断路	13 min	12 min	13 min	断路	12.5 min
③	C-3～C-2	C-3～C-4	C-2～C-1	C-5～C-4	C-3～C-8	C-3～C-7	C-8～C-9	C-7～C-6	平均时间
时间	24 min	26 min	26 min	27 min	26 min	26 min	25 min	24 min	25.5 min
④	D-3～D-2	D-3～D-4	D-2～D-1	D-5～D-4	D-3～D-8	D-3～D-7	D-8～D-9	D-7～D-6	平均时间
时间	50 min	47 min	49 min	50 min	48 min	52 min	47 min	49 min	49 min

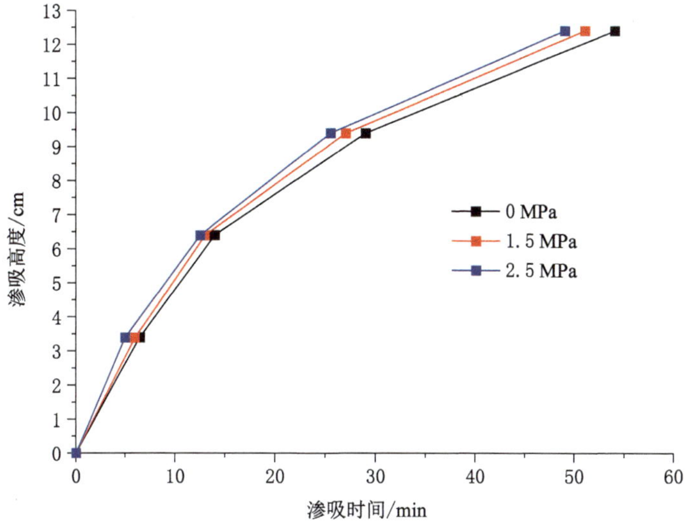

图 6-8　不同气体压力条件下受载河沙的渗吸高度随时间的变化规律

6.3　重塑煤体的渗吸高度及其迟滞效应分析

6.3.1　重塑煤体的渗吸高度实验研究

由 2.3 节可得压制负荷为 100 kN、200 kN、300 kN 和 400 kN，颗粒配比为(0.25 mm 以下)∶(0.25～0.5 mm)＝2∶1 煤样的渗吸高度[图 6-9(a)]。由 2.1.2小节可得压制负荷为 100 kN、200 kN、300 kN 和 400 kN，颗粒配比为(0.25 mm 以下)∶(0.25～0.5 mm)＝2∶1 煤样的孔隙率[图 6-9(b)]。

由图 6-9 可知，重塑煤体的孔隙率随着压制负荷的增加而减小，原因如下：① 颗粒与颗粒之间的接触随着压制负荷的增加变得更加紧密；② 随加载应力的继续增加，颗粒发生微小变形造成重塑煤体的孔隙率缓慢减小。重塑煤体的渗吸高度随着渗吸时间的增加而逐渐增大，出现该现象的原因是重塑煤体内具有丰富的毛细管网络结构，毛管力是渗吸的动力，同时随着渗吸时间的增加，毛细管内吸水的质量增加，造成重力增加，因此渗吸高度在初始的一段时间增加较快，而后增加缓慢。对于同一时刻不同压制负荷重塑煤体的渗吸高度，压制负荷越大，其渗吸高度越大。出现该现象的原因是：压制负荷越大，煤样的平均毛管半径越小，其毛管力越大，因此其渗吸高度越大。

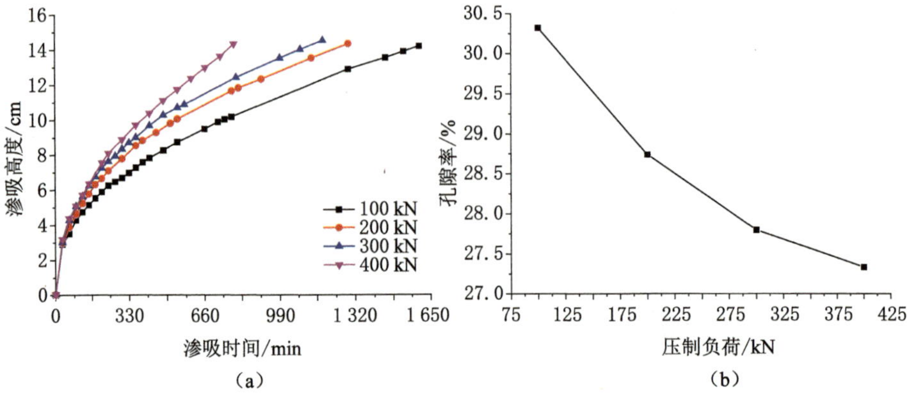

图 6-9　不同压制负荷重塑煤体的渗吸高度及孔隙率

6.3.2　吸附性多孔介质渗吸的迟滞效应

将图 6-1 中不同直径毛细玻璃管的渗吸高度理论计算值、图 6-8 中不同气体压力条件下受载河沙的渗吸高度变化规律及图 6-9 中不同压制负荷重塑煤体的渗吸高度放置在一起进行对比分析(图 6-10),分析结果如下:由图 6-10(a)可知,不同直径的毛细玻璃管渗吸速度非常快,最终毛细玻璃管的直径越小,渗吸平衡高度越大。与重塑煤体渗吸高度相比,达到同一渗吸高度时,毛细玻璃管所需要的渗吸时间非常短。由图 6-10(b)和(c)分析可知,压制负荷为 100 kN,实验煤样孔隙率为 30.323%,受载河沙的孔隙率为 32.09%,两者孔隙率相当,然而达到同一渗吸高度,不同压制负荷为 100 kN 的实验煤样所需的渗吸时间是受载河沙所需渗吸时间的 20～30 倍。由图 6-10(a)和(c)分析可知,当达到同一渗吸高度时毛细玻璃管所需的渗吸时间约 15 s,不同直径的毛细玻璃管渗吸时间与不同压制负荷下煤样的渗吸时间相差极大,大约差 3～4 个数量级。由图 6-10(a)和(b)分析可知,达到同一渗吸高度,沙子所需的渗吸时间大于毛细玻璃管所需的时间,存在的原因如下:沙子颗粒表面不光滑,堆积形成的毛细管不规则,河沙样品内的毛细管迂曲度远大于理论计算所采用毛细玻璃管的迂曲度;沙子内部存在一些大孔隙,水向沙子内部大孔隙渗吸,也需要消耗一定的时间,因此沙子所需的渗吸时间大于毛细玻璃管所需的时间。

毛细玻璃管的渗吸高度理论计算是基于光滑壁面而进行的,经典的毛细管理论是基于光滑壁面的毛细玻璃管而提出的,对于吸附性强的多孔介质(重塑煤),如将煤体等效为竖直或弯曲的毛细管,理论计算出的渗吸高度随时间的变

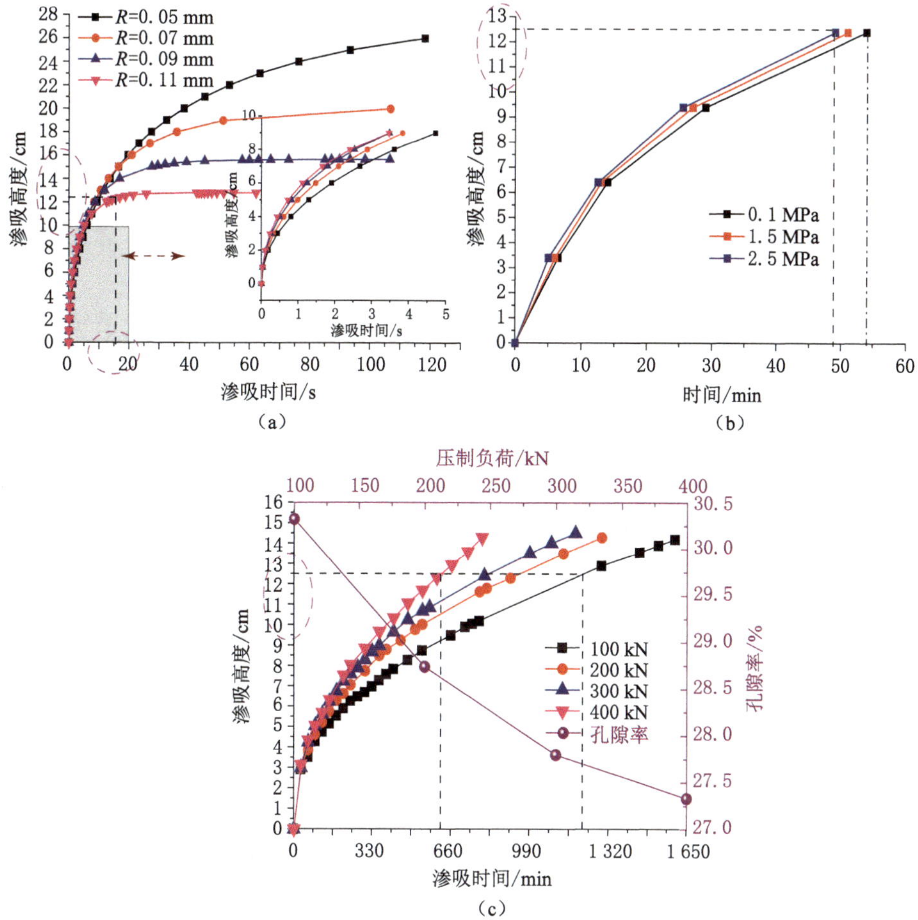

图 6-10　不同直径的毛细玻璃管、不同气体压力的受载河沙、不同压制负荷的重塑煤体的渗吸高度对比

化规律将和实际测试有较大的区别。由上述分析可知，非吸附性的多孔介质渗吸所需时间远远小于吸附性多孔介质渗吸所需的时间，重塑煤是由颗粒煤堆积形成的，颗粒之间及颗粒内部具有丰富的孔-裂隙结构。河沙也是由颗粒堆积形成的，河沙内部微、纳米尺度孔隙较少；将重塑煤体等效为毛细管时，毛细管的壁面是吸附性强的多孔介质，多孔介质壁面内存在丰富的微、纳米尺度的孔隙，水进入多孔介质壁面内微纳米尺度的孔隙依靠水分子的扩散作用，而扩散作用消耗的时间较长，多孔介质壁面内微纳米尺度的孔隙是造成重塑煤渗吸缓慢的原因，即吸附性多孔介质渗吸过程中存在迟滞效应。

6.4 本章小结

本章首先基于毛细动力学理论计算了单根毛细管的渗吸高度，其次测试了非吸附性多孔介质的渗吸高度，而后测试了不同压制负荷重塑煤体的渗吸高度，最后将不同直径的毛细管、不同气体压力条件下受载河沙、不同压制负荷重塑煤体的渗吸高度进行对比分析，发现了吸附性多孔介质渗吸过程中存在着迟滞效应。获得的主要结论如下：

① 对于不同直径的毛细管，在开始的一段时间内，渗吸高度随着毛细管直径的增加而增加，主要是惯性力导致的，随着渗吸时间的增加，渗吸高度随着毛细管直径的减小而增加。

② 装有河沙的罐体充甲烷后气体压力值不变、充气量与游离量基本相等、卸压后河沙不发生解吸，河沙对甲烷不产生吸附效应；不同气体(CH_4)压力条件下，受载河沙的渗吸高度随着气体压力的增加而增加，但差别极微。

③ 将煤体等效为毛细管时，毛细管的壁面是吸附性强的多孔介质，壁面内存在丰富的微、纳米尺度孔隙，而水分在这些孔隙中依靠扩散作用进入多孔介质壁面孔隙，扩散作用所需的时间较长，多孔介质壁面毛细管的吸水是造成吸附性多孔介质渗吸缓慢的原因。

④ 吸附性多孔介质渗吸迟滞效应的发现将为受载煤渗吸高度的建模奠定理论基础。

第 7 章　外加水分在受载煤中渗吸高度的演化规律及其影响机理

煤具有丰富的毛细管网络，毛细管网络是为水的运移提供通道，毛管力为其提供主要动力，因此水分在受载煤样内会产生水分运移现象。煤层注水是水侵技术之一，其广泛地被应用于煤层瓦斯治理，煤层注水技术在井下应用时，注水孔一直处于被供水的状态，即注水管路与井下水管的连接一直处于开放的状态。当注水钻孔被注入水后，水在裂隙中发生渗流，裂隙中的水为煤基质提供水源，水分在毛管力、重力等的作用下发生动力湿润。本章分别对外加水分在受载不含瓦斯煤中的渗吸高度、外加水分在受载含瓦斯煤中的渗吸高度进行测试，建立了实验煤样的等效物理模型，获得了不同受载应力、不同瓦斯压力条件下的渗吸高度，验证了模型的可靠性，揭示了煤体渗吸高度的影响机理，为阐释煤层注水润湿含瓦斯煤的机理提供理论指导。

7.1　外加水分在受载煤中的渗吸高度测试流程

外加水分在受载含瓦斯煤中的渗吸高度测试流程如下：

① 安装煤样罐：首先，将活塞放置在压制好的煤样罐筒体中；其次，将煤样罐下盖与煤样罐筒体通过内六角螺栓固定，把连接好的煤样罐倒置放在煤样罐支架上；最后，将注气口、解吸口、轴压加载口分别与管路连接，同时将漆包线与 Agilent 34970A 电阻测试仪连接，连接后的示意图如图 7-1 所示。

② 温度及应力加载设置：打开恒温箱的电源，将恒温箱温度设置为 30 ℃，打开轴压加载泵的吸水阀门，轴压加载泵开始吸水，吸水完毕后，关闭轴压加载泵吸水阀门，设定加载轴压(0 MPa、5 MPa、10 MPa 或 15 MPa)，打开轴压加载泵出水阀门，轴压加载泵开始出水，当轴压加载传感器的示数与设定的加载轴压值相等时，轴压加载泵停止工作，当轴压加载传感器的示数小于加载轴压时，轴压加载泵继续出水，直至轴压加载传感器的示数达到设置的加载轴压。

(a) 正视图

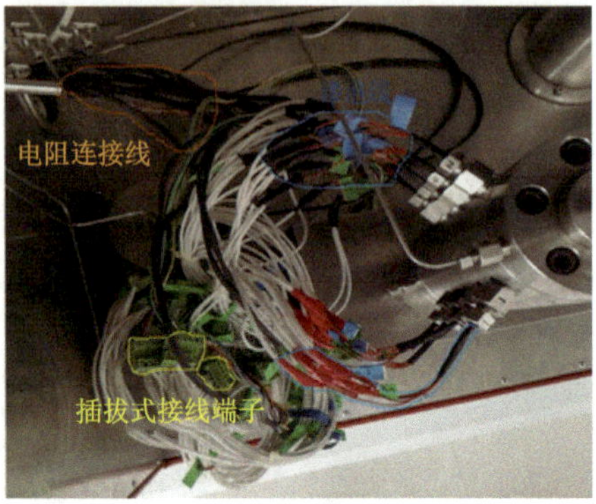

(b) 俯视图

图 7-1　漆包线与 Agilent 34970A 电阻测试仪连接后的示意图

③ 死体积的标定：关闭管路中的受载含瓦斯煤外加水分渗吸实验系统中的所有阀门，打开氦气瓶的阀门，然后调节氦气减压阀，使减压阀的出口压力等于 p_1，打开阀门 12 向缓冲罐 13 充入一定量的氦气气体，待压力传感器 15 示数稳定后，读出其示数 p_1，关闭阀门 12，打开阀门 16，氦气缓冲罐 13 中的氦气充入煤样罐，待压力传感器 15 示数稳定后，读出其示数 p_2，阀门 12 至阀门 16 之间的体积 V_1 已知，则煤样罐内的死体积可采用式(7-1)计算；打开阀门 23，放出管路中的气体，关闭阀门 16 及 23。

$$V_y = (p_1 V_1 Z_2 / Z_1 p_2) - V_1 \tag{7-1}$$

式中　Z_1、Z_2——压力 p_1、p_2 所对应的压缩因子；

V_1——阀门 12 至阀门 16 之间的体积，mL。

④ 充甲烷吸附：打开阀门 20，打开真空泵 17 的电源，直至复合式真空计 18 的示数小于 20 Pa 时，关闭阀门 20，关闭真空泵的电源。打开高压甲烷瓶 1 的阀门，打开阀门 2，向甲烷缓冲罐 3 充入一定量的甲烷气体，读出压力传感器 5 的示数 p_3，关闭阀门 2，打开阀门 6，向煤样罐内充入甲烷气体，读出充气后压力传感器 5 的示数 p_4，关闭阀门 6。经过一段时间的吸附，观察煤样罐内的压力是否达到预定吸附平衡压力值 p，如果未达到预定的吸附平衡压力值，继续向煤样罐充入甲烷气体，并记录甲烷压力传感器 5 的示数 p_n，经过多次充气直至达到预定的吸附平衡压力。充入煤样罐内甲烷量如式(7-2)所示，平衡压力 p 条件下甲烷的死体积如式(7-3)所示，单位质量实验煤样的吸附量如式(7-4)所示。

$$Q_c = 273.15V(p_3/Z_3 - p_n/Z_n)/[(273.15 + T) \times 0.101\ 325] \tag{7-2}$$

式中　Q_c——充入特制煤样罐内的甲烷量，mL；

p_3、p_n——充气前、后缓冲罐内的瓦斯压力，MPa；

Z_3、Z_n——压力 p_3、p_n 条件下的压缩因子；

T——实验温度，30 ℃；

V——阀门 2 到阀门 3 之间的体积，mL；

$$Q_y = 273.15Vp/[Z(273.15+T)\times 0.101\ 325] \quad (7\text{-}3)$$

式中　Q_y——煤样罐内的死体积量，mL；

p——吸附平衡压力，MPa；

Z——压力 p 条件下的压缩因子；

$$Q_x = (Q_c - Q_y)/M \quad (7\text{-}4)$$

式中　Q_x——单位质量实验煤样的吸附瓦斯量，mL/g；

M——实验煤样的质量，g；

⑤ 活塞内加水：根据实验煤样的质量与加水质量百分比，计算实验煤样的加水质量 M_3，在平流泵 68 LED 显示面板中设置加水质量 M_3，打开阀门 64，启动平流泵 68，当阀门 67 出口有水流出时，同时记录流出水的质量，关闭阀门 67，此时说明导杆 53、加水活塞 57、堵头 60 内空气排除完毕，由于水具有不可压缩性，水推动加水活塞 57 向上移动，加水活塞 57 停止移动后说明所设置的加水量(预定加水量)已加入完毕，由于排除空气流出一部分水，所以须再次将流出水的质量进行补偿，补偿完毕后，将并帽 49、54 分别拧至法兰 51 的上下端面固定导杆 53。

⑥ 设置解吸压力：在电脑控制系统面板上 8 设置解吸压力，解吸压力的设置值为：$p+0.01$。

⑦ 加水/渗吸：打开阀门 65，煤样罐和加水活塞容器成为一体，此时体系压力仍为吸附平衡压力，打开 Aligent 电阻测试仪 46、打开加水阀门 63，加水活塞容器内的水通过煤样罐的下加水口 42 进入煤样罐，实验煤样开始渗吸。当煤样罐内压力等于解吸压力时，气动阀 72 便自动打开，置换出的瓦斯通过下解吸口 26、三通 74、气动阀 72 及手动阀门 71 进入解吸仪 70，解吸仪 70 自动计量置换的瓦斯量，标准状况下渗吸置换瓦斯量如式(7-5)所示，单位质量煤样的置换瓦斯量可由式 7-6)表示，同时多通道的电阻测试仪 46 可测得渗吸过程中两个电极之间的电阻，通过式(7-7)可计算出每对电极之间的电阻率。

$$Q_z = 273.15\times Q\times(p_c - 0.02t_1 - W_p)/[0.101\ 325\times(273.15+T_1)] \quad (7\text{-}5)$$

式中　Q_z——置换出甲烷的标准体积，mL；

Q——置换出甲烷的体积，mL；

T_1——室温，℃；

W_p——食盐水的饱和蒸汽压，kPa；

$0.02t_1$——动槽式压力计随室温变化的汞膨胀性的压力的校正值，kPa。

$$Q_t = Q_z/M \quad (7\text{-}6)$$

式中 Q_t——单位质量煤样置换出甲烷的标准体积，mL/g。

$$\rho = R_c S / L \tag{7-7}$$

式中 ρ——电阻率，Ω·m；

R_c——每对电极之间的电阻，Ω；

S——电极的横截面积，m^2；

L——每对电极之间的距离，m；

外加水分在受载不含瓦斯煤中的渗吸高度实验测试流程与外加水分在受载不含瓦斯煤中的渗吸高度实验流程相似，外加水分在受载不含瓦斯煤中的渗吸高度测试实验也可采用受载含瓦斯煤外加水分渗吸实验系统进行测试。外加水分在受载不含瓦斯煤中的渗吸高度实验测试流程如图 7-2 所示。

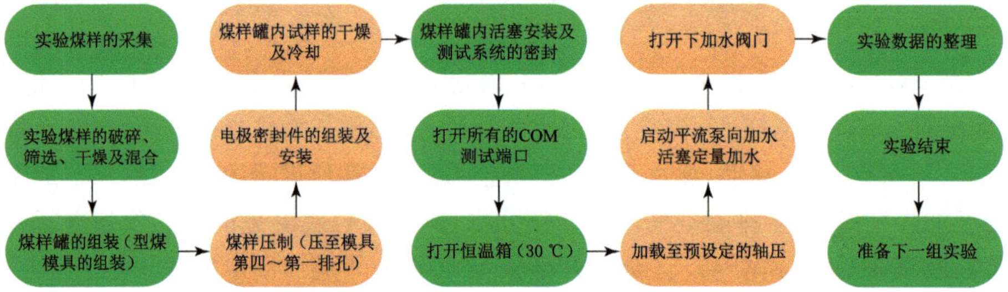

图 7-2 受载不含瓦斯煤渗吸高度实验测试的简化流程

7.2 外加水分在受载不含瓦斯煤中的渗吸高度演化规律

为保证渗吸过程中煤体渗吸不出现断水现象，受载不含瓦斯渗吸高度实验供给水的质量(加入活塞中水的质量)是实验煤样质量的 17%，原因如下：保证渗吸过程中有持续的水供应，相似模拟工程实验中的煤层注水；假设煤样的质量为 m，则加入水的质量为 $0.17m$。不受载时煤样的孔隙率最大，煤样未受载时(0 MPa)，其孔隙率为 φ，则其孔隙体积为 $m\varphi/\mathrm{ARD}$，当受载煤体吸水饱和时(假设孔隙完全充满水)，则吸水质量为 $m\varphi\rho/\mathrm{ARD}=0.160\ 4m$，考虑到可能存在挂壁水，因此，选择加入煤样质量 17%的水分保证渗吸过程中持续的水源供应(简称“充分供水”)。

7.2.1 受载不含瓦斯煤渗吸过程中电阻率随时间的演化特性

对于外加水分在受载不含瓦斯煤中渗吸高度测试，其所布置电极的安装图如图 7-3 所示。

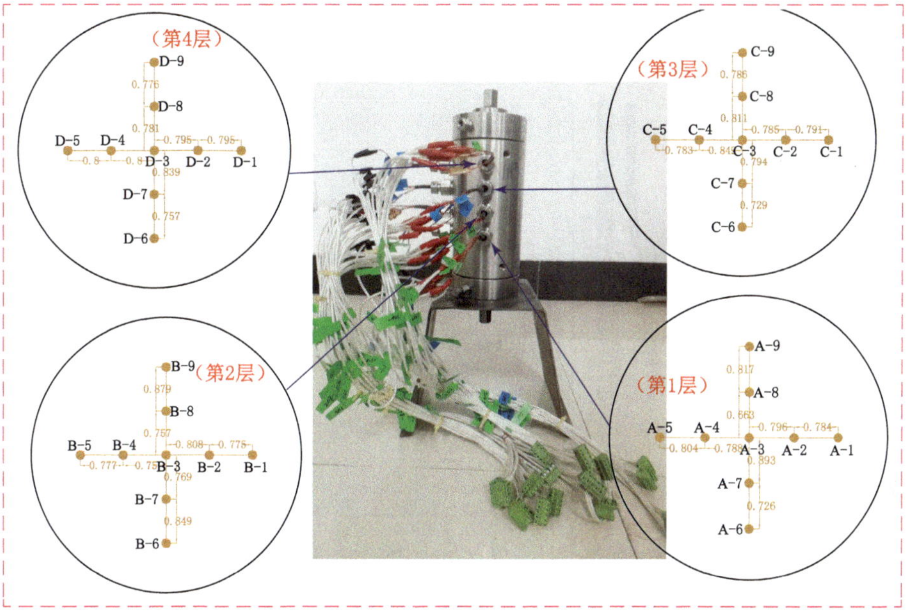

图 7-3　测试电极的安装图

图 7-3 中所标记的数字代表两个测点之间的距离，单位为 cm；受载煤体内共设置 4 层测试电极，每层有 8 对相邻测试电极，即 8 个测点，因此共 32 对电极，每对电极之间相互独立。当实验煤样发生渗吸时，水分侵入煤体，由于实验煤样具有高电阻的特性，而液态水具有低电阻的特性，当多孔介质材料与液态水共存时，体系的电阻率迅速发生变化，通过测试每对电极之间的电阻，而后将电阻值换算为电阻率获得受载不含瓦斯煤渗吸高度的演化规律。

为揭示不同受载应力条件下不含瓦斯煤渗吸高度的演化规律，本节进行受载不含瓦斯煤渗吸过程中电阻值的测试，将电阻值转化为电阻率值，通过电阻率的变化获得受载不含瓦斯煤渗吸高度的演化规律，其中受载应力分别为 0 MPa、5 MPa、10 MPa 及 15 MPa。渗吸过程中两测点之间的电阻率随时间的变化规律如图 7-4(a)～(d)所示。由于干燥煤样的电阻值为无穷大(9.0×10^{37} Ω)，超出了 Agilent 电阻测试仪的测试量程(0～120 MΩ)，因此，在如图 7-4(a)～(d)只绘制了电阻率突变后的散点图。

图 7-4(a)～(d)中分别给出了不同层、同一层内不同测点的电阻率值随时间的变化规律。根据图 7-4(a)～(d)可获得突变点所对应的突变时间，即可获得水分到达各测点所对应的渗吸时间，见表 7-1(a)～(d)，表中①、②、③及④分别代表第一排、第二排、第三排及第四排电极。

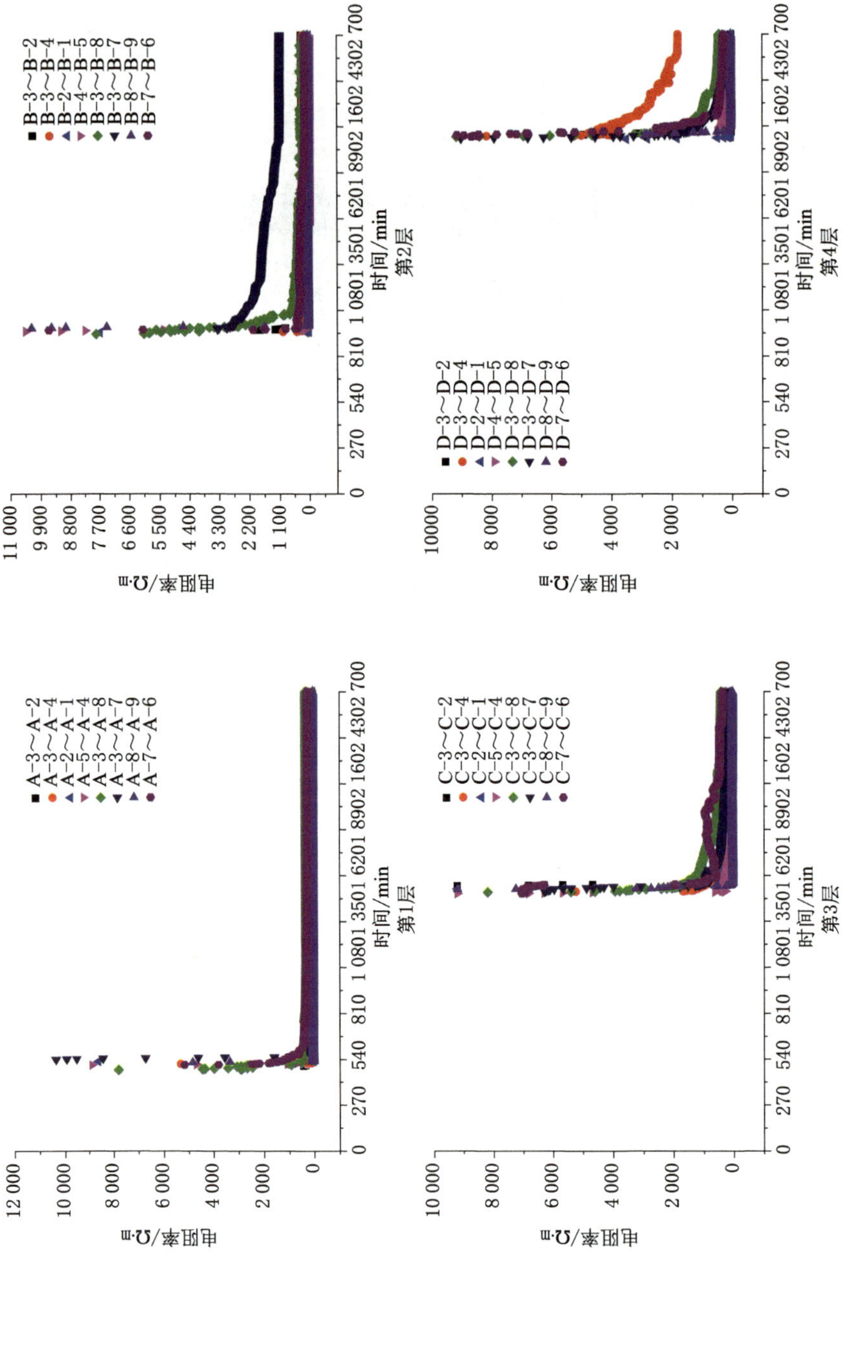

（a）受载应力0 MPa

图7-4　不同受载应力试样渗吸过程中两测点之间的电阻率随时间的变化规律

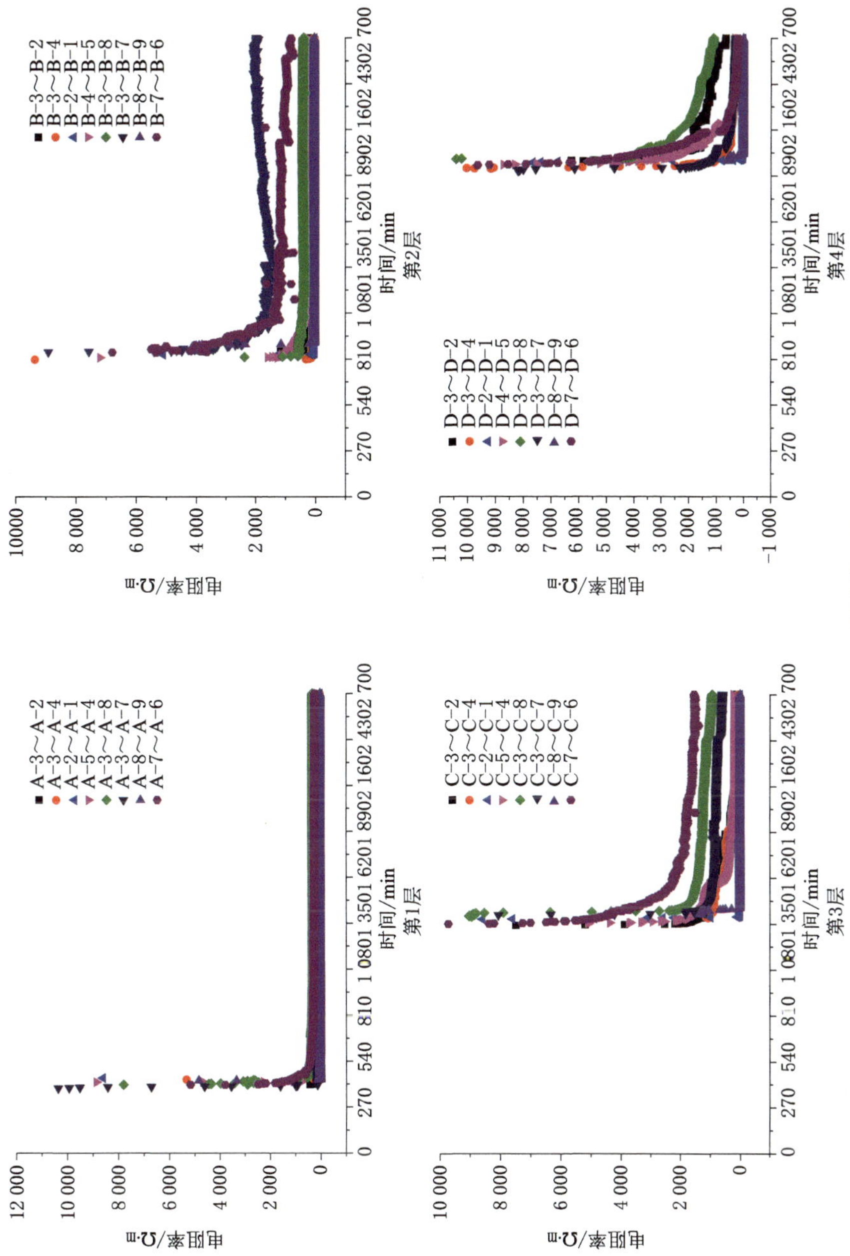

（b）受载应力5 MPa

图7-4（续）

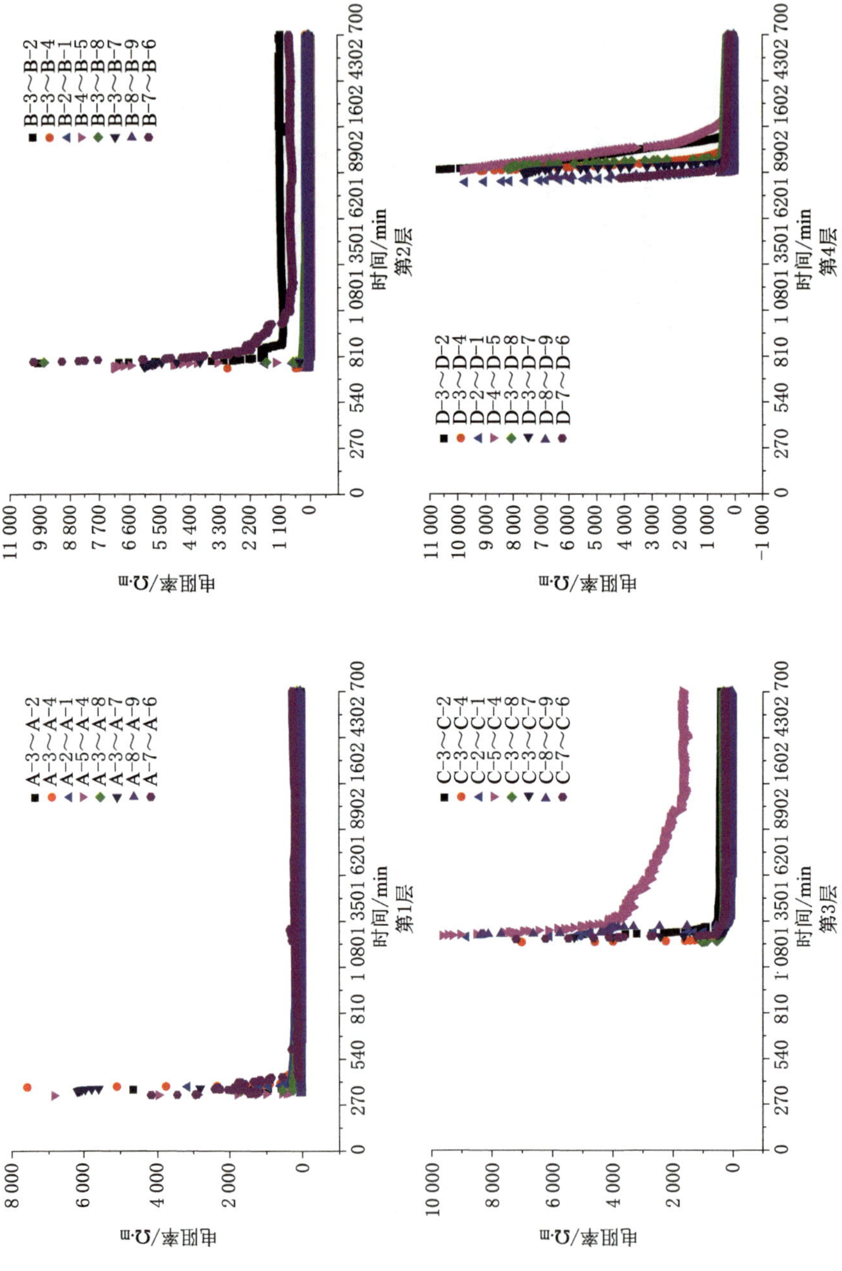

（c）受载应力10 MPa

图7-4 （续）

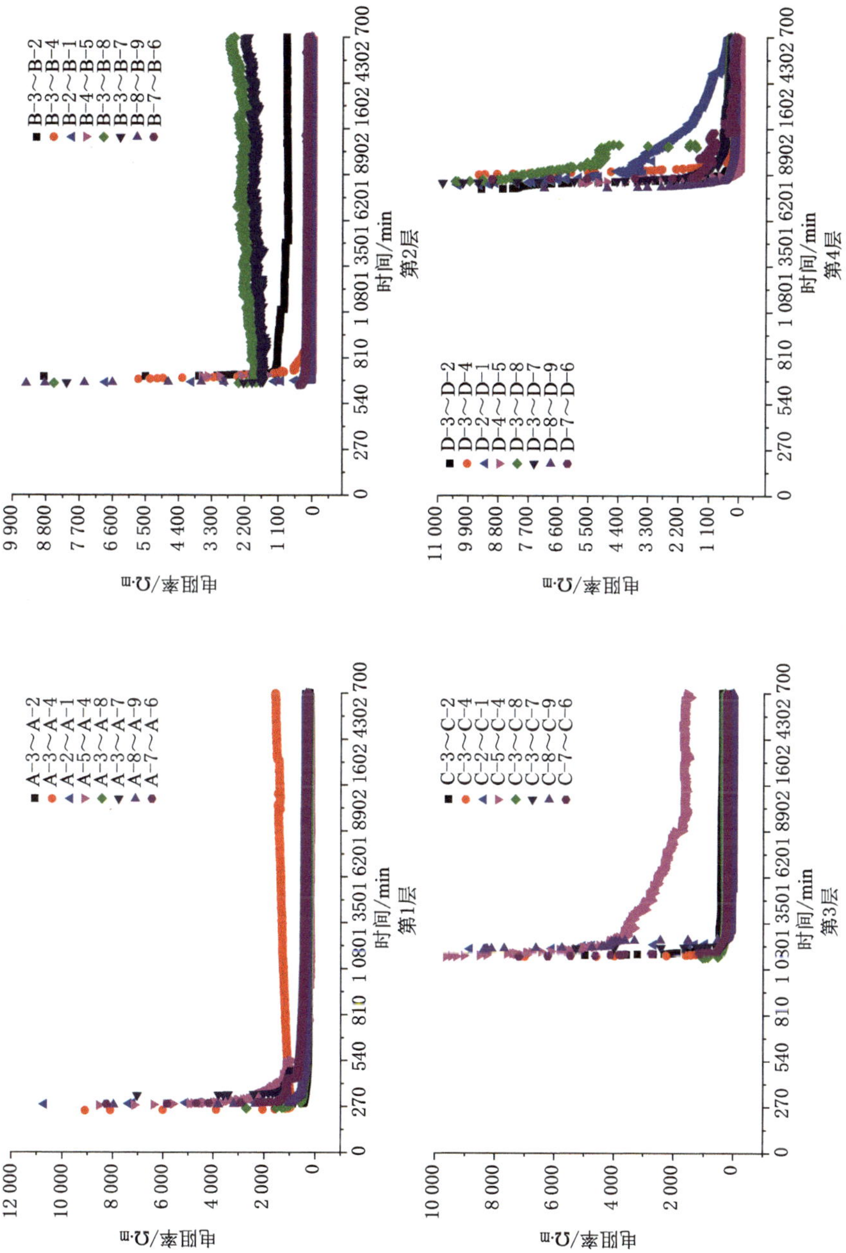

（d）受载应力15 MPa

图7-4（续）

表 7-1 受载不含瓦斯煤中各个测点的突变时间

(a) 受载应力 0 MPa								
①	A-3～A-2	A-3～A-4	A-2～A-1	A-5～A-4	A-3～A-8	A-3～A-7	A-8～A-9	A-7～A-6
时间	500 min	508 min	524 min	502 min	474 min	536 min	518 min	502 min
②	B-3～B-2	B-3～B-4	B-2～B-1	B-5～B-4	B-3～B-8	B-3～B-7	B-8～B-9	B-7～B-6
时间	966 min	956 min	950 min	958 min	940 min	970 min	976 min	964 min
③	C-3～C-2	C-3～C-4	C-2～C-1	C-5～C-4	C-3～C-8	C-3～C-7	C-8～C-9	C-7～C-6
时间	1 560 min	1 522 min	1 538 min	1 510 min	1 520 min	1 526 min	1 536 min	1 512 min
④	D-3～D-2	D-3～D-4	D-2～D-1	D-5～D-4	D-3～D-8	D-3～D-7	D-8～D-9	D-7～D-6
时间	2 108 min	2 100 min	2 084 min	2 122 min	2 096 min	2 086 min	2 106 min	2 098 min
(b) 受载应力 5 MPa								
①	A-3～A-2	A-3～A-4	A-2～A-1	A-5～A-4	A-3～A-8	A-3～A-7	A-8～A-9	A-7～A-6
时间	402 min	432 min	440 min	416 min	400 min	380 min	426 min	400 min
②	B-3～B-2	B-3～B-4	B-2～B-1	B-5～B-4	B-3～B-8	B-3～B-7	B-8～B-9	B-7～B-6
时间	856 min	806 min	834 min	816 min	822 min	850 min	860 min	844 min
③	C-3～C-2	C-3～C-4	C-2～C-1	C-5～C-4	C-3～C-8	C-3～C-7	C-8～C-9	C-7～C-6
时间	1 342 min	1 388 min	1 380 min	1 354 min	1 394 min	1 404 min	1 410 min	1 353 min
④	D-3～D-2	D-3～D-4	D-2～D-1	D-5～D-4	D-3～D-8	D-3～D-7	D-8～D-9	D-7～D-6
时间	1 976 min	1 930 min	1 968 min	1 954 min	1 988 min	1 920 min	1 976 min	1 952 min
(c) 受载应力 10 MPa								
①	A-3～A-2	A-3～A-4	A-2～A-1	A-5～A-4	A-3～A-8	A-3～A-7	A-8～A-9	A-7～A-6
时间	358 min	372 min	374 min	322 min	350 min	348 min	336 min	324 min
②	B-3～B-2	B-3～B-4	B-2～B-1	B-5～B-4	B-3～B-8	B-3～B-7	B-8～B-9	B-7～B-6
时间	770 min	738 min	766 min	736 min	774 min	746 min	740 min	778 min
③	C-3～C-2	C-3～C-4	C-2～C-1	C-5～C-4	C-3～C-8	C-3～C-7	C-8～C-9	C-7～C-6
时间	1 270 min	1 222 min	1 254 min	1 260 min	1 224 min	1 252 min	1 260 min	1 240 min
④	D-3～D-2	D-3～D-4	D-2～D-1	D-5～D-4	D-3～D-8	D-3～D-7	D-8～D-9	D-7～D-6
时间	1 906 min	1 898 min	1 832 min	1 900 min	1 908 min	1 884 min	1 852 min	1 856 min
(d) 受载应力 15 MPa								
①	A-3～A-2	A-3～A-4	A-2～A-1	A-5～A-4	A-3～A-8	A-3～A-7	A-8～A-9	A-7～A-6
时间	284 min	246 min	282 min	276 min	258 min	334 min	280 min	284 min
②	B-3～B-2	B-3～B-4	B-2～B-1	B-5～B-4	B-3～B-8	B-3～B-7	B-8～B-9	B-7～B-6
时间	698 min	682 min	662 min	698 min	658 min	660 min	656 min	646 min
③	C-3～C-2	C-3～C-4	C-2～C-1	C-5～C-4	C-3～C-8	C-3～C-7	C-8～C-9	C-7～C-6
时间	1 162 min	1 154 min	1 198 min	1 152 min	1 146 min	1 202 min	1 192 min	1 154 min
④	D-3～D-2	D-3～D-4	D-2～D-1	D-5～D-4	D-3～D-8	D-3～D-7	D-8～D-9	D-7～D-6
时间	1 804 min	1 888 min	1 826 min	1 840 min	1 846 min	1 838 min	1 808 min	1 862 min

由图 7-4(a)～(d)可知，每对电极之间煤样的初始电阻超过了 Agilent 电阻测试仪的量程(最大测试值为 120 MΩ)，每对电极之间的电阻率非常大，可以被看为一个非导体。水是一种良性导体，当液态水与多孔介质材料为一个体系时，多孔介质材料的电阻会迅速发生变化。随着渗吸时间的增加，水分逐渐浸入煤体，水分与煤成为一个体系，煤样的电阻率发生变化，变化可以分为三个过程，即突变过程、快变过程、渐变过程。

突变过程是指 Agilent 电阻测试仪从无穷大到有示数，即该阶段煤样中裂隙、大孔等存在水分，水分吸附在部分煤颗粒的表面，颗粒与颗粒之间的部分气体被水所代替，水的电阻远远小于气体的电阻，因此电阻发生突变。快变过程是指电极之间煤样的含水率逐渐增大，大孔及裂隙中的水分含量也逐渐增加，吸附在煤颗粒表面的水分逐渐被中孔、小孔及微孔吸附。渐变过程是指微小孔隙中的水分逐渐增加，煤样之间的含水率变化相对较小甚至达到稳定状态。煤样的电阻率发生三个变化过程的共同原因是：① 煤样中裂隙或大孔中存在部分水分，水分吸附在部分煤颗粒的表面，颗粒与颗粒之间的部分气体被水所代替，水的电阻远远小于气体的电阻，因此电阻率发生变化；② 煤样发生了润湿现象；③ 在外加电场的作用下，随着湿润程度的增加，煤水体系中载流子数目和运输速率逐渐增大。

同一受载应力条件下，随着时间的增加，水分逐渐向上运移，第一层至第四层的测点逐渐发生突变，而后发生快变与渐变；将第一层至第四层之间的电阻率值对比没有明显的变化规律，可能存在的原因如下：① 各个测点之间煤体本身存在差异；② 湿润的煤体两测点之间的电阻可能是多个电阻串联、并联的结果或者具有电容、电感特性；③ 电阻测点位于煤体内部，当煤体两测点之间发生湿润后，测点之间形成的电场为球形电场，两测点之间的电流无法简单地认定为电流从两测点之间直线流过。王彬(2019)、赵晨光等(2020)研究中将电极测点布置在柱状煤体的两个端面，测试整个柱状煤体的电阻率，测点形成的电场为平面电场，其测试出的电阻率与含水率呈负相关关系。

7.2.2　充分供水条件下受载不含瓦斯煤渗吸高度测试结果

由受载不含瓦斯煤渗吸过程中两测点之间的电阻率随时间的变化规律(图 7-4)可以获得不同受载应力条件下(0 MPa、5 MPa、10 MPa 及 15 MPa)不同层及同一层内不同测点的突变时间，如图 7-5 所示。

由图 7-5 可知，同一层内 8 对测点的突变时间存在着差别，但同一层内沿半径方向突变时间无明显的变化规律(圆心为起始点)。

基于以上湿润锋界面沿半径方向无明显的变化规律分析，为了减小实验误

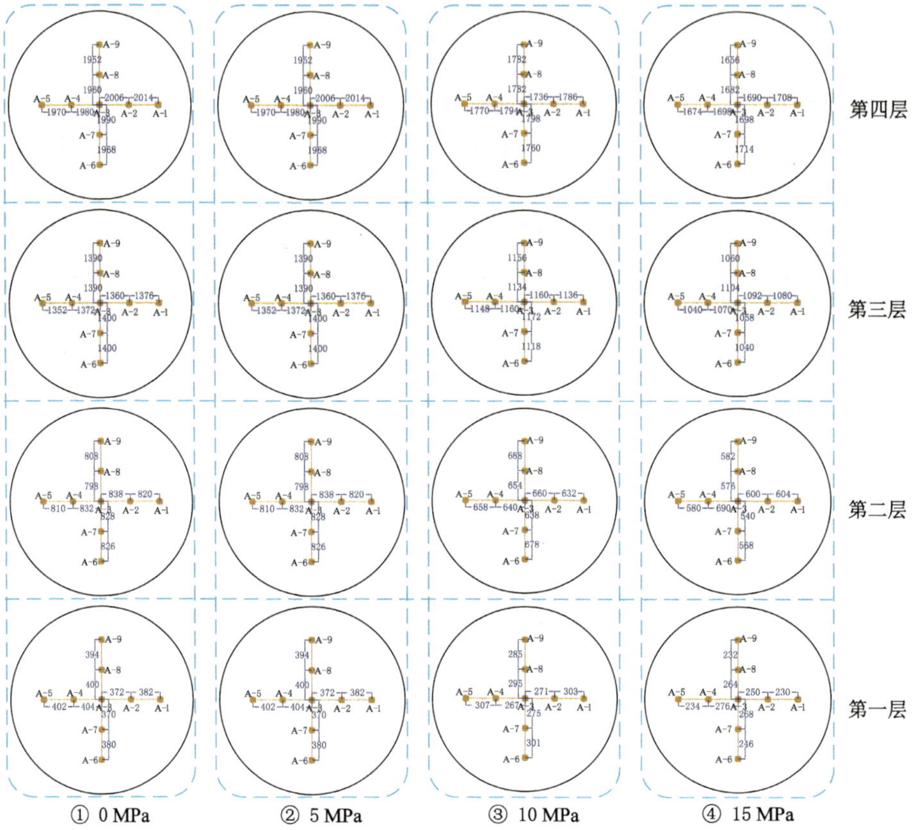

图 7-5 不同受载应力、不同层及同一层内不同测点的突变时间

差，对同一层内不同测点的突变时间取平均值，该平均值被视为到达该层的渗吸时间，用于受载不含瓦斯煤渗吸高度测试的煤样罐共有 4 层电极，不同受载应力下第一层、第二层、第三层及第四层分别距底部水面的距离见表 7-2。

表 7-2 不同受载应力条件下第一层至第四层分别距水面的距离

受载应力/MPa	第一层/cm	第二层/cm	第三层/cm	第四层/cm	试样高度/cm
0	3.8	6.8	9.8	12.8	15.8
5	3.581	6.581	9.581	12.581	15.581
10	3.469	6.469	9.469	12.469	15.469
15	3.401	6.401	9.401	12.401	15.401

对图 7-5 中不同受载应力、不同层内的突变时间求取平均值，并结合表 7-2 即可得到不含瓦斯煤、不同受载应力条件下渗吸高度随时间的变化规律，如图 7-6 所示。

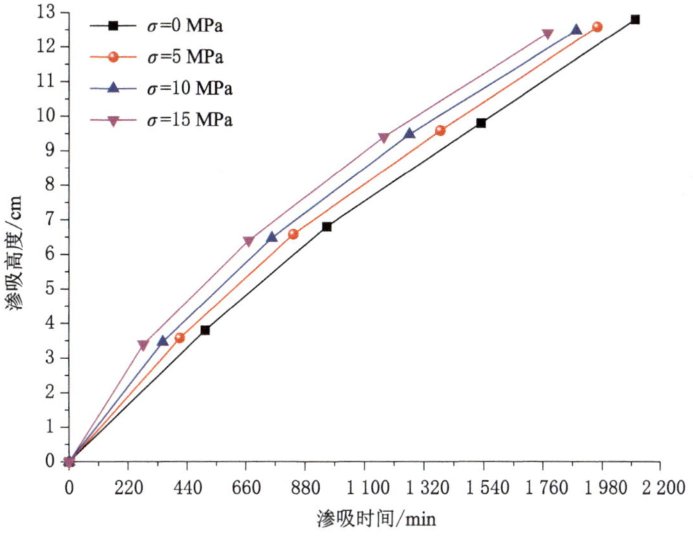

图 7-6　不同受载应力条件下不含瓦斯煤渗吸高度随时间的变化曲线

由图 7-6 可知，同一受载应力条件下，渗吸高度随着时间的增加而增加，增加的梯度逐渐减小，随着时间的增加，水分的重力逐渐增加，导致渗吸高度的增加梯度逐渐减小；同一时刻，在所测试的范围内，加载应力越大，渗吸高度越大。

7.3　受载含瓦斯煤渗吸高度测试结果

为揭示瓦斯压力、受载应力对煤样渗吸高度的作用机制，本节测试了不同瓦斯压力(0.74 MPa、1.5 MPa 及 2.5 MPa)、不同受载应力(0 MPa、5 MPa、10 MPa 及 15 MPa)条件下实验煤样内各测点的突变时间，根据同一层内测点突变时间的平均值获得渗吸高度随时间的变化规律。

7.3.1　应力对受载含瓦斯煤渗吸高度的影响

受载应力与煤体的孔隙结构、孔隙连通度等密切相关，相似模拟了煤层的上覆地应力。同一吸附平衡压力(0.74 MPa、1.5 MPa 及 2.5 MPa)、不同受载应力(0 MPa、5 MPa、10 MPa 及 15 MPa)条件的不同层及同一层内不同测点间电阻率的突变时间如图 7-7 所示。

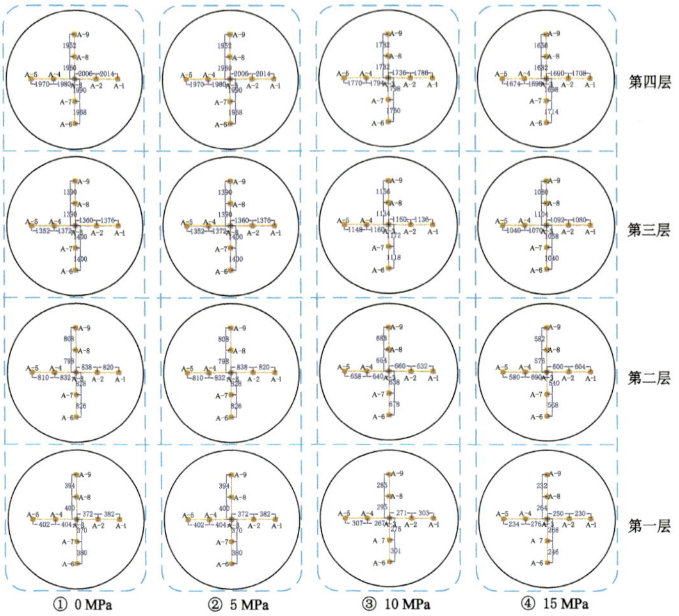

（a）平衡压力0.74 MPa

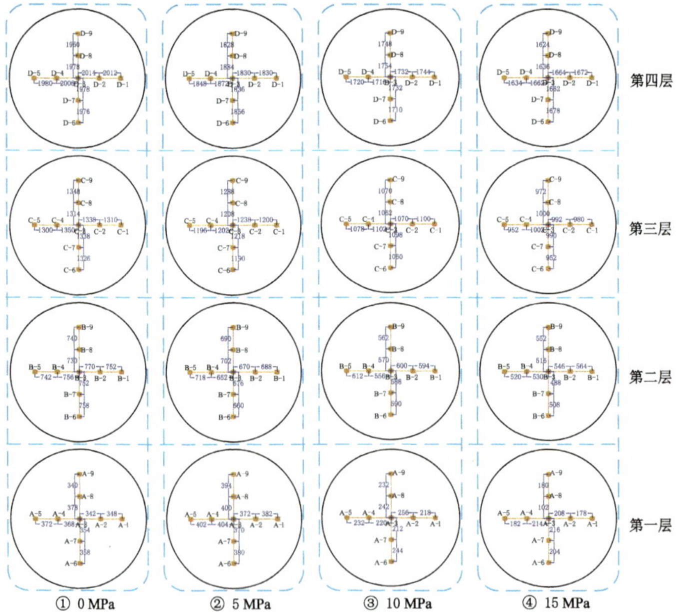

（b）平衡压力1.5 MPa

图 7-7　不同受载应力条件下的不同层及同一层内不同测点间电阻率的突变时间

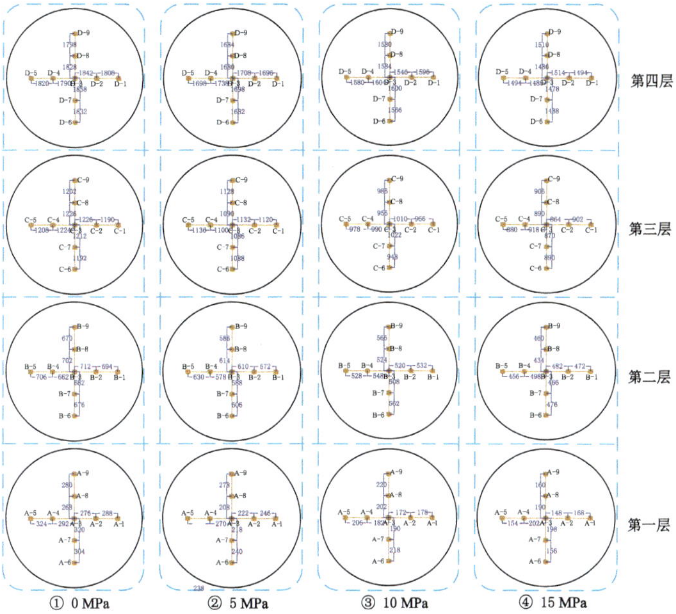

(c) 平衡压力2.5 MPa

图 7-7　(续)

通过对同一层内不同测点的突变时间求平均值,即可获得不同受载应力条件下受载含瓦斯煤渗吸高度随时间的变化规律,如图 7-8 所示。

对于同一吸附平衡压力、同一受载应力条件下,渗吸高度随着时间的增加而增加,然而增加的梯度逐渐减小,随着时间的增加水分的重力逐渐增加,导致渗吸高度的增加梯度逐渐减小;同一吸附平衡压力条件下,渗吸高度随受载应力的增加而增加,出现此现象的本质原因以及实验结果的定量分析将在后续章节做进一步的阐述。

7.3.2　吸附平衡压力对受载含瓦斯煤渗吸高度的影响

渗吸运移距离与煤层瓦斯压力密切相关,同一受载应力(0 MPa、5 MPa、10 MPa 或 15 MPa)、不同吸附平衡压力(0.74 MPa、1.5 MPa 及 2.5 MPa)条件的不同层及同一层内不同测点间电阻率的突变时间如图 7-9 所示。

通过对同一层内不同测点的突变时间求平均值,即可获得不同吸附平衡压力条件下达到该层的渗吸时间,如图 7-10 所示。

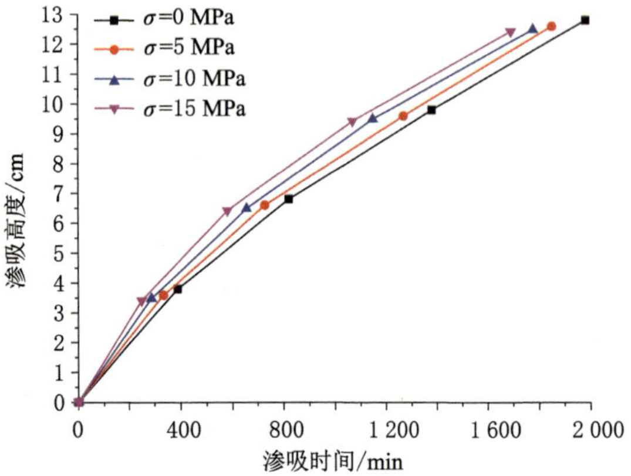

(a) 吸附平衡压力0.74 MPa

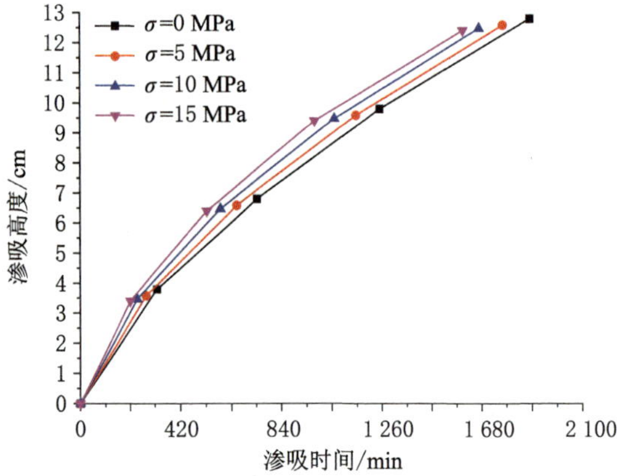

(b) 吸附平衡压力1.5 MPa

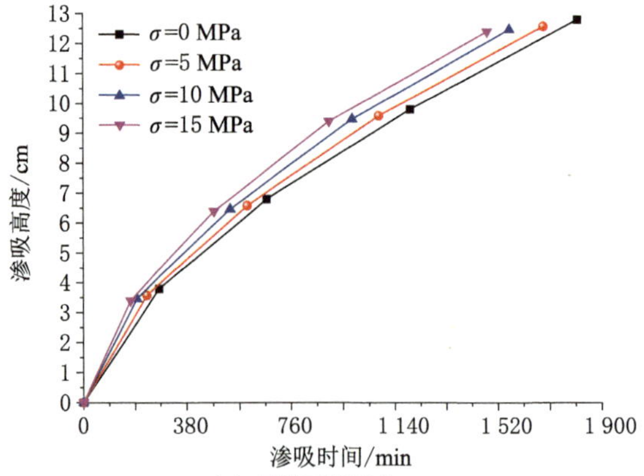

(c) 吸附平衡压力2.5 MPa

图 7-8　不同受载应力条件下含瓦斯煤渗吸高度随时间的变化曲线

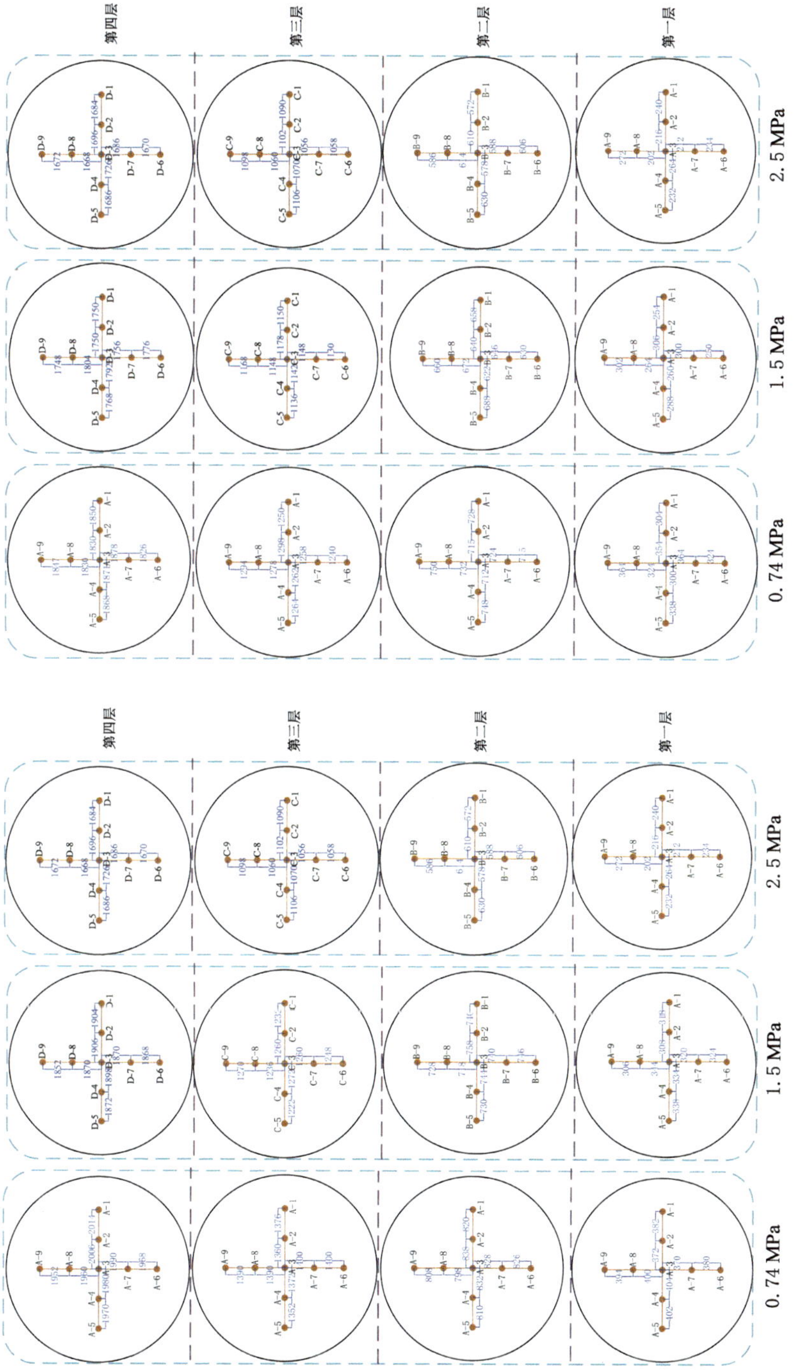

（a）受载应力0 MPa

（b）受载应力5 MPa

图7-9　不同吸附平衡压力条件下不同层及同一层内不同测点的突变时间

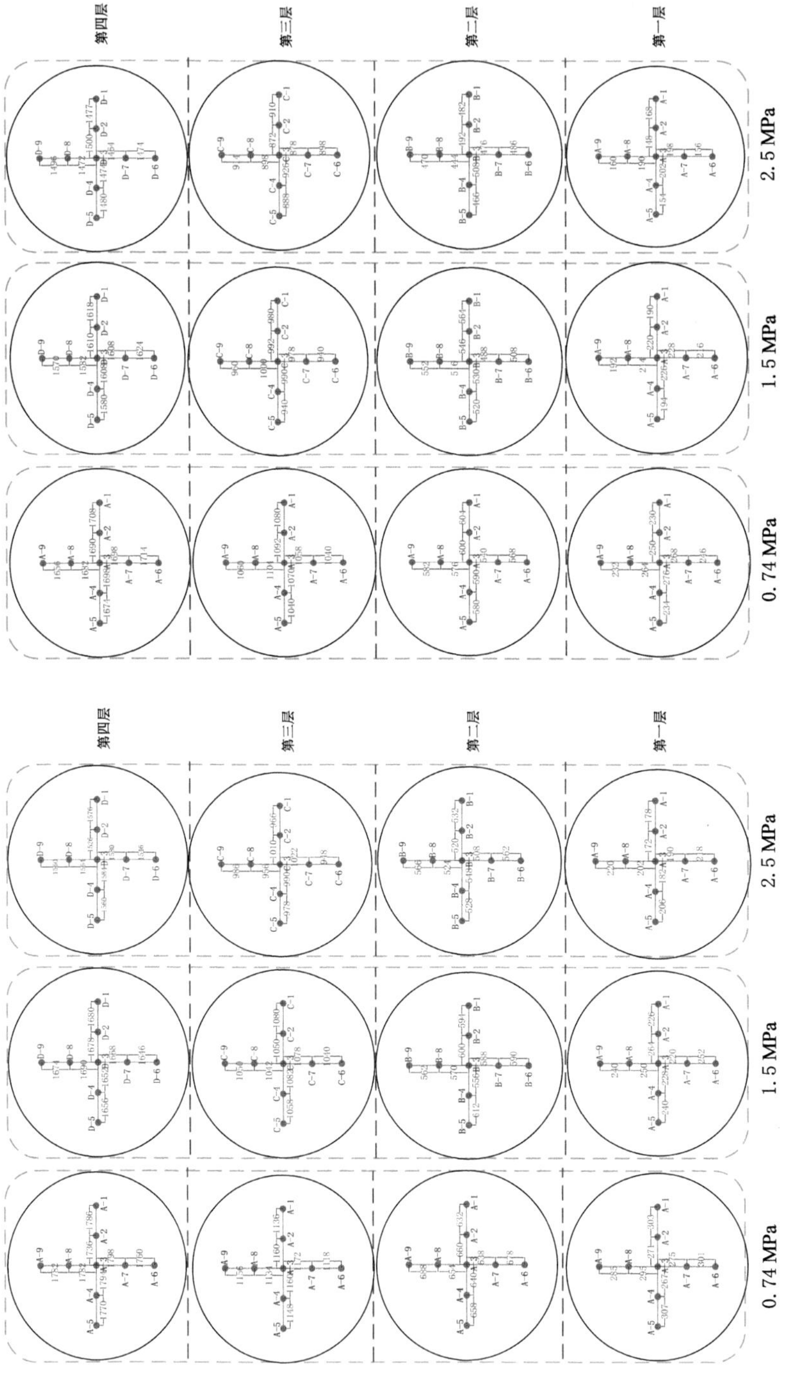

（c）受载应力10 MPa

（d）受载应力15 MPa

图7-9（续）

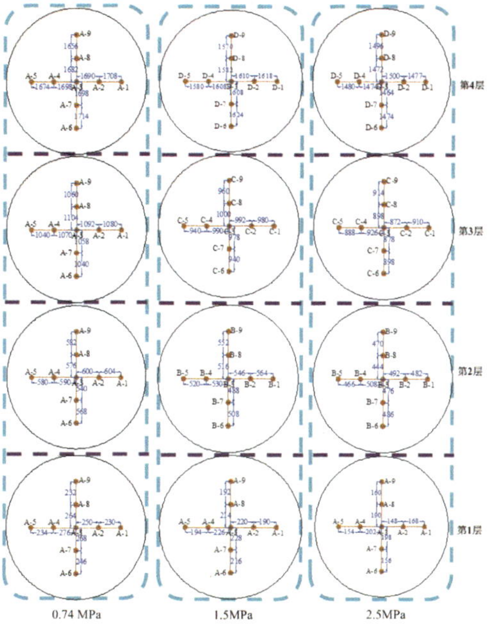

(d) 受载应力15 MPa

图 7-9 （续）

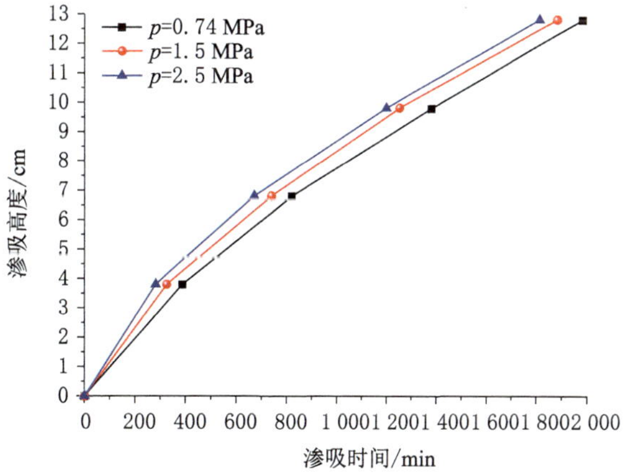

(a) 受载应力0 MPa

图 7-10　不同受载应力条件下渗吸高度随时间的变化规律

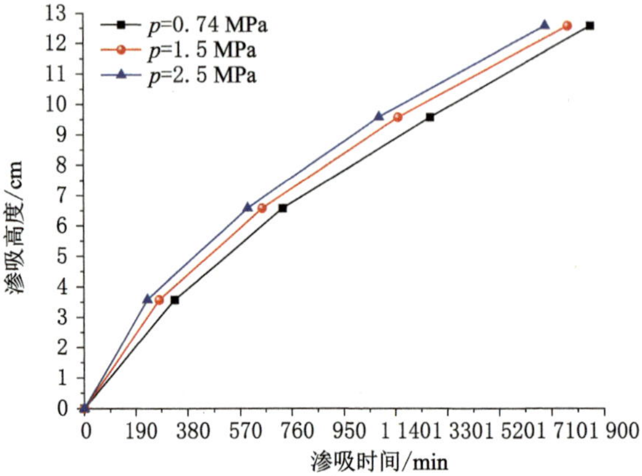

（b）受载应力5 MPa

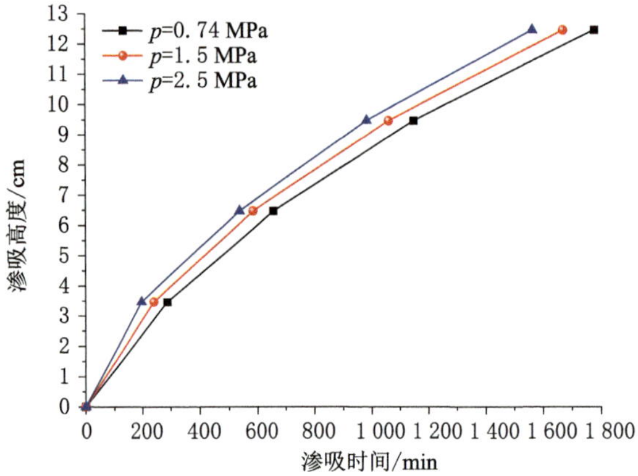

（c）受载应力10 MPa

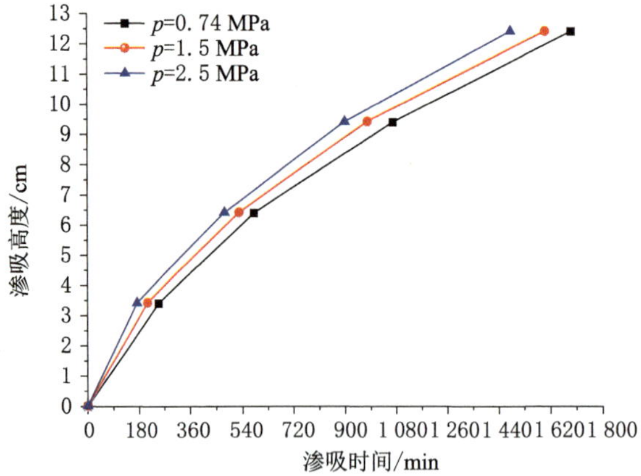

（d）受载应力15 MPa

图 7-10　不同受载应力条件下渗吸高度随时间的变化规律

由图 7-10 可知，同一受载应力条件下，对于 0.74 MPa、1.5 MPa、2.5 MPa 的吸附平衡压力，渗吸高度均随着渗吸时间的增加而增加，增加的梯度逐渐减小，随着时间的增加水的重力逐渐增加，抑制了水分的上升速率；同一受载应力条件下，同一时间内，渗吸高度随着吸附平衡压力的增加而增加，即吸附平衡压力越大，渗吸得越快，出现此现象的本质原因以及实验结果的定量分析将后续章节进一步阐述。

7.4　受载煤渗吸高度的建模及相关参数的反演

7.4.1　受载煤渗吸高度的建模

受载煤渗吸实验过程相似模拟了钻孔持续注水过程中水分自下而上侵入煤基质的过程，部分学者在研究多孔介质渗吸时，常常将多孔介质的孔-裂隙空间等效为等直径的平行毛细管束模型或具有分形特征的平行毛细管束模型，然而通过这些相关假设只是理论计算了渗吸高度随时间的变化规律，一部分学者从实验的角度得出了渗吸高度随时间的变化规律，将多孔介质渗吸理论与实验相结合进行验证的鲜有研究。笔者在前文研究发现了吸附性多孔介质渗吸存在迟滞效应。基于吸附性多孔介质渗吸的迟滞效应，本节对重塑煤样构建等效物理结构，进而建立受载煤样渗吸高度的计算模型，以揭示吸附性多孔介质渗吸高度随时间变化缓慢的本质原因。为了对受载煤渗吸高度的影响机理进行探析，对所测试的受载煤样做出以下假设：

① 受载煤样由颗粒煤堆积压制而成，将煤样等效为多个等直径带有水平支管的竖向迂曲毛细管组成（图 7-11），即“非”字形毛细管，水平毛细管由微小孔组成，其来源于颗粒内部的微小孔，竖向迂曲毛细管由颗粒与颗粒之间的孔-裂隙及颗粒内部的中、大孔和裂隙组成，孔隙的分类参照 Hodot 法。

② 同一受载应力条件下，煤样中竖向迂曲毛细管等直径且迂曲度相等，不同受载应力条件下水平毛细管等直径、等长度且迂曲度为 1。

③ 对于水平毛细管，其中一部分为一端开口，另一部分为两端开口。

④ 上下两层水平毛细管之间的垂向间距相等。

采用量纲分析法对受载煤渗吸高度进行建模，建模过程如下：

① 按照 π 定理的分析步骤，首先找出影响渗吸过程的主要因素，影响渗吸高度（h）的主要因素有：液体的表面张力（σ_s）、液体的黏度（μ）、水的密度（ρ）、重力加速度（g）、水平毛细管的扩散长度（l）、竖向迂曲毛细管的孔径（R）、水平毛细管的孔径（r），采用式(7-8)表示渗吸高度（h）与各个变量之间的关系。

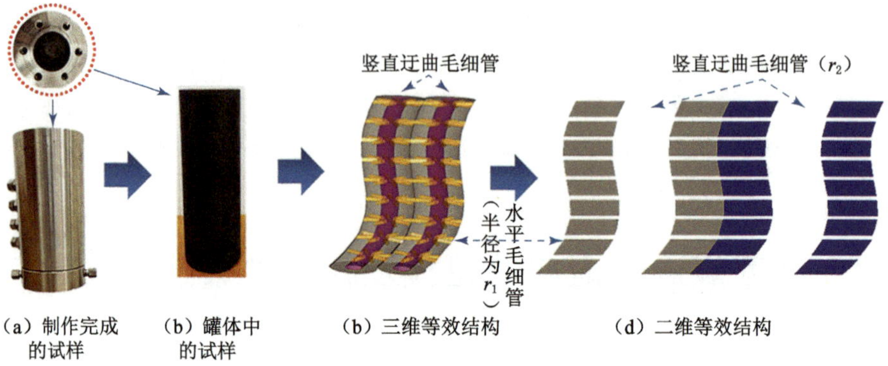

图 7-11 受载煤样的等效物理结构

$$f(h,\sigma_s,\mu,\rho,g,l,R,r)=0 \tag{7-8}$$

② 选择基本量：式(7-8)中有 8 个物理量，选择 g、r、ρ 作为基本物理量，g、r、ρ 作为基本物理量的条件是量纲式中的指数行列式值不为 0。

$$\begin{cases}\dim g = \mathrm{T}^{-2}\mathrm{L} \\ \dim r = \mathrm{L} \\ \dim \rho = \mathrm{ML}^{-3}\end{cases}\begin{vmatrix}0 & -2 & 1 \\ 0 & 0 & 1 \\ 1 & 0 & -3\end{vmatrix} = -2 \neq 0 \tag{7-9}$$

③ 共有 8－3＝5 个无量纲数(π)所组成的方程，则这 5 个无量纲数 π_1、π_2、π_3、π_4、π_5 为：

$$\pi_1=\frac{h}{g^{a1}r^{b1}\rho^{c1}},\pi_2=\frac{\sigma_s}{g^{a2}r^{b2}\rho^{c2}},\pi_3=\frac{g}{g^{a3}r^{b3}\rho^{c3}},\pi_4=\frac{l}{g^{a4}r^{b4}\rho^{c4}},\pi_5=\frac{R}{g^{a5}r^{b5}\rho^{c5}}$$

④ 根据量纲和谐原理计算 π_1、π_2、π_3、π_4、π_5 基本量的指数：

a. $[h]=[g]^{a1}[r]^{b1}[\rho]^{c1}$

$$\begin{cases}[\mathrm{L}]=[\mathrm{LT}^{-2}]^{a1}[\mathrm{L}]^{b1}[\mathrm{ML}^{-3}]^{c1}=[g]^{a1}[\mathrm{r}]^{b1}[\rho]^{c1} \\ a_1=0,b_1=1,c_1=0\end{cases} \tag{7-10}$$

b. $[\sigma_s]=[g]^{a2}[r]^{b2}[\rho]^{c2}$

$$\begin{cases}[\mathrm{MT}^{-2}]=[\mathrm{LT}^{-2}]^{a2}[\mathrm{L}]^{b2}[\mathrm{ML}^{-3}]^{c2}=[g]^{a2}[r]^{b2}[\rho]^{c2} \\ a_2=1,b_2=2,c_2=1\end{cases} \tag{7-11}$$

c. $[\mu]=[g]^{a3}[r]^{b3}[\rho]^{c3}$

$$\begin{cases}[\mathrm{ML}^{-1}\mathrm{T}^{-1}]=[\mathrm{LT}^{-2}]^{a3}[\mathrm{L}]^{b3}[\mathrm{ML}^{-3}]^{c3}=[g]^{a3}[r]^{b3}[\rho]^{c3} \\ a_3=\dfrac{1}{2},b_3=\dfrac{3}{2},c_3=1\end{cases}$$

d. $[l]=[g]^{a_4}[r]^{b_4}[\rho]^{c_4}$

$$\begin{cases}[l]=[LT^{-2}]^{a_4}[L]^{b_4}[ML^{-3}]^{c_4}=[g]^{a_4}[r]^{b_4}[\rho]^{c_4}\\ a_4=0,b_4=1,c_4=0\end{cases} \tag{7-12}$$

e. $[R]=[g]^{a_5}[r]^{b_5}[\rho]^{c_5}$

$$\begin{cases}[R]=[LT^{-2}]^{a_5}[L]^{b_5}[ML^{-3}]^{c_5}=[g]^{a_5}[r]^{b_5}[\rho]^{c_5}\\ a_5=0,b_5=1,c_5=0\end{cases} \tag{7-13}$$

⑤ 整理方程：

$$f\left(\frac{h}{r},\frac{\sigma_s}{gr^2\rho},\frac{\mu}{g^{\frac{1}{2}}r^{\frac{3}{2}}\rho},\frac{l}{r},\frac{R}{r}\right)=0 \tag{7-14}$$

量纲分析中可以根据需要对式(7-14)中任意一个数取其倒数，因此式(7-14)可变为：

$$f_1\left(\frac{h}{r},\frac{\sigma_s}{gr^2\rho},\frac{g^{\frac{1}{2}}r^{\frac{3}{2}}\rho}{\mu},\frac{l}{r},\frac{R}{r}\right)=0 \tag{7-15}$$

式(7-15)可变为：

$$h=\sigma_s lf\left(\frac{R}{r}\right)/(\mu\sqrt{gr}) \tag{7-16}$$

水平毛细管的扩散长度可采用式(7-17)表示(查传钰 等，1998；Crank，1975)：

$$l=Dt^{\frac{b}{p+1}} \tag{7-17}$$

式中　D——与水分在水平毛细管中扩散相关的参数。

将式(7-17)代入式(7-16)可得渗吸高度理论模型：

$$h=\sigma_s Dt^{\frac{b}{p+1}}f\left(\frac{R}{r}\right)/(\mu\sqrt{gr}) \tag{7-18}$$

7.4.2　等效物理结构模型中相关参数的反演

实验煤样等效物理结构中的参数包括水平毛细管平均孔径、竖向迂曲毛细管的平均孔径、竖向迂曲毛细管的迂曲度、竖向迂曲毛细管的数目等，它们是揭示煤样毛细渗吸机理不可或缺的参数，下面对等效物理模型结构中需要的相关参数展开研究。

(1) 等效物理模型结构中水平毛细管平均孔径的反演

根据所建立的实验煤样等效物理结构模型(图 7-11)可得到式(7-19)。其中式[7-19(a)]指实验煤样的孔裂隙体积之和等于实验煤样的体积与孔隙率的乘积，式[7-19(b)]指实验煤样微小孔的孔容等于水平毛细管的孔体积，式[7-19(c)]指实验煤样微小孔的总比表面积等于水平毛细管的总比表面积，式[7-19(d)]是水平毛细管的平均孔径,式[7-19(e)]指竖直迂曲毛细管的总体积等于重塑煤体中所有竖直迂曲毛细管体积之和。

$$\begin{cases} V_1 + V_2 = V = \varphi\pi 2.5^2 h & \text{(a)} \\ V_1 = Q_1 M = \int_{r_1}^{r_n} m\pi r^2 l_r \mathrm{d}r = n_1 m\pi r^2 l_r & \text{(b)} \\ S_1 = s_1 M = \int_{r_1}^{r_n} 2\pi r l_r m \mathrm{d}r = n_1 2\pi r l_r m & \text{(c)} \\ r = 2V_1/S_1 = 2Q_1/s_1 & \text{(d)} \\ V_2 = n_2 \pi R^2 \tau H & \text{(e)} \end{cases} \tag{7-19}$$

式中 V——总孔体积,mL;

V_1——水平毛细管的孔体积(微小孔总孔体积),mL;

V_2——竖向迂曲毛细管的孔体积,mL;

φ——受载煤样的孔隙率;

H——受载煤样的高度,cm;

Q_1——单位质量煤微小孔的孔容,mL/g;

n_1——水平毛细管的层数;

m——每层水平毛细管的数量;

r——水平毛细管的孔半径,nm;

l_r——水平毛细管的长度,nm;

S_1——微小孔的总比表面积,m^2;

s_1——单位质量煤微小孔的比表面积,m^2/g;

M——受载煤样的质量,g;

n_2——竖向迂曲毛细管的数量;

τ——受载煤样的竖向迂曲毛细管的迂曲度;

R——竖向迂曲毛管的平均孔半径,μm。

根据受载煤样的孔隙率(φ)、受载煤样的高度(h),前已研究加载应力对低温液氮所测试范围内的孔(368.5 nm 以下的孔)不产生影响。根据压制应力 90 MPa 煤样的低温液氮吸附实验结果可得出单位质量煤微小孔的孔容(Q_1)、单位质量煤微小孔的比表面积(s_1)。通过已知的参数可获得水平毛细管的孔体积(V_1)、竖向迂曲毛细管的孔体积(V_2)及水平毛细管的孔半径(r),见表 7-3。水平毛细管的长度(l)、竖向迂曲毛管的数量(n_2)、受载煤样竖向毛细管的迂曲度(τ)及竖向迂曲毛管的平均孔半径(R)未知,需要采取一定的数学方法进行反演。

表 7-3　等效物理模型结构中的相关参数

受载应力 /MPa	V/mL	V_1/mL	V_2/mL	M/g	H/mm	s_1 /(m^2/g)	r/nm	l_r $n_1 m\times 10^{12}$	$n_2 R^2 \tau$
0	65.208 8	5.191 005	60.017 8	406.5	158.00	3.622	7.05	3.326 16	1.314 38
5	60.910 8		55.718 9		155.81				1.245 00
10	58.712 2		53.521 2		154.69				1.208 75
15	57.360 3		52.175 0		154.01				1.186 13

(2) 等效物理模型结构中竖向弯曲毛细管迂曲度的反演

迂曲度表示流线的弯曲程度，其表达式如式(7-20)所示。迂曲度对多孔介质材料中流体的流动具有较大的影响，单根弯曲毛细管毛细吸水上升示意图如图 7-12 所示。

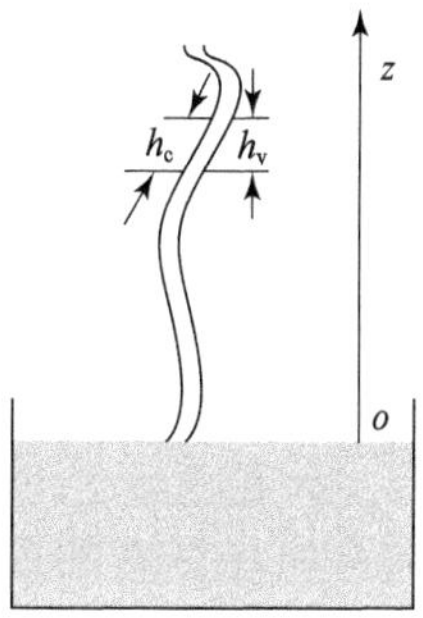

图 7-12　迂曲度示意图

$$\tau = h_c / h_v \tag{7-20}$$

式中　h_c——流体流经路径的长度，cm；

h_v——流体的垂直长度，cm。

Yu 等(2004)基于正方形颗粒介质的假设建立了孔隙率与迂曲度的模型[如式(7-21)所示]；员美娟(2008)基于几何分析法推导了球形颗粒堆积多孔介质迂曲度模型[如式(7-22)所示]；Comit 等(1989)通过颗粒球填充渗流实验获得了迂曲度与孔隙率的模型[如式(7-23)所示]，他们将填充颗粒分为球形颗粒、立方体颗粒及板状颗粒；Kontogeorgos 等(2013)采用 Comit 模型在广泛的孔隙度范围内对不同颗粒形状材料的迂曲度进行拟合，拟合效果较好。李光昱(2016)基于 Poiseuille、Brillouin 公式及压差流量测试装置验证了 Comit 模型的可行性。本书所采用的实验煤样是由颗粒煤压制而成，Yu 等(2004)所假设的模型适用的可靠性不高，员美娟(2008)所假设的模型计算较为复杂，因此采用颗粒填充模型计算等效物理模型结构中竖向弯曲毛细管的迂曲度。Comit 模型中当颗粒为球形颗粒时，C 取值 0.41；当颗粒为立方体颗粒时，C 取值 0.63；又因为煤颗粒是非均匀的球形颗粒又非立方体颗粒，因此 C 取均值 0.52。

$$\tau = \frac{1}{2}\left[1 + \frac{1}{2\sqrt{1-\varphi}} + \sqrt{1-\varphi}\,\frac{\sqrt{\left(\frac{1}{\sqrt{1-\varphi}} - 1\right)^2 + \frac{1}{4}}}{1-\sqrt{1-\varphi}}\right] \tag{7-21}$$

$$
\begin{cases}
\tau = \dfrac{1}{2}\left[1 + \dfrac{6\sqrt{3A^2+12A+8} - (3A^2+12A+4)\arcsin\dfrac{2}{\sqrt{3}(A+2)}}{8\sqrt{3}(A+2)}\right] - \\
\dfrac{6\,(A+2)^2\arctan\dfrac{-2}{\sqrt{3A^2+12A+8}}}{8\sqrt{3}(A+2)} \\
A = \dfrac{2}{3}\sqrt{\dfrac{\sqrt{3}\,\pi}{1-\varphi}} - 2
\end{cases}
\tag{7-22}
$$

$$
\begin{cases}
\tau = 1 + C\ln(1/\varphi) \\
\tau = 1 + 0.58e^{0.18a/b}\ln(1/\varphi)
\end{cases}
\tag{7-23}
$$

式中，C 为 0.41 是球形颗粒，为 0.63 是立方体颗粒；a、b 为板状颗粒的长度、厚度。

由于受载煤体内的孔-裂隙由竖向弯曲毛细管和水平毛细管组成，所以为获得竖向弯曲毛细管的迂曲度，首先需要获得竖向毛细管所占的孔隙体积比，根据式(7-24)可获得不同受载煤体内竖向弯曲毛细管的孔隙体积比(图 7-13)。

$$\varphi_R = V_2/(\pi\, 2.5^2 h) \tag{7-24}$$

式中　φ_R——竖向迂曲毛细管所占孔隙比。

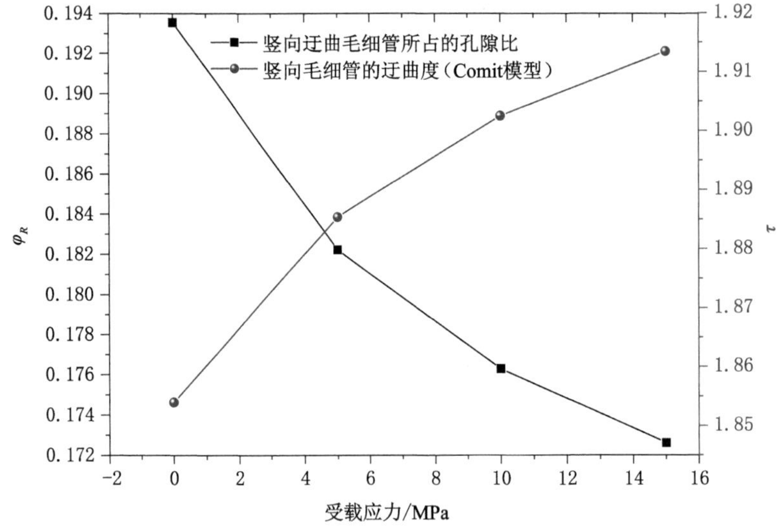

图 7-13　等效物理模型结构中竖向弯曲毛细管的迂曲度

根据式(7-23)及式(7-24)即可计算出不同受载煤体内竖向弯曲毛细管的迂曲度，如图 7-13 所示。由图 7-13 可知，迂曲度随受载应力的增加而增加，随竖向弯曲毛细管的孔隙体积比的减小而增加，因为受载应力的增加导致颗粒变形增大及孔隙通道压缩变形增大。孔隙率越大，阻挡渗流流体的质点越少，迂曲度越小。

(3) 等效物理模型结构中竖向迂曲毛细管平均孔径的反演

根据哈根泊肃叶定律及达西定律可得：

$$K=\varphi R_1^2/8 \tag{7-25}$$

式中　R_1——毛细管的平均孔半径，μm；

K——多孔介质的渗透率，m^2。

实际试样中的孔隙空间是不规则的，描述试样孔隙空间的模型有土壤模型、网络模型及毛细管束模型，即将实际试样的孔隙空间等效为由等直径的弯曲平行毛细管束模型组成，则式(7-25)可变化为式(7-26)。式(7-26)为 Kozeny-Carman(K-C)方程，K-C 方程广泛应用于石油开采、煤炭开采和生物化学等多个领域，特别是颗粒床的渗流。

$$K=\varphi R_1^2/(8\tau^2) \tag{7-26}$$

根据已测得的受载试样的孔隙率、Comit 模型[式(7-23)]及渗透率，可以求得不同受载应力条件下试样的平均孔径，见表 7-4。由表 7-4 可知，平均孔径随受载应力的增加而减小。

表 7-4　不同受载应力条件下试样的平均孔半径

受载应力/MPa	受载试样的孔隙率/%	受载试样的迂曲度	平均孔半径 R_1/μm
0	0.210 3	1.810 8	7.490 00
5	0.199 2	1.839 0	6.528 57
10	0.193 4	1.854 4	5.651 99
15	0.189 8	1.864 1	4.726 55

根据表 7-4 绘制出不同孔隙率(不同受载应力煤样)所对应的平均孔径值的散点图，如图 7-14 所示。根据图 7-14 可建立孔径与孔隙率的函数模型：

$$R_1(\varphi)=1/[a(1-\varphi)]^b-1/a^b$$

$R_1(\varphi)$需满足的边界条件是 $R_1(0)=0$ 及 $R_1(1)\to\infty$。

$$R_1(\varphi)=1/[1.104\,86(1-\varphi)]^{15.125\,87}-1/1.104\,86^{15.125\,87}\quad (R^2=0.986\,34) \tag{7-27}$$

为获得不同受载应力试样竖向迂曲毛细管的平均孔径，需计算出不同受载煤样竖向迂曲毛细管的孔隙占比，竖向迂曲毛细管的孔隙占比如图 7-14 所示。

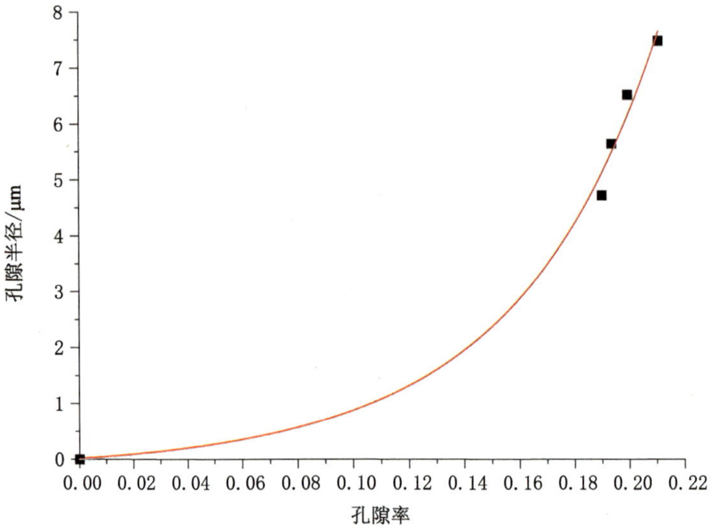

图 7-14　不同受载应力煤样对应的平均孔径值

根据等效物理结构，将竖向迂曲毛细管的孔隙占比代入式(7-27)，即可获得不同竖向迂曲毛细管的平均孔半径。将竖向迂曲毛细管的平均孔半径、迂曲度代入式(7-19)，即可数值解算出竖向迂曲毛细管的数目，见表 7-5。

表 7-5　竖向迂曲毛细管平均孔半径及数目

受载应力/MPa	竖向迂曲毛细管所占的孔隙率/%	竖向迂曲毛细管平均孔半径/μm	竖向迂曲毛细管数目	水平毛细管长度/μm
0	19.355 9	5.51	3.99×10^6	7.01
5	18.222 4	4.42	5.84×10^6	5.93
10	17.630 1	3.94	7.11×10^6	5.44
15	17.262 5	3.67	8.02×10^6	5.16

7.5　受载煤渗吸高度的影响机理探析

7.5.1　受载不含瓦斯煤渗吸高度影响机理探析

将受载煤渗吸高度理论模型[式(7-18)]进行变形，可得：

$$\begin{cases} h=\dfrac{\sigma_s D t^{\frac{b}{p+1}}}{\mu\sqrt{gr}} f\left(\dfrac{R}{r}\right) \\ \dfrac{\sigma_s D}{\mu\sqrt{gr}} f\left(\dfrac{R}{r}\right)=c \\ \dfrac{b}{p+1}=d \end{cases} \tag{7-28}$$

令$\dfrac{\sigma_s D}{\mu\sqrt{gr}} f\left(\dfrac{R}{r}\right)=c$，$\dfrac{b}{p+1}=d$ 采用受载煤渗吸高度理论模型[式(7-28)]对不同受载应力条件下不含瓦斯煤渗吸高度与时间的散点曲线进行拟合，如图 7-15 所示，拟合参数见表 7-6。

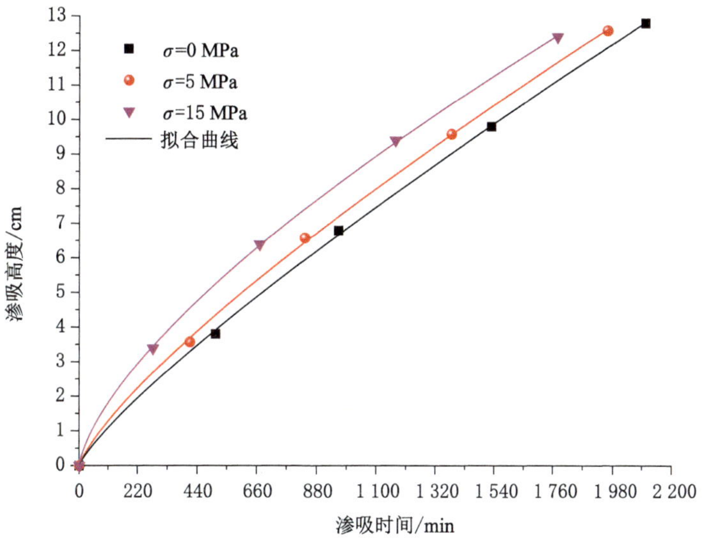

图 7-15　不同受载应力条件下不含瓦斯煤渗吸高度与时间的拟合曲线

表 7-6　受载不含瓦斯煤渗吸高度理论模型的拟合参数

受载应力/MPa	竖向迂曲毛细管平均孔半径/μm	c	d	R^2
0	5.51	0.021 44	0.835 74	0.999 56
5	4.42	0.032 51	0.786 46	0.999 58
15	3.67	0.072 77	0.687 6	0.999 87

由表 7-6 可知，参数 c 随受载应力的增加而增加，随竖向迂曲毛细管平均孔半径的减小而增加；参数 d 随受载应力的增加而减小，随竖向迂曲毛细管平均孔半径的减小而减小。参数 c 和 d 与竖向迂曲毛细管平均孔半径散点图的关系曲线如图 7-16 所示；参数 c、d 分别与 R 满足幂函数的函数关系，如式(7-29)所示。

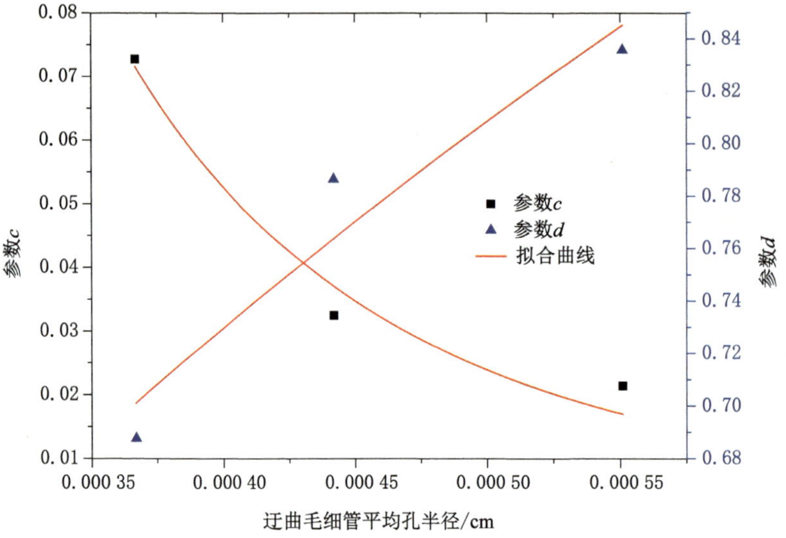

图 7-16　不含瓦斯条件下参数 c 和 d 分别与竖向迂曲毛细管平均孔半径关系

$$\begin{cases} c = \dfrac{\sigma_s D}{\mu\sqrt{gr}} f\left(\dfrac{R}{r}\right) = 5.034\ 25 \times 10^{-14} R^{-3.537\ 12} & \text{(a)} \\ d = \dfrac{b}{p+1} = 26.569\ 78 R^{0.459\ 48} & \text{(b)} \end{cases} \tag{7-29}$$

式[7-29(a)]中 $f(R/r)$ 是一个未知函数，分析式[7-29(a)]的函数形式可知，$f(R/r)$ 通过 f 函数关系变换后一定是关于 R 的幂函数，因此式[7-29(a)]可变化为：

$$\sigma_s DM/(\mu\sqrt{gr})\ (R/r)^x = 5.034\ 25 \times 10^{-14} R^{-3.537\ 12} \tag{7-30}$$

D 为水分在多孔介质中扩散能力，一般取值为 $8.73 \times 10^{-9} \sim 5.95 \times 10^{-8}$ m^2/s(沈伟军 等，2019)，这里取 2×10^{-9} m^2/s；即可求得 $x = -3.537\ 12$，$M = 4.279\ 7 \times 10^7$；将式(7-30)及式[7-29(b)]代入式(7-28)即可获得受载不含瓦斯煤渗吸高度的理论模型为：

$$h = 8.559\ 48 \times 10^2 \sigma_s t^{26.569\ 78 R^{0.459\ 48}} (R/r)^{-3.537\ 12} / (\mu \sqrt{gr}) \tag{7-31}$$

由式(7-31)及图 7-16 可知，对于在同一气体压力条件下，水平毛细管的孔半径相同，渗吸高度随着竖向迂曲毛细管平均孔半径的增加而减小。同一受载应力条件下，毛细渗吸高度随着时间的增加而增加，增加的梯度逐渐减小；不含瓦斯煤、不同受载应力条件下的渗吸高度主要受竖向迂曲毛细管的平均孔半径控制；对于受载不含瓦斯煤，在所测试的受载应力范围内，渗吸高度随受载应力的增加而增加，出现上述现象的原因是：

① 对于水平毛细管，水分子以扩散的形式进入水平毛细管，水分子进入毛细管会经历水分子簇的成核、生长、聚合(桥连)、孔隙填充阶段。

成核阶段：进入水平毛细管内的自由水分子，在氢键的作用下，与孔隙表面官能团、能量高的吸附位点等优先结合，形成由几个水分子形成的初级水分子簇(水分子团)，如图 7-17(a)所示，水分子团数量、密度与吸附位点的分布、密度有关。

水分子簇的生长：随着时间的增加，扩散进入孔隙内水分子浓度逐渐升高，初级水分子团簇作为二级吸附位点，在氢键的作用下，与自由水吸附，完成水分子簇进一步的生长，如图 7-17(b)所示，但是受到水分子氢键强度、孔隙的影响，水分子簇不会无限地生长，水分子簇缔合生长到一定阶段，水分子簇的尺寸将基本保持不变，密度随时间的增加而增大，但受到表面与自由水结合能减弱，分子簇基本在孔隙内表面生长，无法拓展至整个孔隙空腔，也就不能够完成孔隙填充(Liu et al.,2017)。

水分子簇聚合(桥连)：孔隙内不同位置的水分子簇相互聚合的过程，进而实现水分子簇从凸面到凹面的结构转变，这一结构变化使水分子簇束缚自由水的能力增强，自由水被迅速吸附，促进水分子簇的生长，如图 7-17(c)所示，吸附水量进一步增加。

孔隙填充：孔隙内的水分子簇吸附自由水直至饱和吸附，团簇逐渐变成以氢键为骨架、以水分子为结构单元的具有一定空间结构的水分子网络(氢键网络)，水分子持续吸附，氢键网络逐渐由小变大，并延伸至整个孔隙空间，直至完成孔隙填充，氢键网络的形成标志着吸附水开始凝聚，如图 7-17(d)所示。

② 图 7-18(a)为竖向迂曲毛细管及水平毛细管的剖面图；图 7-18(b)为管竖向迂曲毛细管平均管径大的试样，在极短的一段时间内(Δt)，竖向毛细管中液体达到了高度 Δh_1，包含的水平毛细管的层数为 n_1，在 Δh_1 范围内的水平毛细管的水分扩散长度为 l_1；图 7-18(c)为竖向迂曲毛细管平均管径小的试样，在极短的一段时间内(Δt)，竖向毛细管中液体达到了高度 Δh_{11}，包含的水平毛细管的层数为 n_{11}，在 Δh_{11} 范围内的水平毛细管的水分扩散长度为 l_{11}，受载应力越

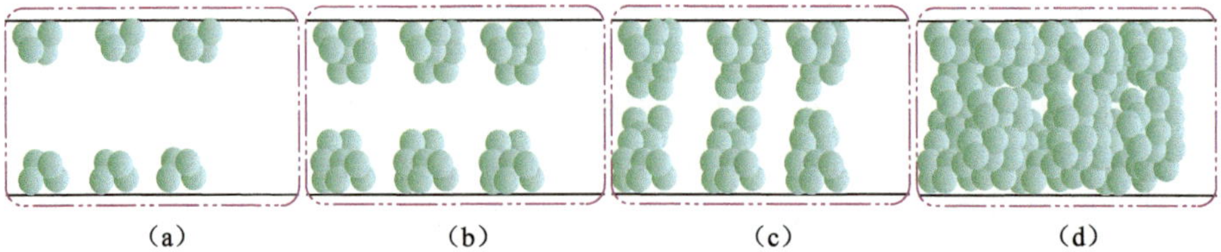

图 7-17　水平毛细管中水分子的吸附过程

大，竖向迂曲毛细管的平均孔径越小，在相同的时间内，竖向迂曲毛细管上升的高度越大，即 $\Delta h_{11} > \Delta h_1$，在每个 Δt 时间范围内，受载应力越大，其包含的水平毛细管层数越多即 $n_{11} > n_1$，因此出现了在实验测试的范围内，受载应力越大渗吸高度越大的现象。

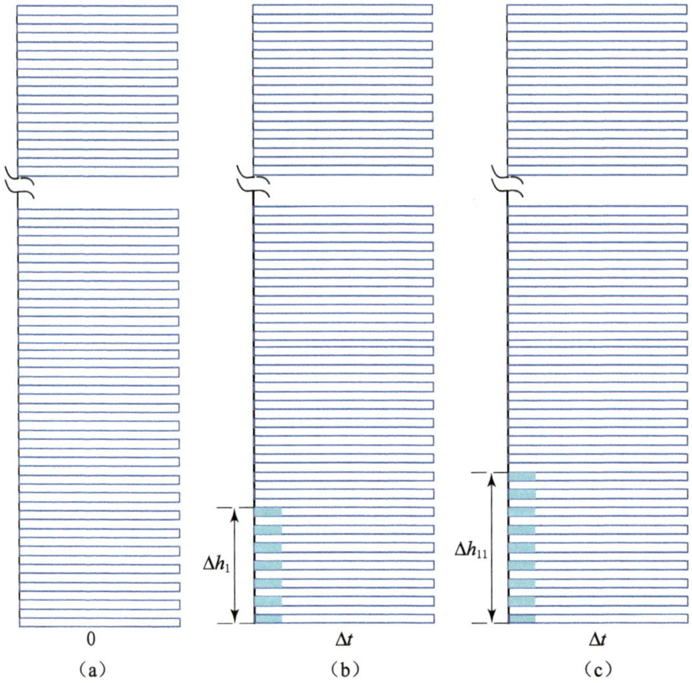

图 7-18　渗吸高度随受载应力的增加而增加微观解释图

③ 图 7-19(a)所示为在极短的一段时间内(Δt)，竖向毛细管中液体达到了高度 Δh_{1-0}，包含的水平毛细管的层数为 n_{1-0}，在 Δh_{1-0} 范围内的水平毛细管的水分扩散长度为 l_1。图 7-19(b)所示为在 $2\Delta t$ 时间内，竖向毛细管中液体高度

又增加了 Δh_{2-0}，包含的水平毛细管的层数为 n_{2-0}，由于竖向迂曲毛细管内重力的作用造成 $\Delta h_{1-0} > \Delta h_{2-0}$ 及 $n_{1-0} > n_{2-0}$，然而 Δh_{1-0} 范围内的水平毛细管在 $2\Delta t$ 时间内水分扩散长度为 l_2，Δh_{2-0} 范围内的水平毛细管扩散长度为 l_1。图 7-19(c)所示为在 $3\Delta t$ 时间内，竖向毛细管中液体高度又增加了 Δh_{3-0}，包含的水平毛细管的层数为 n_{3-0}，由于竖向迂曲毛细管内重力的作用造成 $\Delta h_{1-0} > \Delta h_{2-0} > \Delta h_{3-0}$ 及 $n_{1-0} > n_{2-0} > n_{3-0}$，$\Delta h_{1-0}$ 范围内的水平毛细管在 $3\Delta t$ 时间内水分扩散长度为 l_3，Δh_{2-0} 范围内的水平毛细管扩散长度为 l_2，Δh_{3-0} 范围内的水平毛细管扩散长度为 l_1。图 7-19(d)所示为在 $4\Delta t$ 时间内，竖向毛细管中液体高度又增加了 Δh_{4-0}，包含的水平毛细管的层数为 n_{4-0}，由于竖向迂曲毛细管内重力的作用造成 $\Delta h_{1-0} > \Delta h_{2-0} > \Delta h_{3-0} > \Delta h_{4-0}$ 及 $n_{1-0} > n_{2-0} > n_{3-0} > n_{4-0}$，$\Delta h_{1-0}$ 范围内的水平毛细管在 $4\Delta t$ 时间内水分扩散长度为 l_4，Δh_{2-0} 范围内的水平毛细管扩散长度为 l_3，Δh_{3-0} 范围内的水平毛细管扩散长度为 l_2，Δh_{4-0} 范围内水平毛细管扩散长度为 l_1。依次类推，因此出现了渗吸高度随时间的增加而增加，增加的梯度逐渐减小的现象。

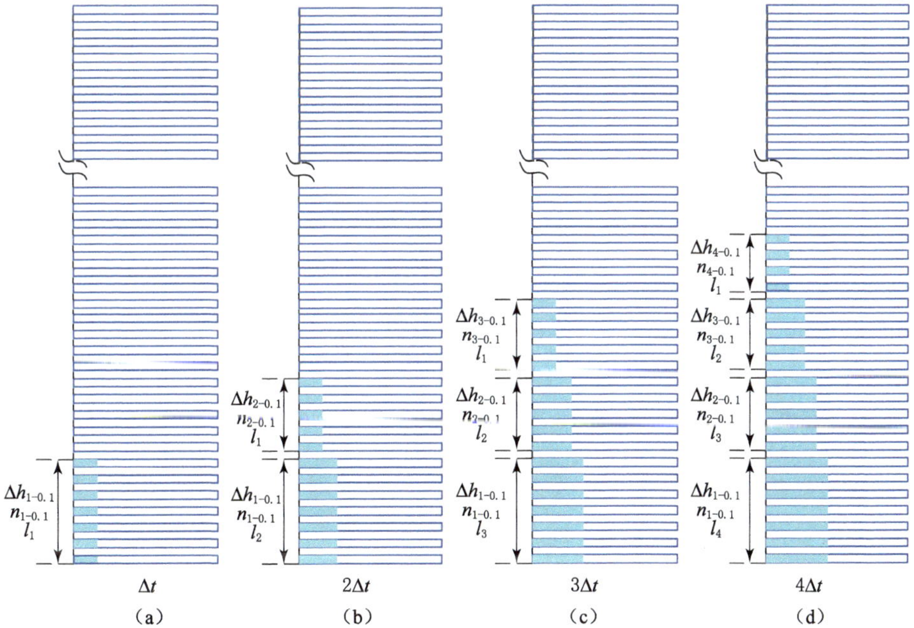

图 7-19　渗吸高度随时间的增加梯度逐渐减小微观解释图

采用不含瓦斯煤渗吸高度理论模型[式(7-31)]理论计算并验证受载应力 10 MPa(R=3.938 0 μm)、15 MPa(R=3.67 μm)不含瓦斯煤的渗吸高度，受载应力 10 MPa、15 MPa 试样的渗吸高度理论计算值与实测值如图 7-20 所示，同时采用式(7-31)对受载应力 18 MPa 试样的渗吸高度进行预测，预测结果如图 7-21所示。受载应力 10 MPa 试样的渗吸高度实测值与采用理论模型计算的值相差不大，受载应力 18 MPa(φ=0.171 432 5，r=3.583 257 98 μm)试样的渗吸高度理论计算值大于受载应力 15 MPa 试样的渗吸高度的实测值。因此，基于等效的物理模型结构并采用量纲分析法得出的渗吸高度理论模型可以用于渗吸高度的计算。

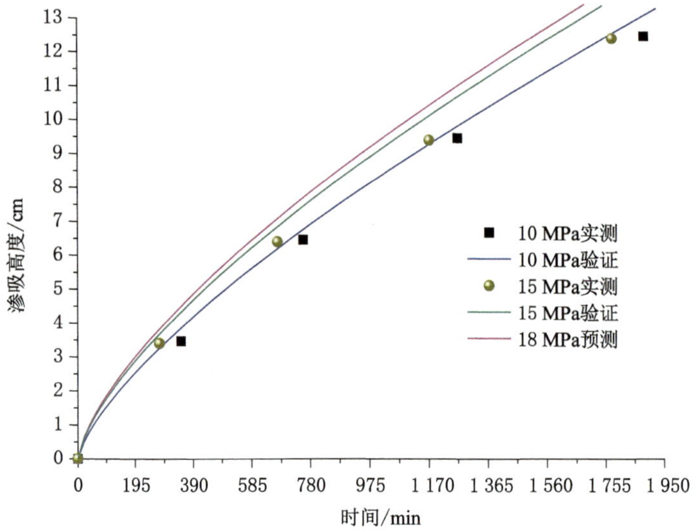

图 7-20　受载不含瓦斯煤渗吸高度理论模型的计算值与实测值对比

7.5.2　受载瓦斯煤渗吸高度影响机理探析

采用受载煤渗吸高度理论模型[式(7-28)]对不同受载应力条件下含瓦斯煤渗吸高度与时间的散点曲线进行拟合，如图 7-21 所示，拟合参数见表 7-7。

由表 7-7 可知，参数 c 随受载应力的增加而增加，随竖向迂曲毛细管平均孔半径的减小而增加；参数 d 随受载应力的增加而减小，随竖向迂曲毛细管平均孔半径的减小而减小。参数 c 和 d 与竖向迂曲毛细管平均孔半径散点图的关系曲线如图 7-22 所示；参数 c、d 分别与 R 满足幂函数的函数关系，如式(7-32)所示。

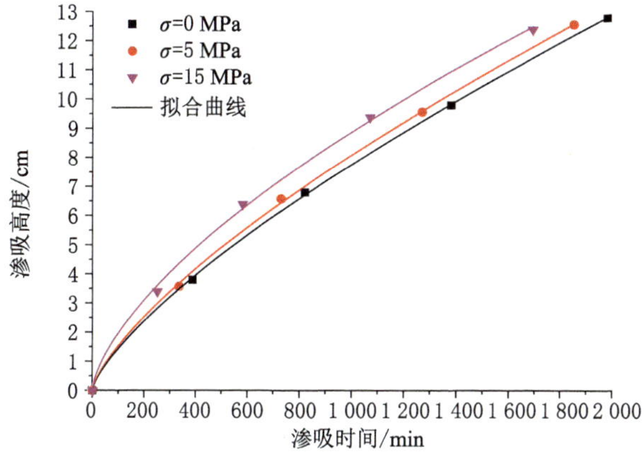

（a）吸附平衡压力0.74 MPa

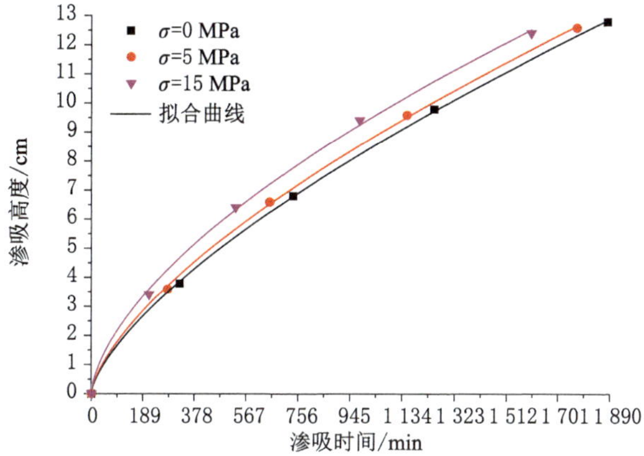

（b）吸附平衡压力1.5 MPa

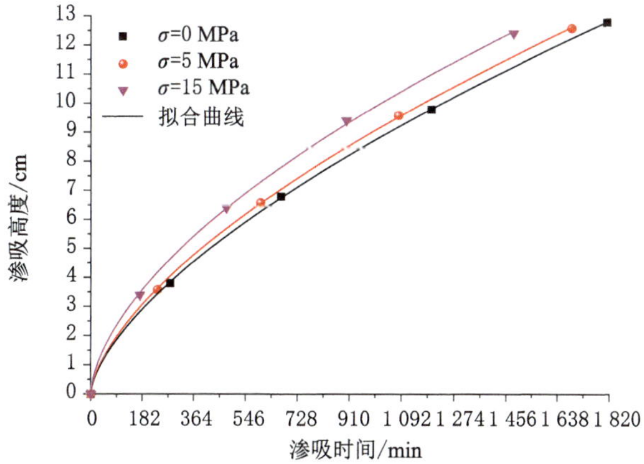

（c）吸附平衡压力2.5 MPa

图 7-21　不同受载应力条件下含瓦斯煤渗吸高度与时间拟合曲线

表 7-7 受载含瓦斯煤渗吸高度理论模型的拟合参数

平衡压力/MPa	受载应力/MPa	竖向迂曲毛细管平均孔半径/μm	c	d	R^2
0.74	0	5.51	0.048 78	0.733 8	0.999 80
	5	4.42	0.057 10	0.717 31	0.999 60
	15	3.67	0.100 93	0.648 38	0.998 66
1.5	0	5.51	0.074 28	0.683 54	0.999 83
	5	4.42	0.087 55	0.665 02	0.999 61
	15	3.67	0.132 93	0.615 97	0.998 91
2.5	0	5.51	0.101 60	0.644 83	0.999 94
	5	4.42	0.116 33	0.630 72	0.999 90
	15	3.67	0.165 63	0.592 02	0.999 61

$$
\begin{aligned}
&0.74\ \text{MPa} \rightarrow \begin{cases} c = f(R/r)\sigma_s DM/(\mu\sqrt{gr}) = 7.853\ 16 \times 10^{-9} R^{-2.064\ 79} & \text{(a)} \\ d = b/(p+1) = 6.513\ 17 R^{0.289\ 36} & \text{(b)} \end{cases} \\
&1.50\ \text{MPa} \rightarrow \begin{cases} c = f(R/r)\sigma_s DM/(\mu\sqrt{gr}) = 5.505\ 25 \times 10^{-7} R^{-1.563\ 2} & \text{(c)} \\ d = b/(p+1) = 4.398\ 38 R^{0.247\ 03} & \text{(d)} \end{cases} \\
&2.50\ \text{MPa} \rightarrow \begin{cases} c = f(R/r)\sigma_s DM/(\mu\sqrt{gr}) = 5.847\ 76 \times 10^{-6} R^{-1.292\ 43} & \text{(e)} \\ d = b/(p+1) = 2.986\ 64 R^{0.203\ 38} & \text{(f)} \end{cases}
\end{aligned}
\tag{7-32}
$$

式[7-32(a)、(c)、(e)]中 $f(R/r)$ 是一个未知函数，分析式[7-32(a)、(c)、(e)]的函数形式可知，$f(R/r)$ 通过 f 函数关系变换后一定是关于 R 的幂函数，因此式[7-32(a)、(c)、(e)]可变化为：

$$
\begin{cases} \sigma_s DM/(\mu\sqrt{gr})(R/r)^x = 7.853\ 16 \times 10^{-9} R^{-2.064\ 79} & \text{(a)} \\ \sigma_s DM/(\mu\sqrt{gr})(R/r)^x = 5.505\ 25 \times 10^{-7} R^{-1.563\ 2} & \text{(b)} \\ \sigma_s DM/(\mu\sqrt{gr})(R/r)^x = 5.847\ 76 \times 10^{-6} R^{-1.292\ 43} & \text{(c)} \end{cases}
\tag{7-33}
$$

同理，可求得式[7-33(a)、(b)、(c)]中的 x 及 M 的值，分别为 $x=-2.064\ 79$、$M=5.848\ 32\times10^3$；$x=-1.563\ 2$、$M=3.365\ 71\times10^2$；$x=-1.292\ 43$、$M=77.190\ 53$；将式[7-33(a)、(b)、(c)]及式[7-32(b)、(d)、(f)]代入式(7-28)即可获得受载含瓦斯煤渗吸高度的理论模型：

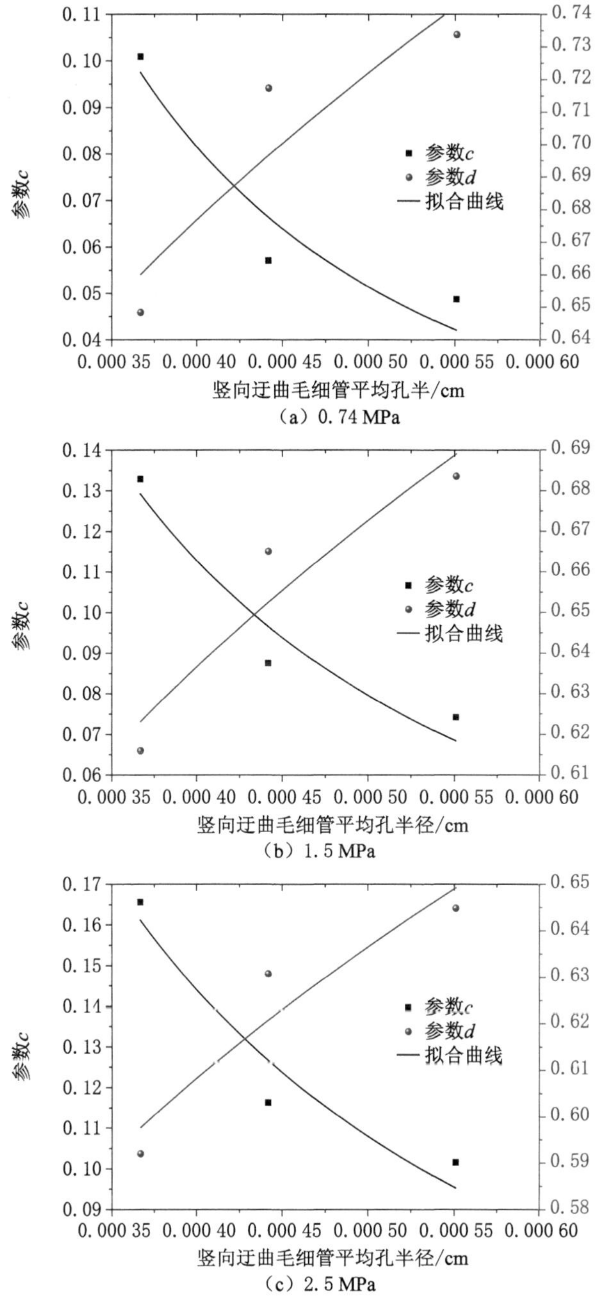

图 7-22　含瓦斯条件下参数 c 和 d 分别与竖向迂曲毛细管平均孔半径关系

$$
\begin{cases}
h = 0.116\,966\sigma_s t^{6.513\,17R^{0.289\,36}}(R/r)^{-2.064\,79}/(\mu\sqrt{gr}) & \text{(a)} \\
h = 6.731\,43\times10^{-3}\sigma_s t^{4.398\,38R^{0.247\,03}}(R/r)^{-1.563\,2}/(\mu\sqrt{gr}) & \text{(b)} \\
h = 1.543\,81\times10^{-3}\sigma_s t^{2.986\,64R^{0.203\,38}}(R/r)^{-1.292\,43}/(\mu\sqrt{gr}) & \text{(c)}
\end{cases}
\tag{7-34}
$$

由式(7-34)可知，在同一气体压力条件下，水平毛细管的孔半径相同，渗吸高度随竖向迂曲毛细管平均孔半径的增加而减小。不同受载应力条件下，含瓦斯煤的渗吸高度主要受竖向迂曲毛细管的平均孔半径控制，原因在受载不含瓦斯煤渗吸高度的影响机理中已进行解释，这里不再赘述。

采用受载含瓦斯煤渗吸高度理论模型[式(7-34)]分别对吸附平衡压力(0.74 MPa、1.5 MPa、2.5 MPa)、受载应力 10 MPa(R=3.938 0μm)、15 MPa(R=3.67 μm)试样的渗吸高度进行理论计算并验证。受载应力 10 MPa 试样的渗吸高度理论计算值与实测值如图 7-23 所示，同时采用式(7-34)对受载应力 18 MPa 试样的渗吸高度进行预测，预测结果如图 7-23 所示，受载应力 10 MPa、15 MPa 试样渗吸高度的实测值与采用理论模型计算的值相差不大，受载应力 18 MPa(φ=0.171 432 5、r=3.583 257 98 μm)试样的渗吸高度理论计算值大于受载应力 15 MPa 试样的渗吸高度的实测值。因此，基于等效的物理模型结构并采用量纲分析法得出的渗吸高度理论模型可用于受载含瓦斯煤渗吸高度的计算。

7.5.3 受载不含瓦斯煤与含瓦斯煤渗吸高度差异性机理分析

为弄清受载含瓦斯煤与受载不含瓦斯煤渗吸高度的差异性，本节将受载不含瓦斯煤的渗吸高度与受载含瓦斯煤的渗吸高度对比分析。受载不含瓦斯煤与受载含瓦斯煤(吸附平衡压力为 0.74 MPa、1.5 MPa 及 2.5 MPa)渗吸高度随时间的变化曲线如图 7-24 所示。

由图 7-24 可知，在同一受载应力条件下，相同的渗吸时间，吸附平衡压力 2.5 MPa 试样的渗吸高度最大，其次是吸附平衡压力 1.5 MPa、0.74 MPa，最小的是常压条件下试样的渗吸高度。含瓦斯煤的渗吸高度大于不含瓦斯试样的渗吸高度，其原因如下：本实验是在等压渗吸的条件下进行的，在渗吸过程中煤样罐内压力始终不发生改变，吸附平衡压力对两端开放的孔，从一端向另一端扩散影响不大[图 7-25(a)]；对于受载含瓦斯煤，水分在水平毛细管中的扩散会与瓦斯发生竞争吸附效应，孔隙壁面吸附的既有瓦斯又有水分子簇，由于瓦斯的存在，造成水分子簇的吸附位数目减少，水平毛细管含瓦斯煤吸附水分的饱和度小于不含瓦斯煤吸附水分的吸附饱和度；随着水分子簇的生长，水分子簇开始聚合以后，此时对所假设的等效物理模型，水平毛细管中存在一端开放的孔和两端开放的孔，一端开放的孔从开放端向封闭端扩散，封闭端产生憋压现象，即堵孔效

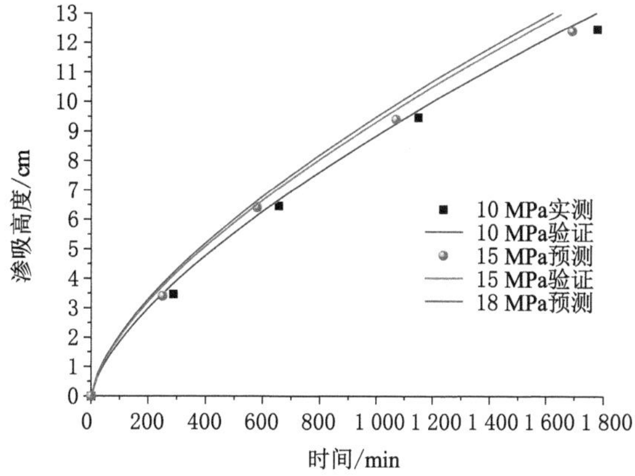

（a）吸附平衡压力0.74 MPa

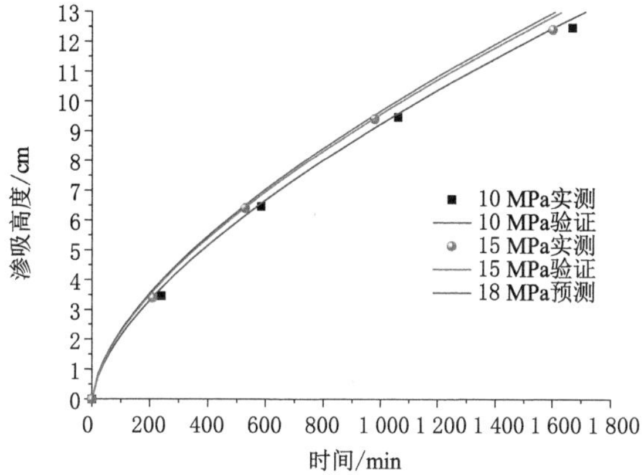

（b）吸附平衡压力1.5 MPa

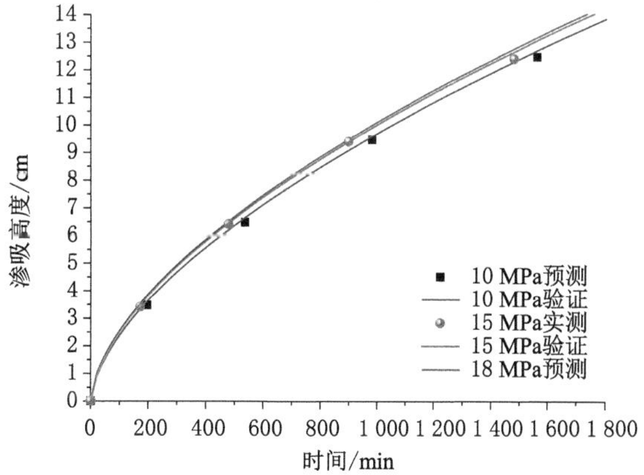

（c）吸附平衡压力2.5 MPa

图 7-23　受载不含瓦斯煤渗吸高度理论模型的计算值与实测值对比

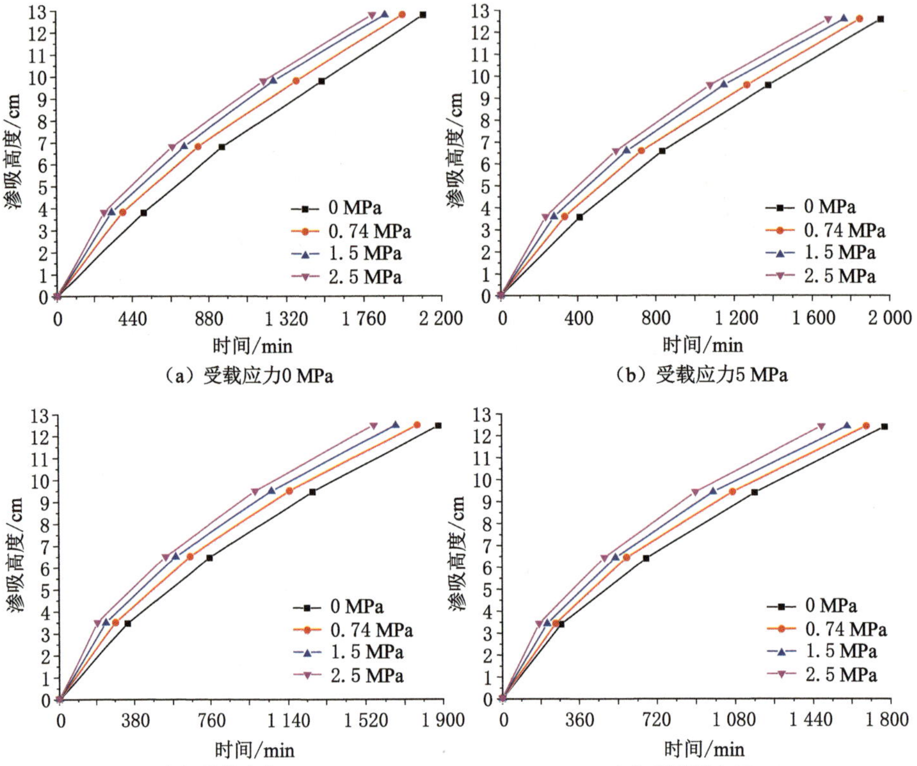

(a) 受载应力0 MPa　(b) 受载应力5 MPa　(c) 受载应力10 MPa　(d) 受载应力15 MPa

图 7-24　受载不含瓦斯煤与含瓦斯煤渗吸高度对比图

应[图 7-25(b)];两端开放的孔从两端同时扩散,水平毛细管的中间部分会出现憋压现象[图 7-25(c)],从一端扩散不会产生堵孔效应,其本质反映在水平毛细管的扩散长度的大小,毛细管中水分的扩散长度与吸附平衡压力呈负相关关系;同一受载应力、不同吸附平衡压力条件下的试样从底部到顶部基本上具有类似的孔-裂隙结构[图 7-26]。

图 7-26(a)～(d)表示同一受载应力下竖向迂曲毛细管及水平毛细管的剖面图。图 7-26(a)所示为常压(0 MPa)条件下煤样的渗吸,在极短的一段时间内(Δt),竖向毛细管中液体达到了高度 Δh_{1-0},包含的水平毛细管的层数为 n_{1-0},在 Δh_{1-0}范围内的水平毛细管的水分扩散长度为 l_{1-0}。图 7-26(b)所示为吸附平衡压力 0.74 MPa 条件下煤样的渗吸,在极短的一段时间内(Δt),竖向毛细管中液体达到了高度 $\Delta h_{1-0.74}$,包含的水平毛细管的层数为 $n_{1-0.74}$,在 $\Delta h_{1-0.74}$范围内的水平毛细管的水分扩散长度为 $l_{1-0.74}$。图 7-26(c)所示为吸附平衡压力 1.5

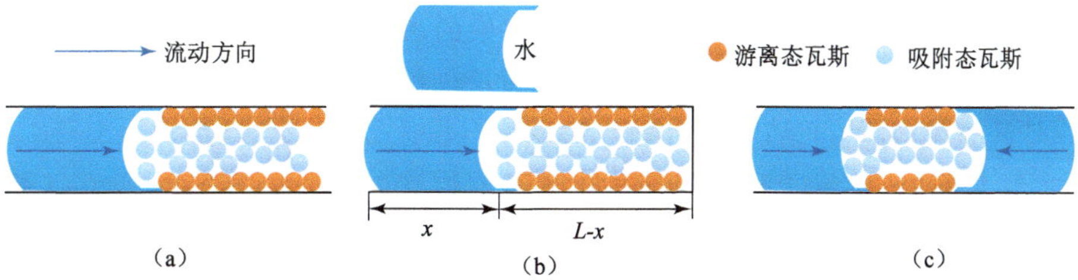

图 7-25　毛细管中的渗吸示意图

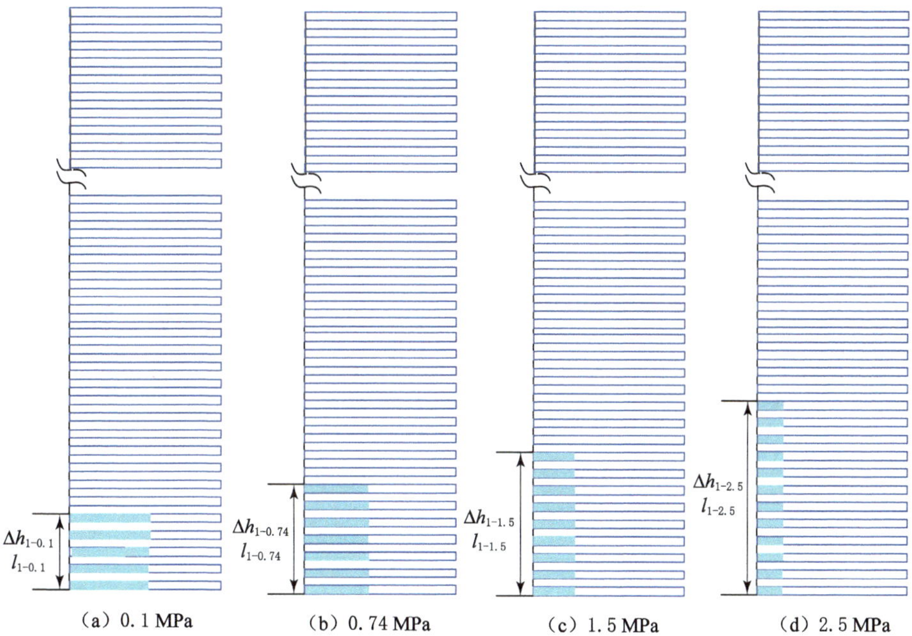

图 7-26　受载含瓦斯煤的渗吸高度大于受载不含瓦斯煤渗吸高度的微观解释图

MPa 条件下煤样的渗吸，在极短的一段时间内(Δt)，竖向毛细管中液体达到了高度 $\Delta h_{1-1.5}$，包含的水平毛细管的层数为 $n_{1-1.5}$，在 $\Delta h_{1-1.5}$ 范围内的水平毛细管的水分扩散长度为 $l_{1-1.5}$。图 7-26(d)所示为吸附平衡压力 2.5 MPa 条件下煤样的渗吸，在极短的一段时间内(Δt)，竖向毛细管中液体达到了高度 $\Delta h_{1-2.5}$，包含的水平毛细管的层数为 $n_{1-2.5}$，在 $\Delta h_{1-2.5}$ 范围内的水平毛细管的水分扩散长度为 $l_{1-2.5}$。

同一受载应力条件下的实验煤样从底部到顶部基本上具有类似的孔-裂隙结构，因此每一层孔的类型基本相同。本书中的渗吸高度实验是在等压的条件下进行的，平衡压力对一端开放的孔及两端开放且从两端同时扩散的孔影响较大，对两端开放且从一端向另一端扩散的水平毛细管影响不大；平衡压力越大，水平毛细管的扩散长度越小，即水平毛细管的扩散长度 $l_{1-2.5}<l_{1-1.5}<l_{1-0.74}<l_{1-0}$，造成水平毛细管的湿润层数增加；水平毛细管的扩散长度越大，对竖向迂曲毛细管的延滞效应越明显，造成竖向迂曲毛细管的吸水速度变慢。因此，吸附平衡压力越大的试样，竖向迂曲毛细管毛细吸水上升速度越快。

宏观分析含瓦斯煤的渗吸高度大于不含瓦斯煤的渗吸高度：不含瓦斯煤渗吸是在大气压的条件下进行的，含瓦斯煤的渗吸是在等压的条件下进行的，对于两端开口的毛细管，如从一端吸水另一端出气的毛细管两端不存在压差，如从两端进水，水的吸入会压缩毛细管内的气体，压力对从一端吸水另一端出气的毛细管毛细渗吸影响不大。

对于一端封闭的毛细管（图 7-27），水的自发吸入会压缩毛细管内的气体，毛细管内的压缩气体会给水的吸入带来一个反作用力，该作用力与毛细管周围的压力差为（p_x）。对于水平一端开放的毛细管，在毛细渗吸中不受重力作用，其在渗吸过程中受毛管力、黏性力、压缩气体的方向作用力，如式(7-35)所示。

$$2\sigma_s\cos\theta/r - p_x = 8\mu/(r^2LL') \tag{7-35}$$

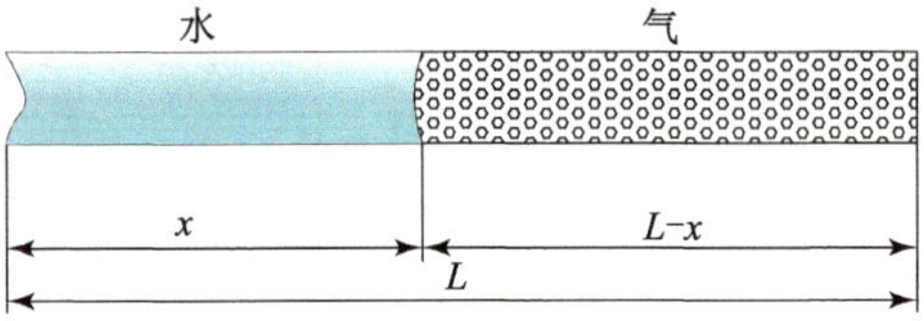

图 7-27　一端封闭的毛细管自发吸水示意图

实验过程是等温的，根据气体状态方程可得式(7-36)，由于压缩因子差别不大，所以可忽略压缩因子的影响。

$$p_wL = (p_w + p_x)(L - x) \tag{7-36}$$

式中　p_x——水的吸入产生的回压差值，MPa；

p_w——毛细管周围的压力，MPa；

x——吸入水的长度，m；

$(L-x)$——压缩气体的长度，m。

将式(7-36)代入式(7-35)可得：

$$\frac{2\sigma_s\cos\theta}{r}-\frac{p_w x}{L-x}=\frac{8\mu}{r^2}xx' \tag{7-37}$$

将式(7-37)进行无因次处理，令 $t^*=t/T$，$x^*=x/l$，T 为水平毛细管达到平衡需要的时间，l 为毛管力与黏滞力平衡时液柱的长度。

$$2\sigma_s\cos\theta/r=8\mu l(\mathrm{d}l/\mathrm{d}T)/r^2 \tag{7-38}$$

则由式(7-38)可得：

$$T=2\mu l^2/(r\sigma_s\cos\theta) \tag{7-39}$$

将式(7-39)、$t^*=t/T$ 及 $x^*=x/l$ 代入式(7-37)可得：

$$\frac{2\sigma_s\cos\theta}{r}-\frac{lp_w x^*}{l(1-x^*)}=\frac{4\sigma_s\cos\theta}{r}x^*x^{*\prime} \tag{7-40}$$

将式(7-40)两边同时除以 $p_c=\dfrac{2\sigma\cos\theta}{r}$，式(7-40)可变化为：

$$1-p_w x^*/[p_c(1-x^*)]=2x^*x^{*\prime} \tag{7-41}$$

令 $p_w/p_c=\lambda$，则式(7-41)可变化为：

$$1-\lambda x^*/(1-x^*)=2x^*x^{*\prime} \tag{7-42}$$

对式(7-42)进行求解可得：

$$t^*=\frac{x^{*2}}{\lambda+1}-\frac{2\lambda x^*}{(\lambda+1)^2}-\frac{2\lambda\ln[-x^*(\lambda+1)+1]}{(\lambda+1)^3} \tag{7-43}$$

对 λ 赋值，同时对式(7-43)进行求解可得图 7-28。

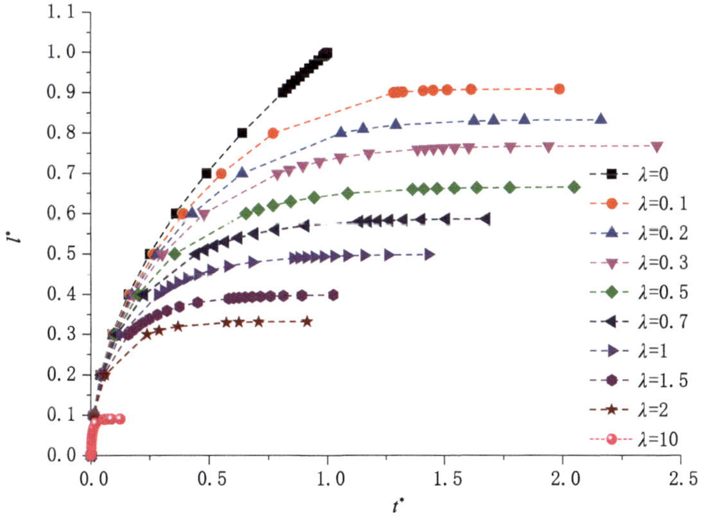

图 7-28　一端封闭的毛细管无因次渗吸长度

由图 7-28 可知，随着毛细管周围的压力与毛管力比值的增加，水平毛细管内渗吸长度逐渐减小，x^* 和 t^* 均减小。对于底水渗吸多分支水平毛细管，气体压力越大，水平毛细管内渗吸长度越小，减小了水平毛细管的渗吸时间，即多分支毛细管向上的吸水速度加快。

7.6 本章小结

本章通过电阻率法测试了外加水分在受载煤中的渗吸高度，建立了煤样的等效物理结构模型，采用量纲分析理论推演了毛细渗吸高度理论模型，数值分析了等效物理模型结构中的相关参数，揭示了受载煤渗吸高度的影响机理，获得的主要结论如下：

① 水分逐渐浸入煤体，水分与煤成为一个体系，煤样的电阻率发生变化，变化分为突变、快变、渐变过程。

② 基于量纲分析理论数值推演了受载煤渗吸高度理论模型 $h=\sigma_{s}Dt^{\frac{b}{p+1}}f(R/r)/(\mu\sqrt{gr})$，数值计算了受载煤样的平均迂曲度、竖向迂曲毛细管迂曲度及平均毛细管孔径，反演了竖向迂曲毛细管的平均孔半径、受载煤样的平均迂曲度及等效物理结构中竖向迂曲毛细管迂曲度均随受载应力的增加而增加，受载煤样的平均毛细管孔径及等效物理结构中竖向迂曲毛细管平均孔半径均随受载应力的增加而减小。

③ 受载煤的渗吸高度随着渗吸时间的增加而增加，增加的速率逐渐减小，造成这种现象的原因是竖向迂曲毛细管中液体的重力随着时间的增加而增加导致的；受载不含瓦斯煤的渗吸高度随受载应力的增加而增加，造成这种现象的原因是竖向迂曲毛细管的平均孔半径随受载应力的增加而减小，受载应力越大竖向迂曲毛细管的渗吸高度越大，造成水平毛细管的湿润层数越多。

④ 等压渗吸过程中，同一受载应力、同一时间条件下，受载不含瓦斯煤的渗吸高度小于受载含瓦斯煤的渗吸高度；吸附平衡压力大的受载试样的渗吸高度大于吸附平衡压力小的受载试样的渗吸高度；造成这种现象的原因是等效物理结构中水平毛细管中水分的扩散长度的大小，吸附平衡压力大的试样、一端封闭的毛细管及两端开放且从两端同时扩散的水平毛细管会出现憋压现象（堵孔效应），水平毛细管中的扩散长度小引起竖向迂曲毛细管的毛细水上升快。

⑤ 基于无量纲分析理论宏观分析了一端开放的孔从开放端向封闭端扩散，封闭端产生封堵效应，毛细管内的气体压力越大，封堵效果越明显，吸水长度越短。

参考文献

[1] 李光昱,2016.微重力条件下多孔介质中的液体输运特性研究[D].长沙:国防科学技术大学.

[2] 沈伟军,李熙喆,鲁晓兵,等,2019.基于等温吸附的页岩水分传输特征研究[J].力学学报,51(3):932-939.

[3] 王彬,2019.不含瓦斯煤渗吸电阻率对含水率的响应特性研究[D].焦作:河南理工大学.

[4] 员美娟,2008.多孔介质中流体的若干流动特性研究[D].武汉:华中科技大学.

[5] 查传钰,吕钢,1998.多孔介质中流体的扩散系数及其测量方法[J].地球物理学进展,2:61-73.

[6] 赵晨光,雷东记,张玉贵,2020.含水煤层复电阻正交裂隙阻容模型[J].煤炭学报,45(10):3541-3547.

[7] RAATS P A C,1973.Dynamics of fluids in porous media[J].Soil science society of America journal,37(4):173-175.

[8] COMITI J,RENAUD M,1989.A new model for determining mean structure parameters of fixed beds from pressure drop measurements:application to beds packed with parallelepipedal particles[J].Chemical engineering science,44(7):1539-1545.

[9] CRANK J,1975.The mathematics of diffusion[M].2nd ed.New York:Oxford University Press.

[10] HODOT B B,1996.Coalbed and gas outburst[M].Beijing:Coal In-dustry Press.

[11] KONTOGEORGOS D A,FOUNTI M A,2013.A generalized methodology for the definition of reactive porous materials physical properties:prediction of gypsum board properties[J].Construction and building materials,48:804-813.

[12] LIU L M,TAN S J,HORIKAWA T,et al,2017.Water adsorption on carbon:a review[J].Advances in colloid and interface science,250:64-78.

[13] YU B M,LI J H,2004.A geometry model for tortuosity of flow path in porous media[J].Chinese physics letters,21(8):1569-1571.

第8章 受载含瓦斯煤渗吸过程水与瓦斯的竞争吸附效应及影响机理

煤层注水的渗吸过程产生气-液竞争吸附-润湿孔隙的联动效应。孔隙压力、受载应力、外加水分与瓦斯置换效应紧密相关，为揭示煤体渗吸过程中孔隙压力、受载应力、外加水分对水与瓦斯的竞争吸附效应的影响机理，本章开展了孔隙压力、受载应力和外加水分对瓦斯置换量、置换率等影响规律研究。在此基础上探析了受载含瓦斯煤渗吸过程水与瓦斯的竞争吸附效应的影响机理，推演了相对置换程度的归一化模型，该归一化模型可用于预测和评价井下煤层或其他尺寸煤体在任意时间的相对置换程度，从而做出科学合理化的预判。

8.1 加水方式对受载含瓦斯煤渗吸过程中置换瓦斯效应的影响

本节测试了不同受载应力(0 MPa、15 MPa)、不同吸附平衡压力(1.5 MPa、2.5 MPa)、定量加水(3%、5%、7%、9%)及充分供水条件下(充分供水是指受载煤体渗吸过程中有足量的水供应，保证渗吸过程中不出现断水现象，充分供水的量在7.2节中已进行阐释，这里不再赘述)置换瓦斯的效应进行测试，以明晰定量加水及充分供水对受载含瓦斯煤渗吸过程中置换瓦斯效应的影响规律，从而得出煤层注水最优的注水方式，为煤层注水渗吸治理煤层瓦斯提供理论支撑。

8.1.1 加水方式对渗吸过程中置换瓦斯量的影响规律研究

本节主要测试了不同受载应力 σ(0 MPa、15 MPa)、瓦斯吸附平衡压力 p(1.5 MPa、2.5 MPa)、定量加水(3%、5%、7%、9%)及充分供水条件下渗吸过程中的置换瓦斯量，测试结果如图8-1所示。

由图8-1可知，当水被自发吸入煤体后，煤体内吸附态瓦斯被置换、游离态瓦斯被驱替。由于水在自发吸入煤体前，水在加水活塞内占据一定的体积，水被

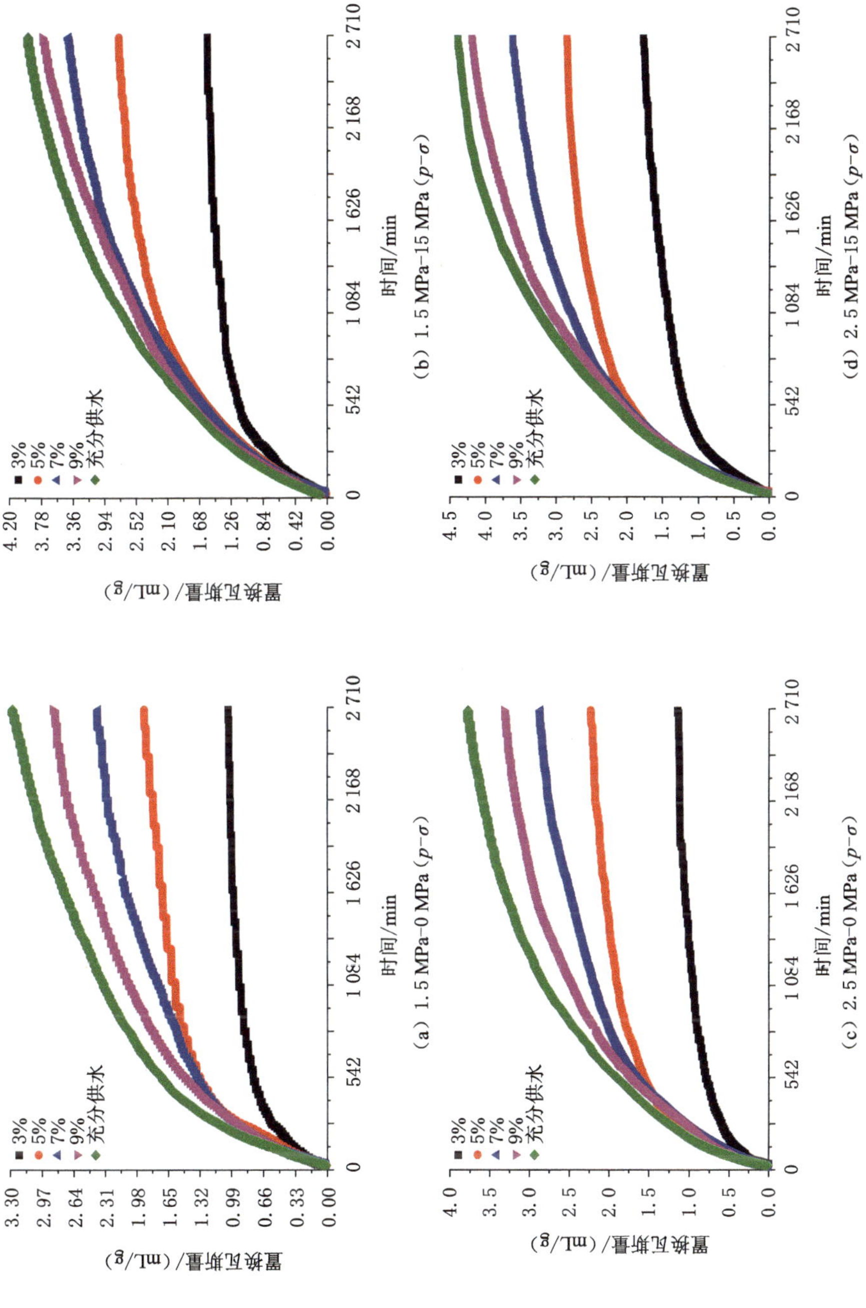

（a）1.5 MPa-0 MPa（p-σ）

（b）1.5 MPa-15 MPa（p-σ）

（c）2.5 MPa-0 MPa（p-σ）

（d）2.5 MPa-15 MPa（p-σ）

图3-1　定量加水及充分供水条件下渗吸过程中置换瓦斯量随时间的变化规律

自发吸入煤体后造成吸附单元内死体积增加，被驱替的瓦斯填充水被自发吸入煤体前所占据的空间，被置换的瓦斯造成煤样罐内的游离瓦斯量增加，因此导致煤样罐内的瓦斯压力增加。由于解吸实验是在等压的条件下进行，所以当煤样罐内的压力值高于吸附平衡压力值 0.01 MPa 时，解吸阀门自动打开，煤样罐内的游离瓦斯迅速开始释放；当煤样罐内的压力等于吸附平衡压力时，解吸阀门将自动关闭。吸附态的瓦斯能够被水置换的原因如下：实验煤样具有丰富的孔-裂隙结构，为甲烷分子和水分子的吸附提供了大量的吸附位，同时孔隙、裂隙结构形成大量的毛细管网络，为渗吸提供了运输通道；水分子容易与含氮、含氧、含硫的表面官能团形成氢键，与含氧官能团形成的氢键更稳定；甲烷分子与煤分子之间的距离大于水分子与煤分子之间的距离，甲烷分子与煤分子之间的作用力小于水分子与煤分子之间的作用力。王宝俊(2006)采用物化的方法简单构建了无烟煤的分子构型，如图 8-2 所示。本节采用王宝俊建立的无烟煤分子构型，数值模拟甲烷分子与煤分子之间的距离和水分子与煤分子之间的距离，以及煤分子对甲烷分子和水分子稳定的吸附构型。

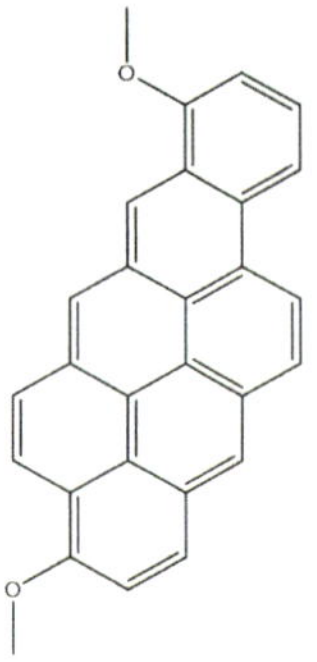

(a) 无烟煤二维化学分子结构模型

(b) 无烟煤三维化学分子结构模型

图 8-2　无烟煤二维、三维化学分子结构模型

采用 ChemDraw 化学软件绘制出无烟煤三维分子模型，在无烟煤分子模型周围任意位置绘制甲烷分子，采用 ChemDraw 软件中的 Calculations 选项执行 MM2→Minnimize Energy 命令(能量最小化原则)，待甲烷分子稳定后，发现甲烷分子主要以正三角锥的形式吸附在无烟煤分子附近，说明正三角锥吸附形式最为稳定，煤分子吸附甲烷分子的结构模型如图 8-3(a)所示；在无烟煤分子模型周围任意位置绘制水分子，采用 ChemDraw 软件中的 Calculations 选项执行 MM2→Minnimize Energy 命令(能量最小化原则)，待水分子稳定后，发现水分子主要以一个 O—H 键在煤分子上的投影与煤中 C—C 键重合的形式吸附在无

烟煤分子附近，即两个氢原子向下、氧原子向上的方式吸附在无烟煤分子附近，如图 8-3(b)所示；通过能量最小化原则，如图 8-3(a)和(b)可知，甲烷分子与煤分子之间的距离大于水分子与煤分子之间的距离；图 8-3(a)和(b)中煤分子平面展示的角度不一样，其原因是在执行能量最小化原则过程中煤分子也会发生转动。

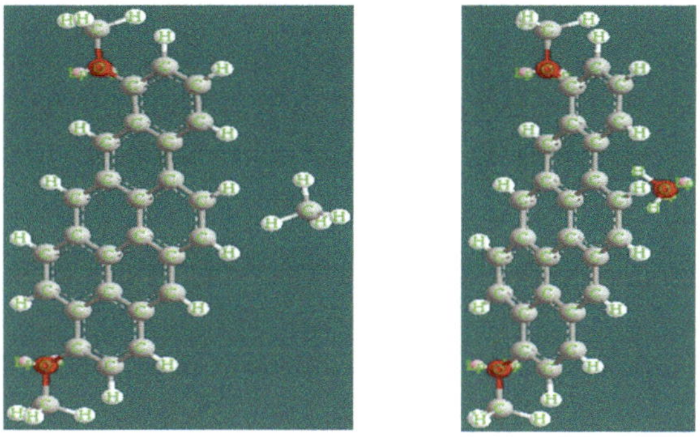

(a) 煤分子吸附甲烷分子的构型　　(b) 煤分子吸附水分子的构型

图 8-3　煤分子吸附甲烷分子及水分子的构型

煤分子吸附甲烷分子时释放的能量小于煤吸附水分子时释放的能量，煤分子吸附水分子后更稳定。

吸附能的大小可以表征吸附质与吸附剂之间吸附的强弱[如式(8-1)所示]，吸附能越大，吸附作用越强；吸附能越小，吸附作用越弱。采用 ChemDraw 和 Gaussian 软件进行计算，即可获得煤分子吸附甲烷分子和水分子时的吸附能，见表 8-1。

表 8-1　煤分子吸附甲烷分子和水分子时的吸附能　　单位：kJ/mol

能量	煤	甲烷分子	水分子
吸附前	−3 225 088.21	−106 336.96	−200 591.233
吸附后	/	−3 331 437.47	−3 425 700.50
吸附能		−12.3	−21.06

由表 8-1 可知，煤分子吸附甲烷分子时释放出 12.3 kJ/mol 的能量，煤分子吸附水分子时释放出 21.06 kJ/mol 的能量，煤分子吸附甲烷分子时释放的能量小于煤吸附水分子时释放的能量。

$$E = E_b + E_a - E_c \tag{8-1}$$

式中 E——吸附能，kJ/mol；

E_b——煤大分子吸附前能量，kJ/mol；

E_a——吸附质吸附前的能量，kJ/mol；

E_c——吸附质吸附在整个体系的能量，kJ/mol。

煤孔隙表面对水分子的吸附势阱大于对甲烷分子的吸附势阱，对水分子的吸附势阱的距离小于对甲烷分子的吸附势阱距离。

根据煤对甲烷分子吸附构型，采用 Gaussian 软件，通过改变甲烷分子中的 C 原子与煤分子中最近 C 原子的距离，计算不同距离时的能量 $E(r)$，根据式(8-2)即可获得煤分子与甲烷分子不同距离时的吸附势能，见表 8-2。根据煤对水分子的吸附构型，采用 Gaussian 软件，计算不同距离时的能量 $E(r)$，根据式(8-2)即可获得煤分子与水分子不同距离时的吸附势能，见表 8-3。

$$D(r)=E(r)-E(\infty) \tag{8-2}$$

表 8-2　煤分子与甲烷分子不同距离时的吸附势能

距离/nm	能量 $E(r)$(hartee=2 625.5 kJ/mol)	$D(r)$/(kJ/mol)
0.27	−1 268.019 828	11.480 960
0.3	−1 268.027 864	−9.617 214
0.33	−1 268.028 836	−12.169 182
0.36	−1 268.027 814	−9.485 039
0.39	−1 268.026 642	−6.409 600
0.42	−1 268.025 734	−4.025 770
0.45	−1 268.025 088	−2.329 549
0.48	−1 268.024 657	−1.196 918
0.51	−1 268.024 394	−0.505 763
0.54	−1 268.024 261	−0.158 421
∞	−1 268.024 201	

表 8-3　煤分子与水分子不同距离时的吸附势能

距离/nm	能量 $E(r)$(hartee=2 625.5 kJ/mol)	$D(r)$/(kJ/mol)
0.26	−1 303.894 304	14.288 290
0.3	−1 303.907 097	−19.300 120
0.34	−1 303.907 114	−19.345 650
0.38	−1 303.905 092	−14.036 826

表 8-3(续)

距离/nm	能量 $E(r)$(hartee=2 625.5 kJ/mol)	$D(r)$/(kJ/mol)
0.42	−1 303.903 541	−9.964 341
0.46	−1 303.902 514	−7.268 395
0.5	−1 303.901 777	−5.333 652
0.54	−1 303.901 264	−3.985 775
0.58	−1 303.900 961	−3.189 975
0.62	−1 303.900 789	−2.738 637
0.66	−1 303.900 638	−2.341 940
0.7	−1 303.900 471	−1.902 336
0.74	−1 303.900 341	−1.561 018
0.78	−1 303.900 261	−1.351 790
0.82	−1 303.900 121	−0.985 378

根据表 8-2 及表 8-3 即可获得甲烷分子与煤分子、水分子与煤分子的吸附势能散点图，分别如图 8-4(a)和(b)所示，吸附势能曲线的最低点即为势阱，对吸附势能散点图采用 Poly 函数拟合，同时采用 Origin 软件中的取峰值点功能，即可获得吸附甲烷和水在煤孔隙表面的吸附势阱，其吸附势阱分别约为 12.370 67 kJ/mol 及 21.014 82 kJ/mol，煤孔隙表面对水分子的吸附势阱大于对甲烷分子的吸附势阱，对水分子的吸附势阱的距离(0.316 8 nm)小于对甲烷分子的吸附势阱距离(0.322 46 nm)，说明煤分子更容易吸附水分子。

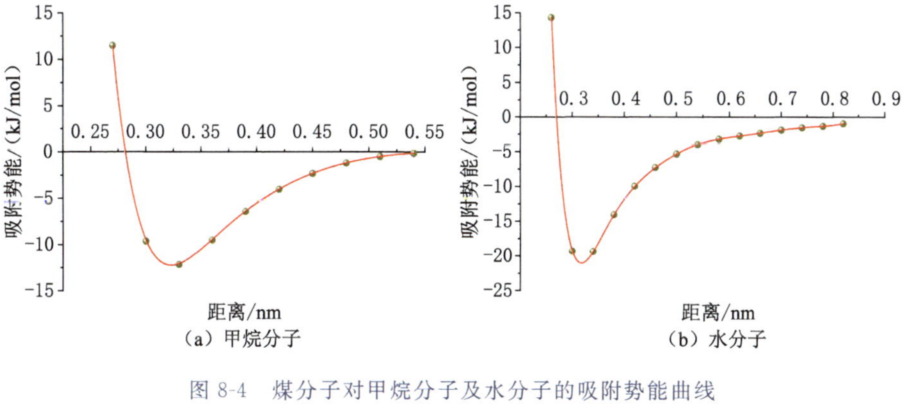

图 8-4　煤分子对甲烷分子及水分子的吸附势能曲线

由吸附平衡压力 1.5 MPa、受载应力 0 MPa[图 8-1(a)]的实验结果可知，当加水方式为定量加水(3%、5%、7%及 9%)及充分供水时，随着渗吸的进行，置换量逐渐增加，经历2 700 min后，置换量分别达到1.024 33 mL/g、1.904 05 mL/g、2.383 86 mL/g、2.861 7 mL/g、3.272 01 mL/g；由吸附平衡压力1.5 MPa、受载应力15 MPa[图 8-1(b)]的实验结果可知，当加水方式为定量加水(3%、5%、7%及 9%)及充分供水时，随着渗吸的进行，置换量逐渐增加，经历2 700 min后，置换量分别达到1.578 36 mL/g、2.761 59 mL/g、3.416 68 mL/g、3.769 82 mL/g、3.950 32 mL/g；由吸附平衡压力2.5 MPa、受载应力 0 MPa[图 8-1(c)]的实验结果可知，当加水方式为定量加水(3%、5%、7%及 9%)及充分供水时，随着渗吸的进行，置换量逐渐增加，经历2 700 min后，置换量分别达到1.148 17 mL/g、2.233 68 mL/g、2.863 76 mL/g、3.326 98 mL/g、3.775 37 mL/g；由吸附平衡压力2.5 MPa、受载应力 15 MPa[图 8-1(d)]的实验结果可知，当加水方式为定量加水(3%、5%、7%及 9%)及充分供水时，随着渗吸的进行，置换量逐渐增加，经历2 700 min后，置换量分别达到1.773 68 mL/g、2.858 99 mL/g、3.621 25 mL/g、4.200 9 mL/g、4.392 38 mL/g。

同一吸附平衡压力、同一受载应力条件下，置换量随外加水分量的增加而增加，在渗吸的初期阶段，各外加水分条件下的置换量差别不大；随着渗吸时间的增加，差别逐渐变得明显，外加水分越多，置换量越大；在渗吸的初期阶段，实验煤样部分孔隙内有较足量的水供应，因此在渗吸的初期阶段，置换量差别不明显；随着时间的增加，外加水分越多，可被吸附的水分子越多，其能够吸附的位置越多，孔隙内的含水饱和度也越高，因此置换量越大。

同一吸附平衡压力、同一受载应力条件下，外加水分的量越小，解吸曲线在渗吸的后期阶段呈现的“台阶效应”越明显。原因如下：① 当煤样罐内的压力大于吸附平衡压力 0.01 MPa 时，解吸气动阀自动关闭，如果阀门被打开，需耗费一定的时间产生游离瓦斯直至罐内的压力大于吸附平衡压力 0.01 MPa；② 相比于外加水分量大的，外加水分越少，如果使罐内产生一定量的游离瓦斯(即置换的瓦斯量达到解吸阀门被打开的条件)，水分需要在等效物理模型结构中水平毛细管内运移的距离越远，其消耗的时间越长，因此解吸曲线在渗吸的后期阶段“台阶效应”表现得较为明显。

同一吸附平衡压力、同一受载应力条件下，置换量随着时间的增加而增加，增加的梯度逐渐减小。因为渗吸高度增加的速率逐渐减小，煤体湿润高度的增加梯度逐渐减小。由图 8-1 可知，外加水分在煤体内渗吸非常缓慢，当渗吸时间经历约 46 h，渗吸仍未达到平衡，由于实验周期的限制，在本书的研究中并未测试出渗吸平衡时最终的置换量。由于煤样孔隙率的限制，煤样均存在一个极限吸水率，因此在一定的范围内，提高外加水分的百分比有助于提高毛细渗吸过程中瓦斯的置换量。

由以上分析可知，煤层注水过程中，注水阀门的持续打开，即充分供水的方式有助于提高渗吸过程中瓦斯的置换量，从而降低煤层瓦斯含量。

8.1.2　加水方式对渗吸过程中置换瓦斯率的影响规律研究

置换瓦斯率（以下简称“置换率”）可以用来评价不同渗吸条件下、不同时刻的渗吸强度。基于此，本小节引出置换率的概念，置换率可由式(8-3)表示。

$$R_t = Q_t \times 100\% / Q_x \tag{8-3}$$

式中　R_t——t 时刻单位质量煤样的累积置换率，%；

Q_t——t 时刻单位质量煤样的累积置换量，mL/g；

Q_x——单位质量煤样的吸附瓦斯量，mL/g。

将图 8-1 中不同受载应力（0 MPa、15 MPa）、不同吸附平衡压力（1.5 MPa、2.5 MPa）、定量加水（3%、5%、7%及 9%）及充分供水条件下置换量及不同吸附平衡压力（1.5 MPa、2.5 MPa）及不同受载应力（0 MPa、15 MPa）条件下煤样对瓦斯的吸附量代入式(8-3)即可得到定量加水及充分供水条件下渗吸过程中置换率随时间的变化曲线，如图 8-5 所示。

通过对图 8-5 中测试数据分析，可以得到加水方式对渗吸过程中置换瓦斯率的影响，具有如下规律：

① 由吸附平衡压力 1.5 MPa、受载应力 0 MPa[图 8-5(a)]的实验结果可知，当加水方式为定量加水（3%、5%、7%及 9%）及充分供水时，随着渗吸的进行，瓦斯置换率逐渐增加，经历 2 700 min 后，瓦斯的置换率分别达到 6.379%、12.527%、15.685%、18.838%、21.526%。由吸附平衡压力 1.5 MPa、受载应力 15 MPa[图 8-5(b)]的实验结果可知，当加水方式为定量加水（3%、5%、7%及 9%）及充分供水时，随着渗吸的进行，置换瓦斯率逐渐增加，经历 2 700 min 后，瓦斯的置换率分别达到 10.347%、18.037%、22.397%、24.712%、25.895%。由吸附平衡压力 2.5 MPa、受载应力 0 MPa[图 8-5(c)]的实验结果可知，当加水方式为定量加水（3%、5%、7%及 9%）及充分供水时，随着渗吸的进行，置换率逐渐增加，经历 2 700 min 后，置换率分别达到 5.879%、11.437%、14.663%、17.035%、19.331%；由吸附平衡压力 2.5 MPa、受载应力 15 MPa[图 8-5(d)]的实验结果可知，当加水方式为定量加水（3%、5%、7%及 9%）及充分供水时，随着渗吸的进行，置换率逐渐增加，经历 2 700 min 后，置换率分别达到 9.214%、14.852%、18.812%、21.823%、22.818%。

② 同一吸附平衡压力、同一受载应力条件下，置换率曲线增加的速率逐渐减小。原因如下：同一吸附平衡压力、同一受载应力条件下，煤对瓦斯的吸附量是定值，渗吸高度增加的速率逐渐减小，煤体湿润范围增加的梯度逐渐减小，置

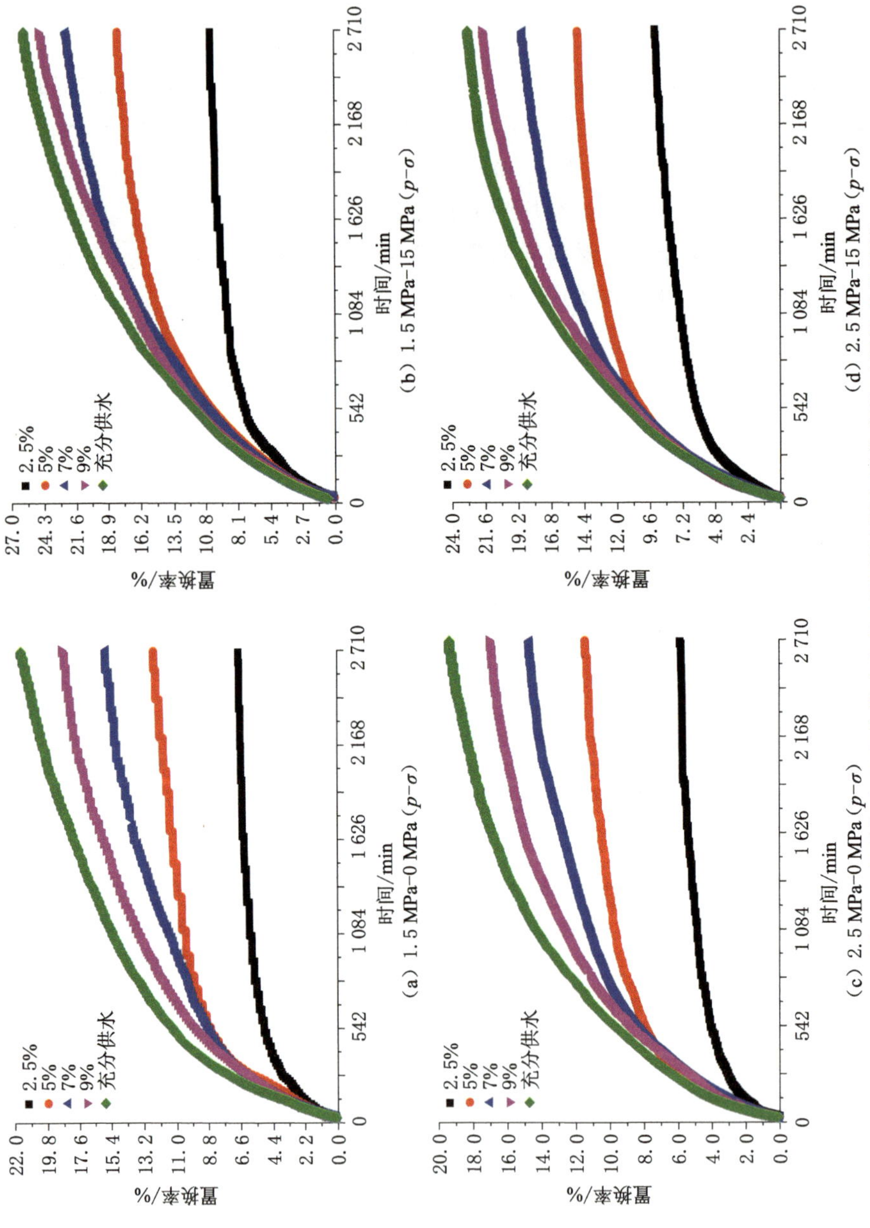

图8-5 定量加水及充分供水条件下渗吸过程中置换率随时间的变化规律

换量的增加速度逐渐减小，因此累积置换率随时间的增加速率逐渐减小。

③ 同一吸附平衡压力、同一受载应力条件下，置换率随外加水分量的增加而增加，在渗吸的初期阶段，各外加水分条件下置换率差别不大。因为在初期阶段瓦斯置换量差别不大；随着渗吸时间的增加，差别逐渐变得明显，外加水分越多，置换率越大；在渗吸的初期阶段，实验煤样部分孔隙内有较足量的水供应，因此在渗吸的初期阶段，置换率差别不明显；随着时间的增加，外加水分越多，可被吸附的水分子越多，孔隙内的含水饱和度越高，置换瓦斯量越大，因此瓦斯置换率差别变的明显。

④ 由图 8-5 可知，外加水分在煤体内渗吸非常缓慢，渗吸时间经历约 46 h，渗吸仍未达到平衡，由于实验周期的限制，本书的研究中并未测试出渗吸平衡时最终的置换量，因此也未得出渗吸平衡时最终的置换率。由于煤样孔隙率的限制，煤样均存在一个极限吸水率，因此在一定的范围内，提高外加水分的百分比有助于提高毛细渗吸过程中的置换率，即充分供水的方式有助于提高毛细渗吸过程中瓦斯的置换率。综合分析定量加水及充分供水对含瓦斯煤渗吸的影响，充分供水有助于提高毛细渗吸过程中瓦斯的置换量及置换率。

煤层注水过程中，注水阀门的持续打开，即充分供水的方式有助于提高渗吸过程中瓦斯的置换量及置换率，从而有效地降低煤层瓦斯含量。

8.2　受载含瓦斯煤充分供水条件下渗吸过程置换瓦斯效应及影响机理

前已分析充分供水的方式有助于提高渗吸效果，同时结合现场煤层注水的实施工艺流程，本节主要对充分供水条件下、不同受载应力(0 MPa、5 MPa、10 MPa 及 15 MPa)及不同的吸附平衡压力(0.74 MPa、1.5 MPa、2.5 MPa)条件下置换瓦斯的效应进行研究，以明晰受载应力、吸附平衡压力对渗吸过程置换瓦斯的效应影响机理。

8.2.1　吸附平衡压力对渗吸过程中置换量的影响规律

瓦斯压力在煤体渗吸中扮演重要的角色，煤层瓦斯压力的大小与煤层静压注水的效果紧密相关。为弄清瓦斯压力在渗吸中发挥的作用及其影响效果，本节测试了充分供水条件下，吸附平衡压力为 0.74 MPa、1.5 MPa 及 2.5 MPa，受载应力为 0 MPa、5 MPa、10 MPa 及 15 MPa 渗吸过程中的置换量，测试结果如图 8-6 所示。

通过对图 8-6 测试数据的分析，可以得到吸附平衡压力对渗吸过程中置换瓦斯量的影响，具有如下规律：

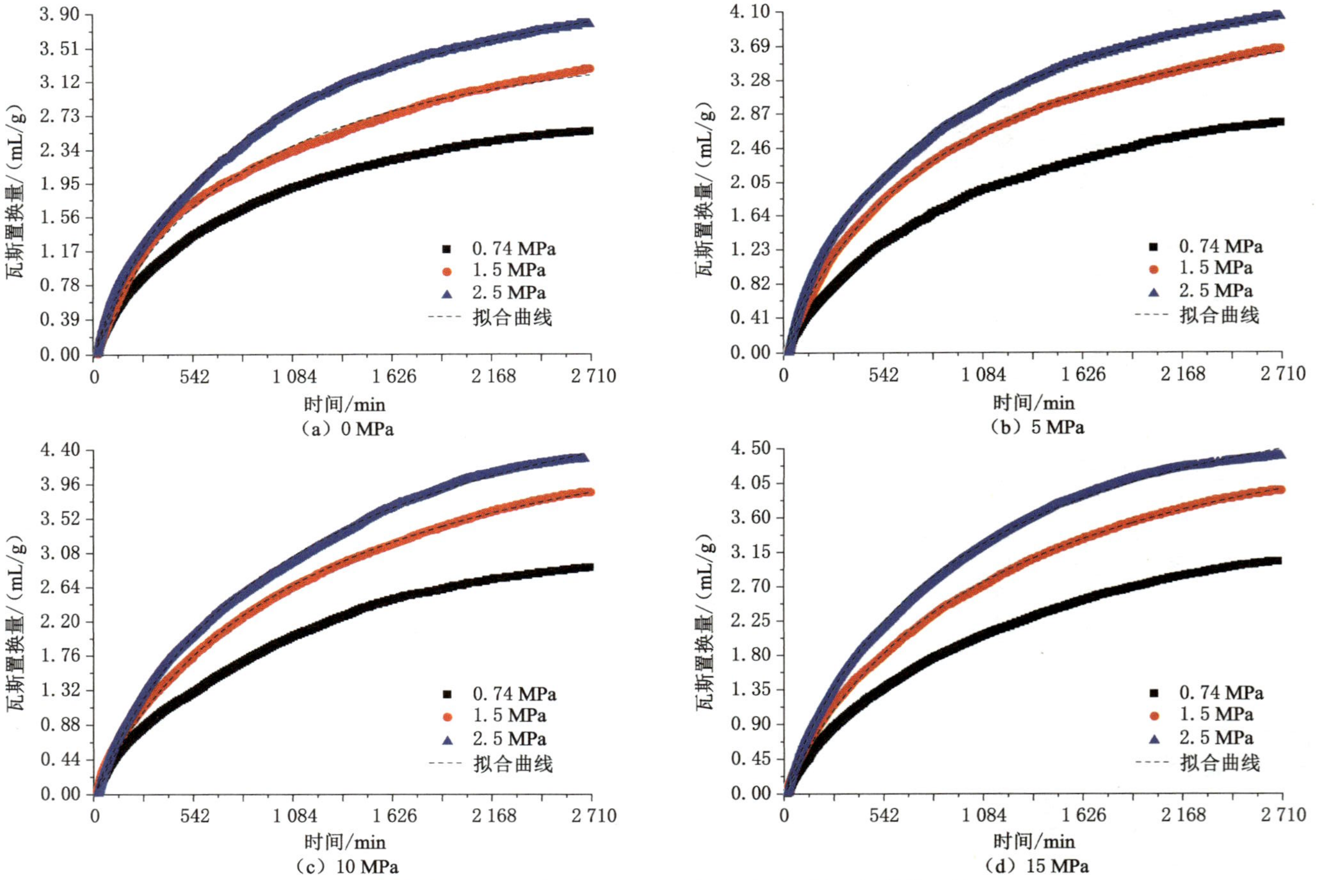

图8-6　不同吸附平衡压力条件下置换量随时间的变化规律

① 由图 8-6 可知，对于给定的受载应力（0 MPa、5 MPa、10 MPa 或15 MPa）和吸附平衡压力（0.74 MPa、1.5 MPa 或 2.5 MPa），置换量随着渗吸时间的增加而缓慢增加，增加的梯度逐渐减小。通过分析置换瓦斯量与渗吸时间散点曲线的形状，发现置换量与渗吸时间可以采用 Langmuir 函数关系进行表示，如式(8-4)所示。式(8-4)中的参数（Q_∞，B_1）见表 8-4，当渗吸时间 $t\to\infty$时，式(8-4)具有极限值 Q_∞，极限值 Q_∞ 表示最大置换量。

$$Q_t = Q_\infty B_1 t/(1+B_1 t) \tag{8-4}$$

式中　Q_∞、B_1——拟合参数；

　　t——渗吸时间。

表 8-4　不同吸附平衡压力下渗吸置换瓦斯量与时间关系拟合结果

受载应力/MPa	平衡压力/MPa	拟合参数		拟合度
		Q_∞/(mL/g)	B_1	R^2
0	0.74	3.316 89	0.001 26	0.999 36
	1.5	4.141 22	0.001 26	0.995 60
	2.5	4.990 10	0.001 18	0.998 66
5	0.74	3.857 66	0.000 94	0.999 69
	1.5	4.778 40	0.001 14	0.999 40
	2.5	5.197 16	0.001 27	0.998 59
10	0.74	4.191 42	0.008 60	0.997 90
	1.5	5.491 08	0.008 70	0.998 68
	2.5	6.131 09	0.009 10	0.998 40
15	0.74	4.386 12	0.008 40	0.999 07
	1.5	5.627 16	0.008 90	0.998 91
	2.5	6.016 82	0.001 09	0.998 92

② 由受载应力 0 MPa 实验煤样的实验结果可知，当吸附平衡压力分别为 0.74 MPa、1.5 MPa 及2.5 MPa 时，随着渗吸的进行，累积置换量逐渐增加，经历 2 700 min 后，置换量分别达到2.551 5 mL/g、3.272 01 mL/g 及3.775 37 mL/g；由受载应力 5 MPa 实验煤样的实验结果可知，当吸附平衡压力分别为 0.74 MPa、1.5 MPa 及2.5 MPa 时，随着渗吸的进行，累积置换量逐渐增加，经历 2 700 min 后，置换量分别达到2.756 8 mL/g、3.650 42 mL/g 及4.029 46 mL/g；由受载应力 10 MPa 实验煤样的实验结果可知，当吸附平衡压力分别为 0.74 MPa、1.5 MPa 及2.5 MPa 时，随着渗吸的进行，累积置换量逐渐增加，经历

2 700 min 后，置换量分别达到2.898 42 mL/g、3.855 82 mL/g 及4.278 9 mL/g；由受载应力 15 MPa 实验煤样的实验结果可知，当吸附平衡压力分别为 0.74 MPa、1.5 MPa 及2.5 MPa 时，随着渗吸的进行，累积置换量逐渐增加，经历 2 700 min 后，置换量分别达到3.028 67 mL/g、3.950 32 mL/g 及4.392 38 mL/g；由同一受载应力（0 MPa、5 MPa、10 MPa 或 15 MPa）、不同吸附平衡压力（0.74 MPa、1.5 MPa 或2.5 MPa）实验煤样的实验结果可知，累积置换量呈现出随吸附平衡压力的增加而增加的趋势。

③ 同一受载应力条件下，渗吸过程中，累积置换量呈现出随吸附平衡压力的增加而增加的趋势，其主要原因如下：

a. 被水驱替的瓦斯主要用来填充水分被自发吸入煤样前所占据的体积（图 8-7），被置换的大部分瓦斯通过解吸仪逸出煤样罐。

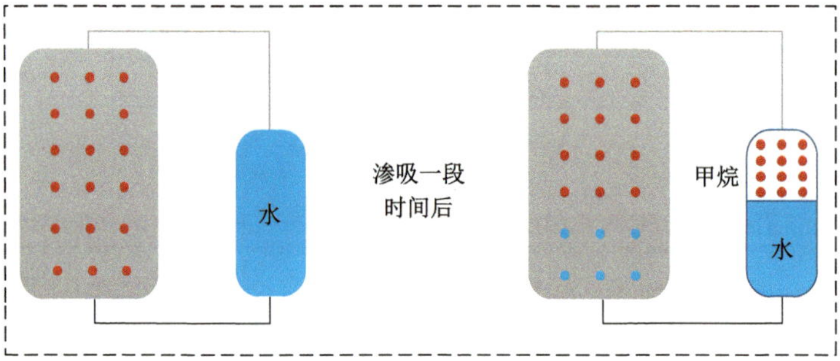

图 8-7　被驱替的瓦斯填充活塞示意图

b. 实验煤样的吸附量随着吸附平衡压力的增加而增加，增加的梯度逐渐减小，吸附平衡压力大的实验煤样吸附相浓度大，一个水分子在相同的空间内可以置换更多的甲烷分子。

c. 吸附平衡压力越大，渗吸高度上升得越快，其对水平毛细管湿润的层数多，但其湿润的长度小，吸附相密度、毛细管湿润的层数及湿润的长度共同决定着不同吸附平衡压力条件下瓦斯的置换量。

8.2.2　吸附平衡压力对渗吸过程中置换率的影响规律

孔隙压力影响着煤体毛细渗吸的效果，为了定量得出孔隙压力对受载煤的渗吸效果影响规律，将同一受载应力（0 MPa、5 MPa、10 MPa 及 15 MPa）、不同吸附平衡压力（0.74 MPa、1.5 MPa 及 2.5 MPa）条件下的瓦斯置换率进行对比，如图 8-8(a)～(d)所示。

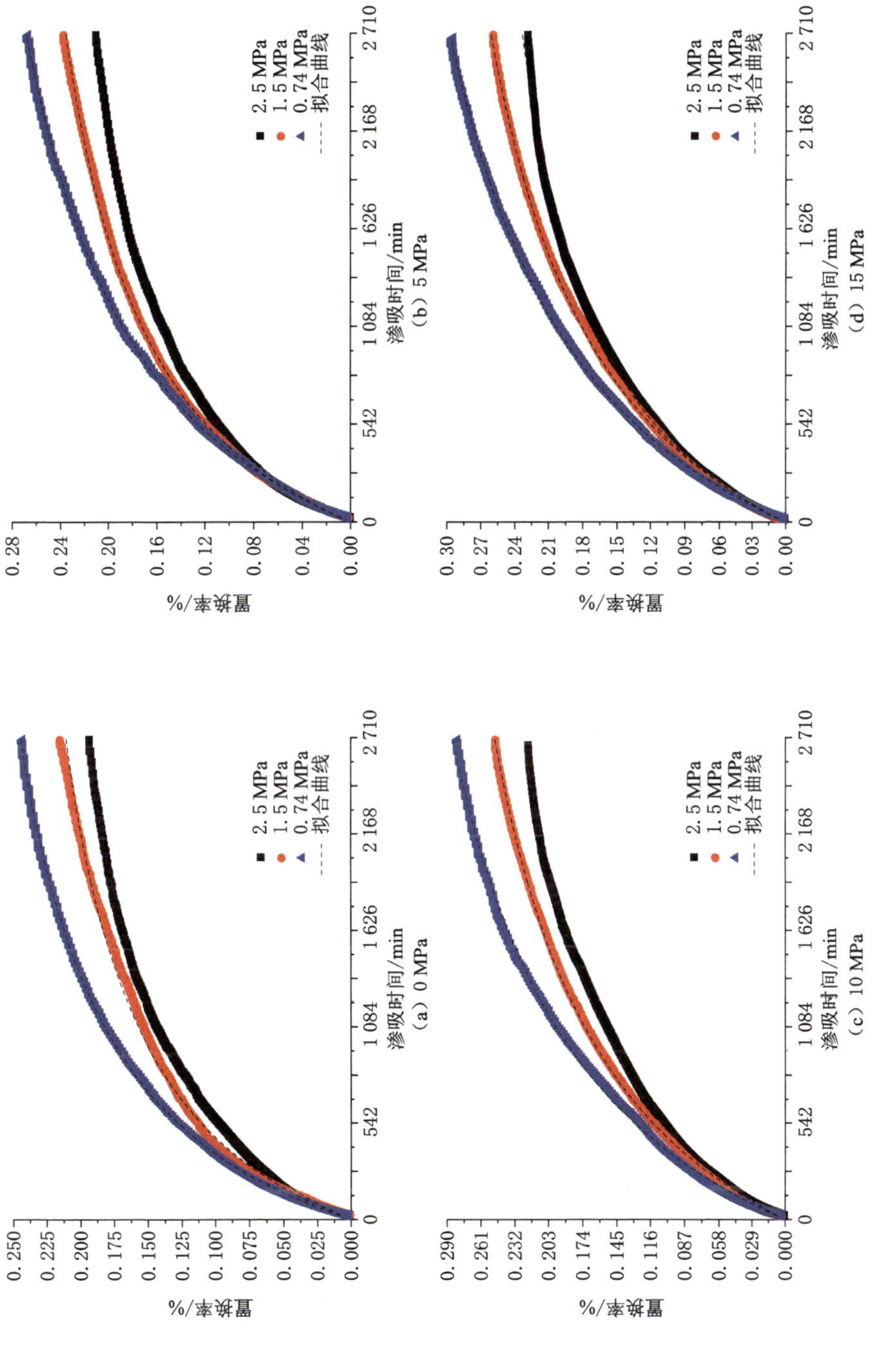

图8-8　不同吸附平衡压力条件下瓦斯置换率随时间变化规律

通过对图 8-8 中测试数据的分析，可以得到吸附平衡压力对渗吸过程中置换瓦斯率的影响，具有如下规律：

① 由图 8-8 可知，对于给定的受载应力（0 MPa、5 MPa、10 MPa 或15 MPa）及吸附平衡压力（0.74 MPa、1.5 MPa 及 2.5 MPa）置换率随渗吸时间的增加而增加，增加的梯度逐渐减小。通过分析置换瓦斯率与渗吸时间散点曲线的形状，发现置换瓦斯率与渗吸时间也可以采用 Langmuir 函数关系进行表示，如式（8-5）所示。式（8-5）中的参数（R_∞，B_2）见表 8-5，当渗吸时间 $t\to\infty$时，式（8-5）具有极限值 R_∞，极限值 R_∞ 可以用来表示最大置换率。

$$R_t = R_\infty B_2 t/(1+B_2 t) \tag{8-5}$$

式中 R_t——t 时刻累积瓦斯置换率，%；

R_∞、B_2——拟合参数；

t——渗吸时间。

表 8-5 不同吸附平衡压力条件下渗吸置换瓦斯率与时间关系拟合结果

受载应力/MPa	平衡压力/MPa	拟合参数		拟合度
		R_∞	B_2	R^2
0	0.74	0.315 90	0.001 26	0.998 66
	1.5	0.272 45	0.001 26	0.995 60
	2.5	0.255 51	0.001 18	0.999 36
5	0.74	0.372 72	0.000 90	0.998 59
	1.5	0.310 28	0.001 14	0.999 40
	2.5	0.270 69	0.001 27	0.999 69
10	0.74	0.406 94	0.000 86	0.998 40
	1.5	0.354 27	0.000 87	0.998 68
	2.5	0.310 64	0.000 91	0.997 90
15	0.74	0.427 90	0.001 09	0.998 92
	1.5	0.368 87	0.000 89	0.998 91
	2.5	0.312 56	0.001 09	0.999 07

② 由受载应力 0 MPa[图 8-8(a)]实验煤样的实验结果可知，当吸附平衡压力分别为 0.74 MPa、1.5 MPa 及 2.5 MPa 时，随着渗吸的进行，累积置换率逐渐增加，经历 2 700 min 后，置换率分别达到 24.3%、21.526%及 19.331%，累积置换率呈现出随吸附平衡压力的增加而减小的规律；由受载应力 5 MPa[图 8-8(b)]、10 MPa[图 8-8(c)]及 15 MPa[图 8-8(d)]的实验结果可知，累积置

换率也整体上呈现出随着吸附平衡压力的增加而减小的趋势。

③ 同一受载应力条件下渗吸过程中，累积置换率呈现出随吸附平衡压力的增加而减小的规律，原因如下：

a. 实验条件是等压渗吸，即实验过程中实验系统内的吸附平衡压力一直未改变，被驱替的游离瓦斯对湿润锋的运移速率影响不大。

b. 由于同一受载应力条件下，湿润锋的运移速率整体上呈现出随吸附平衡压力的增加而增加的趋势。根据所等效的物理结构模型，在同样的时间内，吸附平衡压力大的实验煤样，湿润水平毛细管的层数大于吸附平衡压力小的实验煤样，如果水分在水平毛细管内扩散长度相同，则瓦斯置换率随吸附平衡压力的增加而增加，然而水平毛细管中存在一端吸水一端封闭的毛细管及两端吸水的毛细管，这两种扩散方式均可导致水分在一端吸水一端封闭的毛细管及两端吸水的毛细管中憋压，从而造成水分在吸附平衡压力大的水平毛细管中扩散长度较小，在吸附平衡压力小的水平毛细管中扩散长度较大，即水平毛细管的湿润层数及水分的扩散长度同时影响着累积瓦斯置换率。

c. 由于吸附平衡压力小的试样在水平毛细管中的扩散长度大，减小了与吸附平衡压力大的实验煤样瓦斯置换量的差异，导致吸附平衡压力 2.5 MPa 条件下瓦斯的置换率小于吸附平衡压力 1.5 MPa 条件下瓦斯的置换率，吸附平衡压力 1.5 MPa 条件下瓦斯的置换率小于吸附平衡压力 0.74 MPa 条件下瓦斯的置换率。

d. 由图 8-8 实验结果分析可知，瓦斯压力的增加不利于提高瓦斯的置换率，在实际工程应用中煤层瓦斯压力低的渗吸效果将优于煤层瓦斯压力高的煤层。

8.2.3　受载应力对渗吸过程中置换瓦斯量的影响规律

受载应力影响着煤体的渗透率、孔隙半径，而这些因素与水分在煤体的毛细渗吸效果紧密相关，为明晰受载应力在含瓦斯煤体渗吸中的作用，本节测试了充分供水条件下，受载应力为 0 MPa、5 MPa、10 MPa 及 15 MPa，吸附平衡压力为 0.74 MPa、1.5 MPa 及 2.5 MPa 条件下渗吸过程中瓦斯的置换量，测试结果如图 8-9 所示。

通过对图 8-9 中的测试数据分析，可以得到受载应力对渗吸过程中累积瓦斯置换量的影响，具有如下规律：

① 由图 8-9 可知，同一吸附平衡压力条件下，累积瓦斯置换量随渗吸时间的增加而增加，增加的梯度逐渐减小。

② 由吸附平衡压力0.74 MPa[图 8-9(a)]实验煤样的实验结果可知，当受载应力分别为 0 MPa、5 MPa、10 MPa 及 15 MPa 时，随着渗吸的进行，累积置换量

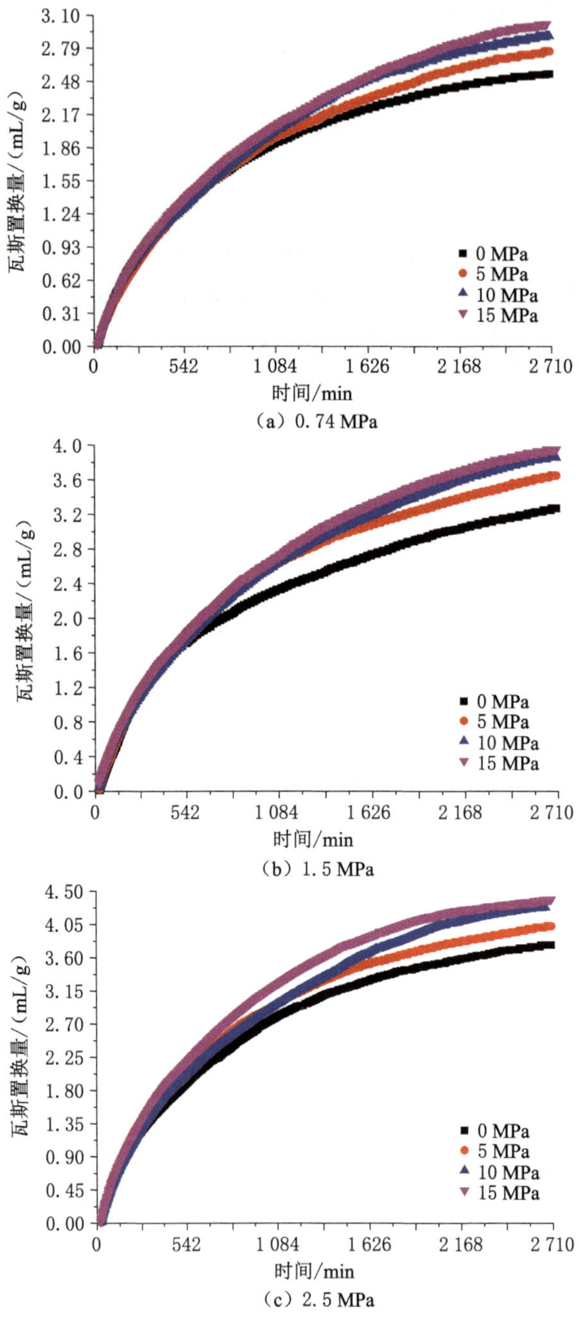

图 8-9　不同受载应力条件下累积瓦斯置换量随时间的变化规律

逐渐增加，经历2 700 min后，累积置换量分别达到2.551 5 mL/g、2.756 83 mL/g、2.898 42 mL/g、3.012 47 mL/g，累积置换量呈现出随受载应力的增加而逐渐增加的趋势；由吸附平衡压力1.5 MPa[图 8-9(b)]、2.5 MPa[图 8-9(c)]实验煤样的实验结果可知，当受载应力分别为 0 MPa、5 MPa、10 MPa 及 15 MPa，累积置换量也呈现出随受载应力的增加而逐渐增加的趋势。

③ 同一吸附平衡压力、不同受载应力条件下试样的累积置换量随时间的变化曲线整体上呈现出置换量随受载应力的增加而逐渐增加。由于渗吸高度随受载应力的增加而逐渐增加，即湿润锋的运移速率随受载应力的增加而增加；在湿润锋的推进过程中，受载应力大的试样被湿润的水平毛细管层数较多，即水分在水平毛细管中所扩散的总长度较长，在水分扩散的过程中，水分子、水分子簇与吸附态的瓦斯竞争吸附，将部分吸附态的瓦斯转变为游离态的瓦斯，因此累积瓦斯置换量随受载应力的增加而逐渐增加。

④ 由图 8-9(a)～(c)可知，在一定的加载应力范围内，增加受载应力，减小了毛细管的平均孔半径，增加了毛管力，有助于提高毛细渗吸过程中的瓦斯置换量及置换速率。

8.2.4 受载应力对渗吸过程中置换率的影响规律

将图 8-9 中不同受载应力条件下的渗吸过程中累积置换量及不同受载应力条件下煤样对瓦斯的吸附量代入式(8-3)即可得到不同受载应力条件下累积瓦斯置换率随时间的变化曲线，如图 8-10 所示。

通过对图 8-10 测试数据的分析，可以得到受载应力对渗吸过程中置换瓦斯率的影响，具有如下规律：

① 由图 8-10 可知，同一吸附平衡压力条件下，累积置换率随渗吸时间的增加而增加，增加的梯度逐渐减小。

② 由吸附平衡压力 0.74 MPa[图 8-10(a)]实验煤样的实验结果可知，当受载应力分别为 0 MPa、5 MPa、10 MPa 及 15 MPa 时，随着渗吸的进行，累积瓦斯置换率逐渐增加，经历 2 700 min 后，累积瓦斯置换率分别达到 22.818%、26.636%、28.14%、29.433%，累积瓦斯置换率随受载应力的增加逐渐增加；由吸附平衡压力 1.5 MPa[图 8-10(b)]、2.5 MPa[图 8-10(c)]实验煤样的实验结果可知，累积瓦斯置换率也呈现出随受载应力的增加而逐渐增加的规律。

③ 同一吸附平衡压力、不同受载应力条件下的试样，置换率随时间的变化曲线整体上呈现出随受载应力的增加而逐渐增加。由于煤体的渗吸高度随受载应力的增加而逐渐增加，即湿润锋的运移速率随受载应力的增加而增加，在湿润锋的推进过程中，受载应力大的试样被湿润的水平毛细管层数较多，即水分在水

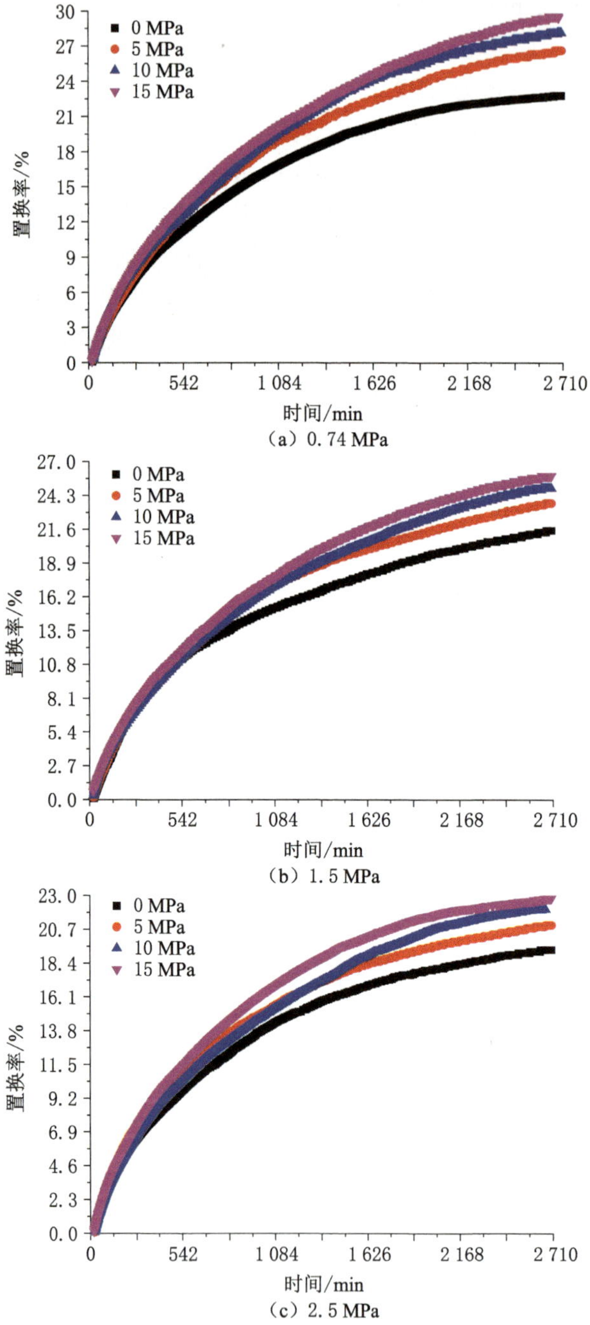

图 8-10　不同受载应力条件下累积瓦斯置换率随时间的变化规律

平毛细管中所扩散的总长度较长，在水分扩散的过程中，水分子、水分子簇与吸附态的瓦斯竞争吸附，将部分吸附态的瓦斯转变为游离态的瓦斯，累积置换量随受载应力的增加而逐渐增加。前已分析，不同受载应力条件下，煤对瓦斯的吸附量差别不大。因此，累积置换率呈现出随受载应力的增加而逐渐增加的规律。

④ 根据不同受载应力条件下累积置换量、置换率随时间的关系曲线可知(图 8-9 和图 8-10)，在一定的加载应力范围内，增加受载应力，减小了毛细管的平均孔半径，增加了毛管力，在相同的时间内，渗吸速率加快，有助于提高渗吸过程中的瓦斯置换率。

8.3 受载含瓦斯煤充分供水渗吸过程中置换效应与渗吸高度的联系

受载含瓦斯煤充分供水渗吸过程中置换瓦斯效应包括置换瓦斯量及置换瓦斯率，本节主要分析置换量、置换率与渗吸高度之间的联系。首先采用渗吸高度理论模型计算水分到达不同受载应力煤样顶部时所需的渗吸时间，计算结果见表 8-6。

表 8-6　水分到达不同受载应力煤样的顶部时所需的时间

受载应力/MPa	渗吸时间/min		
	p=0.74 MPa	p=1.5 MPa	p=2.5 MPa
0	2 637.04	2 543.81	2 505.99
5	2 488.65	2 420.29	2 356.04
10	2 410.08	2 310.93	2 208.93
15	2 331.68	2 242.29	2 113.02

将同一受载应力、不同吸附平衡压力条件下水分到达不同受载应力煤样顶部时所需的渗吸时间(表 8-6)及水分到达不同受载应力煤样前四层所需的渗吸时间联合，即可得到水分从受载煤样底部到顶部渗吸高度随时间的变化曲线(图 8-11)。同时，将其与不同受载应力(0 MPa、5 MPa、10 MPa 及 15 MPa)、同一吸附平衡压力(0.74 MPa、1.5 MPa 及 2.5 MPa)条件下所测得累积置换量绘制于同一图中进行对比分析，以获得受载含瓦斯煤渗吸过程中累积瓦斯置换量与渗吸高度之间的响应特性，如图 8-11 所示。

通过对图 8-11 中的测试数据分析，受载含瓦斯煤充分供水条件下渗吸过程中累积置换量与渗吸高度具有如下联系：

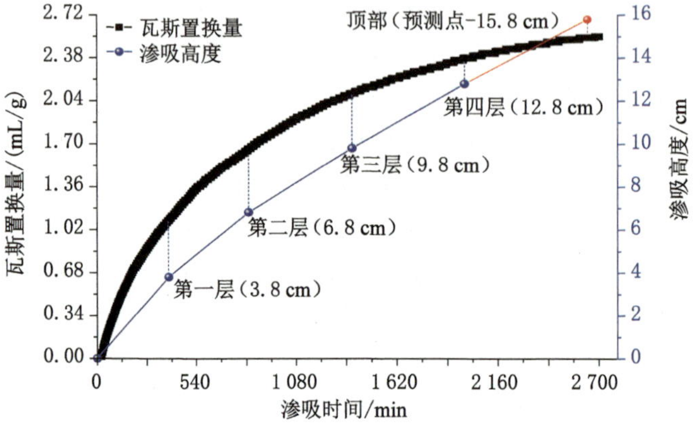

1.5 MPa

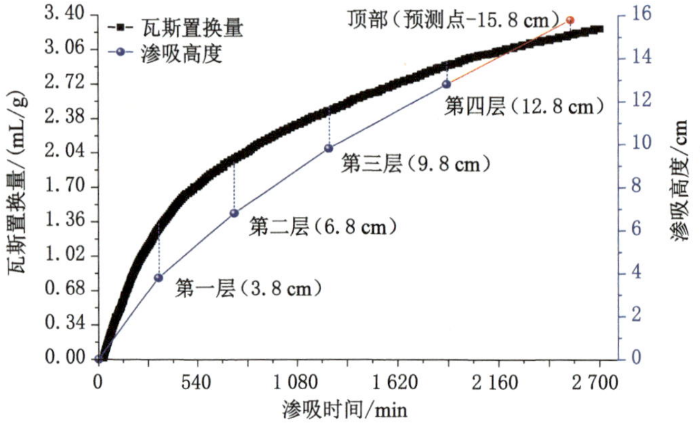

2.5 MPa

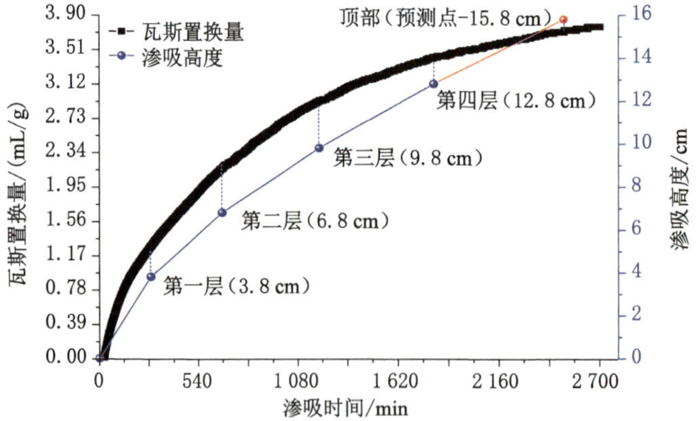

3.5 MPa

(a) 受载应力0 MPa

图 8-11　受载含瓦斯煤充分供水渗吸过程中累积瓦斯置换量与渗吸高度对比图

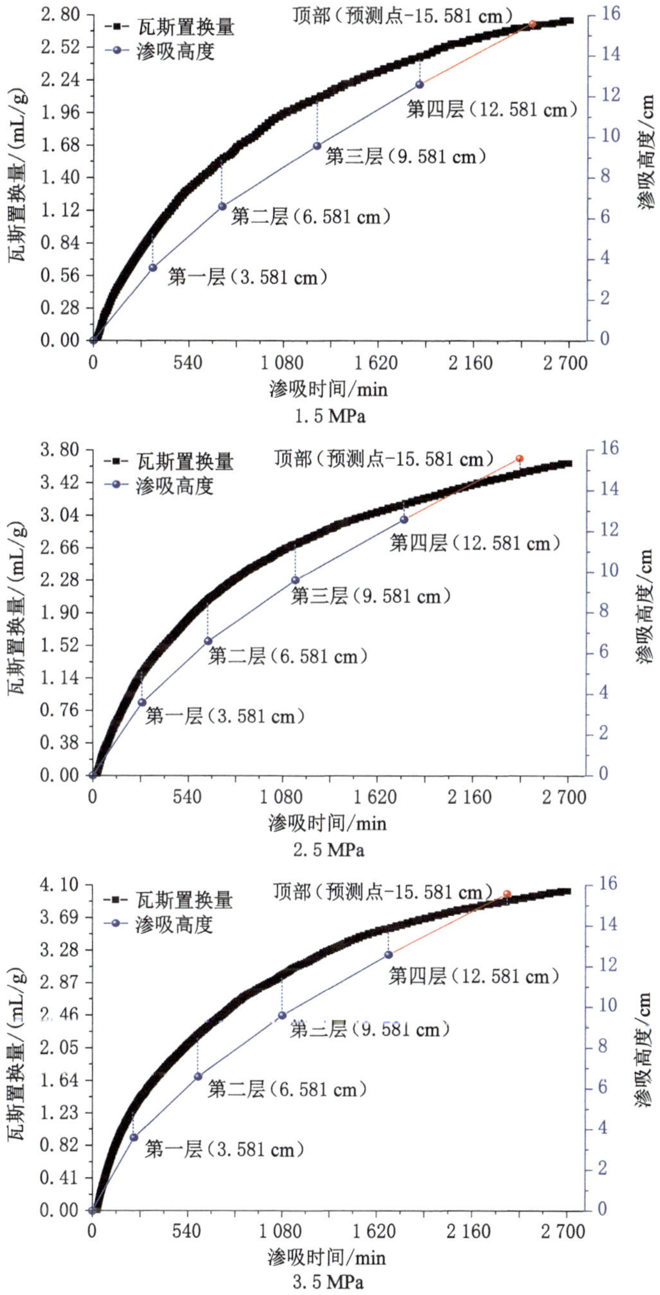

（b）受载应力5 MPa

图 8-11 （续）

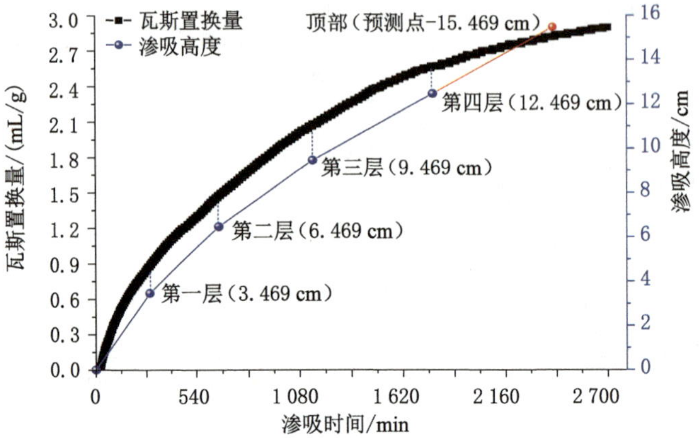

1.5 MPa

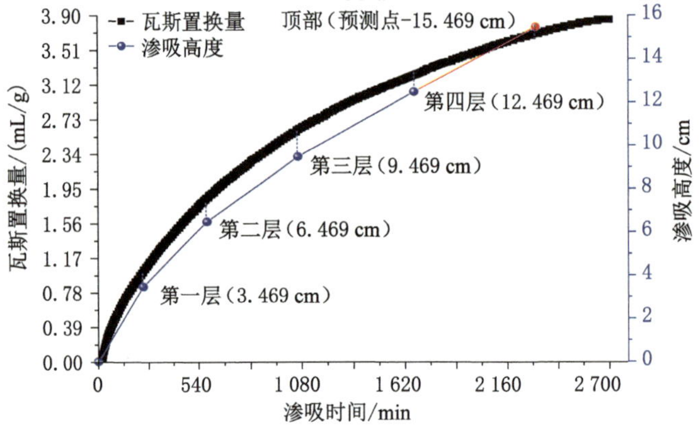

2.5 MPa

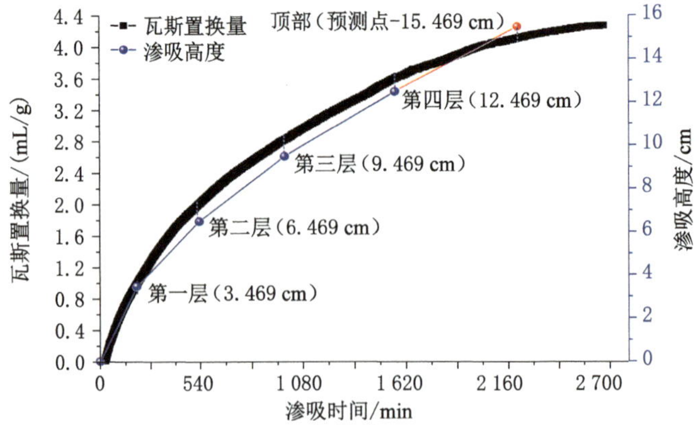

3.5 MPa

（c）受载应力10 MPa

图 8-11 （续）

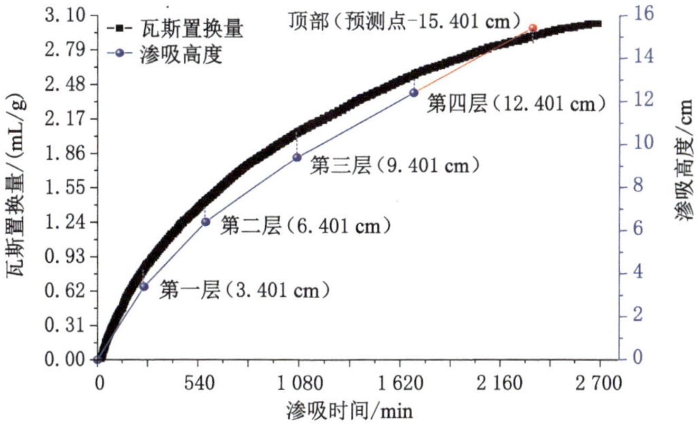

1.5 MPa

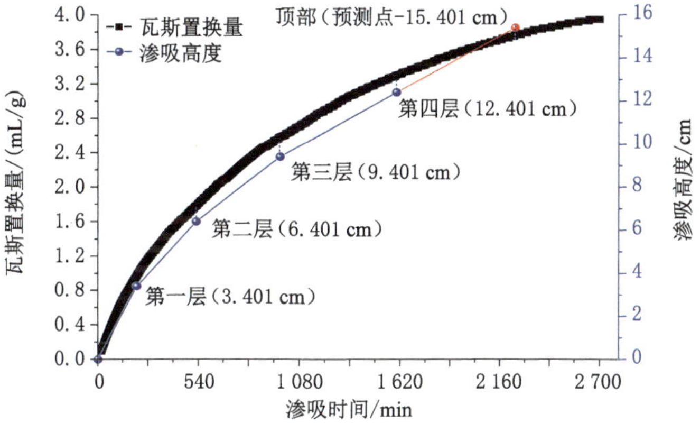

2.5 MPa

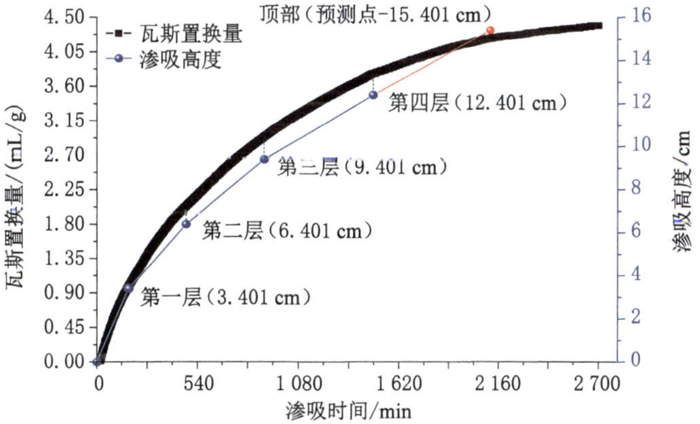

3.5 MPa

（d）受载应力15 MPa

图 8-11　（续）

① 由图 8-11(a)中受载应力 0 MPa，吸附平衡压力0.74 MPa、1.5 MPa、2.5 MPa 的实验结果可知，当水分到达实验煤样顶部时所需的时间分别约为2 637.04 min、2 543.81 min 及2 505.99 min，此时累积置换量分别约为2.542 8 mL/g、3.212 2 mL/g 及3.712 87 mL/g。

由图 8-11(b)中受载应力 5 MPa，吸附平衡压力0.74 MPa、1.5 MPa、2.5 MPa 的实验结果可知，当水分到达实验煤样顶部时所需的时间分别为2 488.65 min、2 420.29 min 及2 356.04 min，此时累积置换量分别约为2.703 29 mL/g、3.533 35 mL/g 及3.910 73 mL/g。

由图 8-11(c)中受载应力 10 MPa，吸附平衡压力0.74 MPa、1.5 MPa、2.5 MPa 的实验结果可知，当水分到达实验煤样顶部时所需的时间分别为2 410.08 min、2 310.93 min 及2 208.93 min，此时累积置换量分别约为2.817 11 mL/g、3.695 18 mL/g 及4.119 08 mL/g

由图 8-11(d)中受载应力 15 MPa，吸附平衡压力0.74 MPa、1.5 MPa、2.5 MPa 的实验结果可知，当水分到达实验煤样顶部时所需的时间分别为2 331.68 min、2 242.29 min 及2 113.02 min，此时累积置换量分别约为2.913 46 mL/g、3.770 53 mL/g 及4.224 86 mL/g。

由图 8-11(a)～(d)可知，受载应力分别为 0 MPa、5 MPa、10 MPa 及15 MPa，当水分到达实验煤样顶部时实验煤样仍在继续渗吸。

② 采用微分的思想分析水分到达实验煤样顶部时实验煤样仍在继续渗吸的原因，原因如下：由等效的物理结构分析，当水分达到实验煤样顶部时，各微小单元层内的水平毛细管扩散没有达到相对平衡[图 8-12(a)]，从底部到上部，水分的含量逐渐减小，呈现出下部含水率大、上部含水率小的现象；随着渗吸时间的增加，水平毛细管内的水分含量继续增加[图 8-12(b)]，水分与甲烷继续发生竞争吸附，继而产生置换瓦斯效应，造成置换量继续增加，当水平毛细管内水分达到相对平衡时渗吸终止，达到渗吸平衡所需要的时间极长，由于实验周期的限制，所以本书未测得渗吸终止时所需的渗吸时间及置换量。

③ 本书受测试技术的限制，无法获得受载含瓦斯煤各时间点、煤样各高度处的含水率、吸水质量与时间的关系，但通过上述分析可知，沿煤样的轴向高度，水分含量在煤体内先逐渐增加，当水分达到顶部时，受载试样继续吸水逐渐饱和。基于图 8-12 分析可以获得水分达到实验煤样顶部前、顶部后各高度及各时刻的含水率示意图[图 8-13]，$t_1 \sim t_6$时间区间代表水分到达顶部前，水分湿润的高度逐渐增加，同时在水分湿润的范围，含水率也逐渐增加；$t_6 \sim t_8$时间区间代表水分到达顶部后，各高度的含水率逐渐增加，沿轴向高度的含水率曲线逐渐趋于平缓，该现象与 Yue 等(2019)、Parlange 等(1984)研究结果具有一致性。

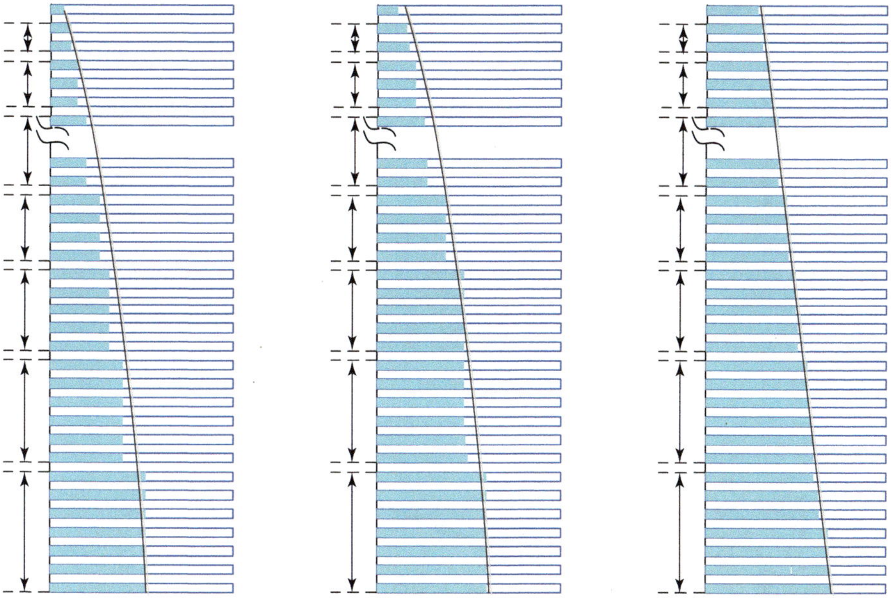

(a) 水分到达顶部时的剖面图　　(b) 水分到达顶部时继续渗吸的剖面图　　(c) 水分达到相对平衡时的剖面图

图 8-12　水分达到实验煤样顶部时及顶部后的剖面图

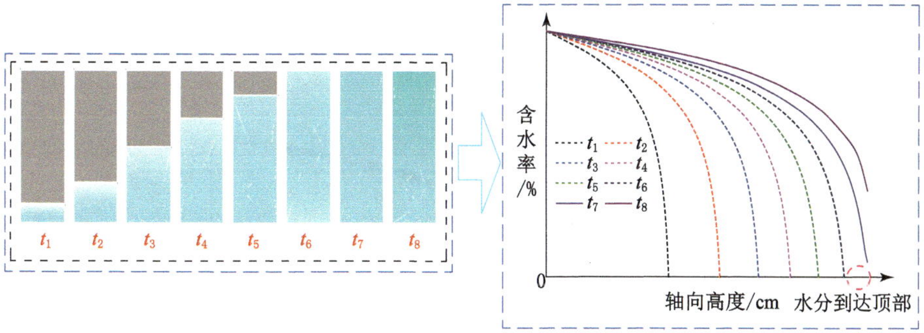

图 8-13　水分到达煤样顶部前、顶部后不同高度、不同时刻的含水率示意图

同理，将同一受载应力、不同吸附平衡压力条件下水分到达不同受载应力煤样顶部时所需的渗吸时间(表 8-6)及水分到达不同受载应力煤样前四层所需的渗吸时间联合，即可得到水分从受载煤样底部到顶部渗吸高度随时间的变化曲线，将其与不同受载应力、同一吸附平衡压力条件下所测得的置换率绘制于同一图中进行对比分析，以获得受载含瓦斯煤充分供水渗吸过程中置换率与渗吸高度之间的响应特性，如图 8-14 所示。

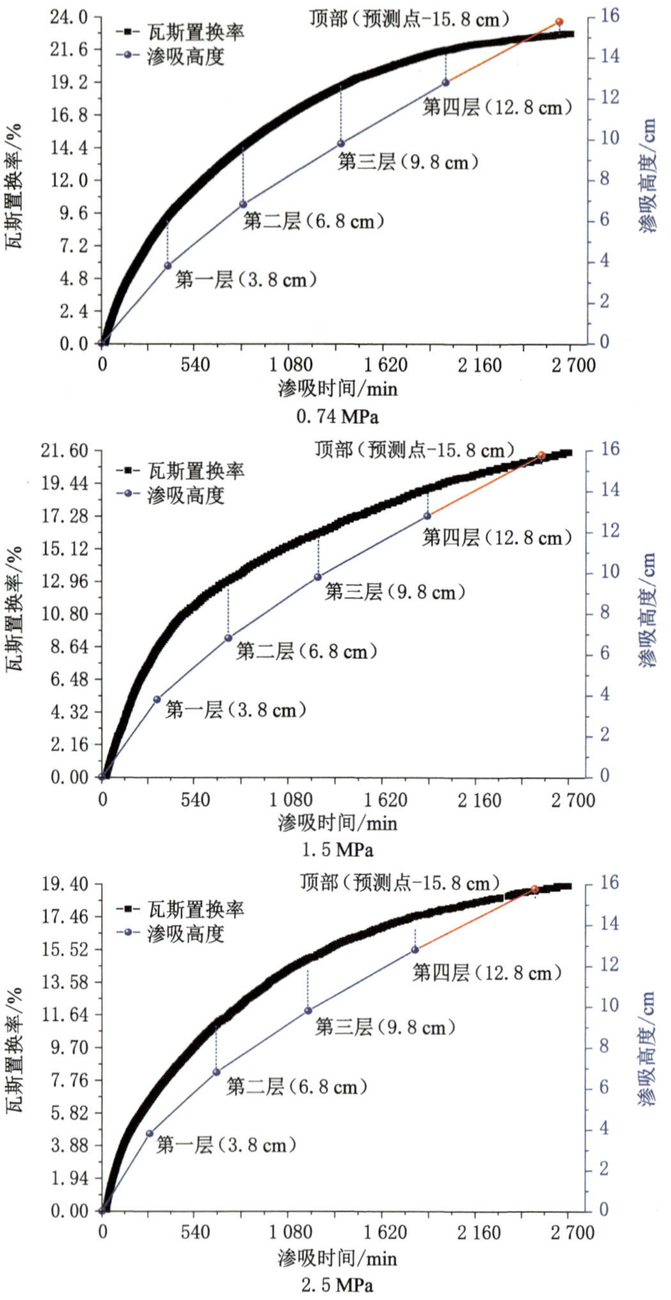

图 8-14 受载含瓦斯煤充分供水渗吸过程中置换率与渗吸高度对比图

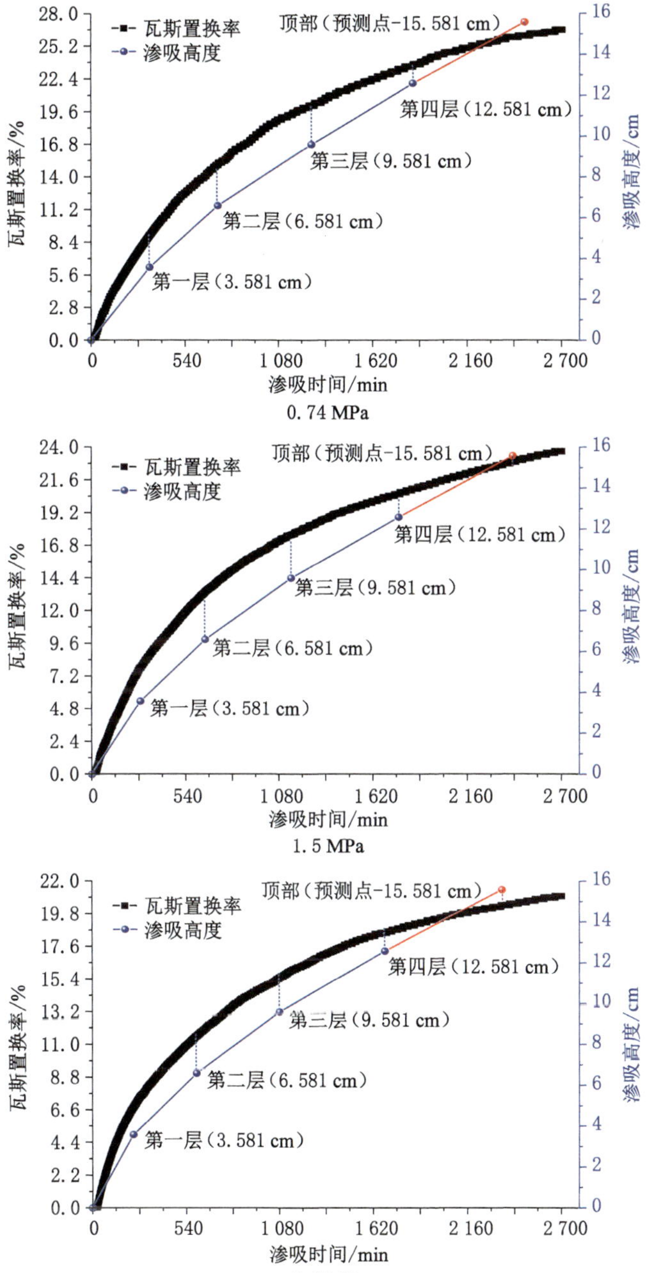

（b）受载应力5 MPa

图 8-14 （续）

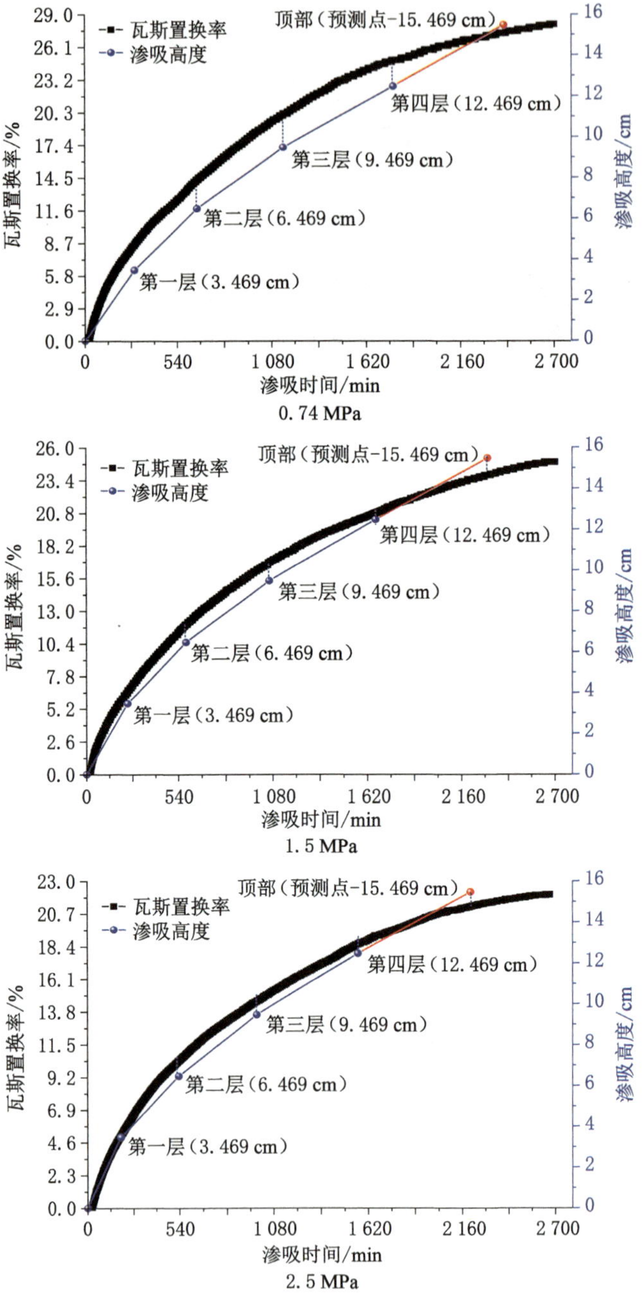

（c）受载应力10 MPa

图 8-14 （续）

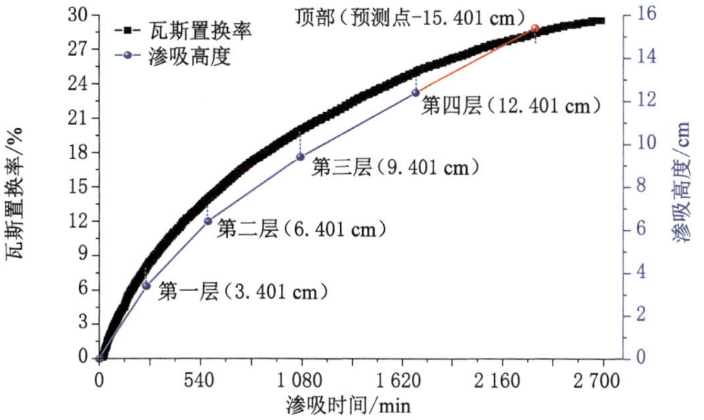

0.74 MPa

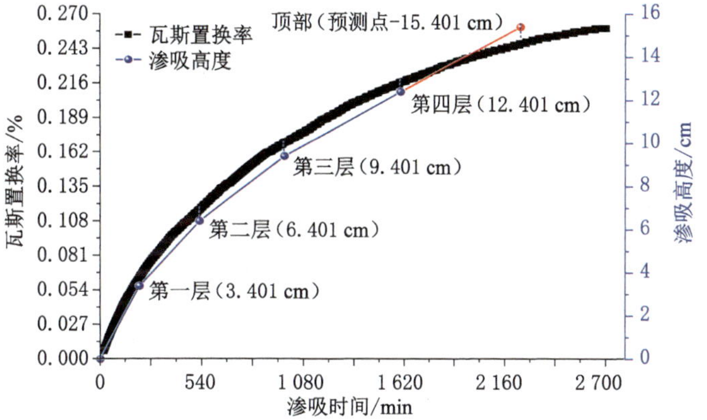

1.5 MPa

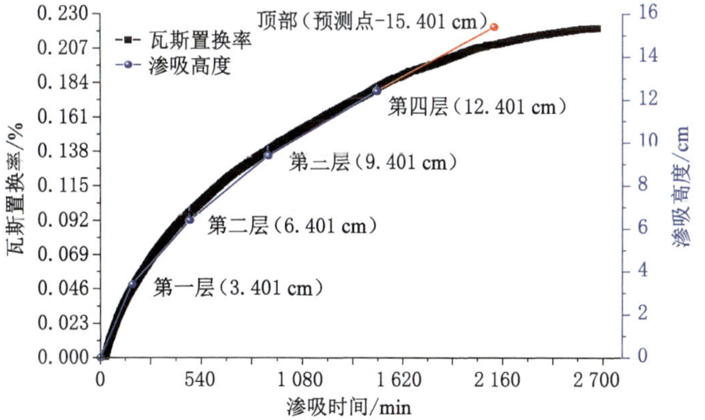

2.5 MPa

（d）受载应力15 MPa

图 8-14　（续）

通过对图 8-14 测试数据的分析，可以得到受载含瓦斯煤充分供水渗吸过程中置换率与渗吸高度的联系如下：

① 由图 8-14(a)中受载应力 0 MPa，吸附平衡压力0.74 MPa、1.5 MPa、2.5 MPa 的实验结果可知，当水分到达实验煤样顶部时所需的时间分别约为 2 637.04 min、2 543.81 min 及 2 505.99 min，此时累积置换率分别约为 22.757%、21.133%及19.011%。

② 由图 8-14(b)中受载应力 5 MPa，吸附平衡压力0.74 MPa、1.5 MPa、2.5 MPa 的实验结果可知，当水分到达实验煤样顶部时所需的时间分别为2 488.65 min、2 420.29 min 及 2 356.04 min，此时累积置换率分别约为 26.119%、22.943%及20.368%。

③ 由图 8-14(c)中受载应力 10 MPa，吸附平衡压力0.74 MPa、1.5 MPa、2.5 MPa 的实验结果可知，当水分到达实验煤样顶部时所需的时间分别为2 410.08 min、2 310.93 min 及2 208.93 min，此时累积置换率分别约为27.351%、23.84%及21.233%。

④ 由图 8-14(d)中受载应力 15 MPa，吸附平衡压力0.74 MPa、1.5 MPa、2.5 MPa 的实验结果可知，当水分到达实验煤样顶部时所需的时间分别为2 331.68 min、2 242.29 min 及 2 113.02 min，此时累积置换率分别约为 28.424%、24.717%及20.966%。

由图 8-11(a)～(d)可知，当受载应力分别为 0 MPa、5 MPa、10 MPa 及 15 MPa 时，当水分到达实验煤样顶部时实验煤样仍在继续渗吸，瓦斯的置换量仍在增加，因此图 8-14(a)～(d)中累积瓦斯置换率仍在继续增加。

8.4 受载含瓦斯煤渗吸效应的无因次化处理及归一化模型

无因次化处理指将有单位的量转化为无单位的量，实验室内的渗吸实验结果具有实用意义，可以通过无因次渗吸时间转化关系预测井下煤层或其他尺寸煤体的渗吸效果(开发效果)，即把实验室内的渗吸结果刻划到井下条件或其他尺寸煤体。为了更好地反映渗吸的特征，本节引出渗吸相对置换程度，如式(8-6)所示，它表示将渗吸置换率进行无因次化处理。

$$R_r = R_t / R_\infty \tag{8-6}$$

式中 R_r——相对置换程度；

R_t——t 时刻时渗吸的置换率，%。

R_∞——时间 t 趋向于∞时渗吸的置换率，%。

受载煤样渗吸无因次时间模型按照式(8-7)进行计算。

$$t_D=\frac{t\sigma\sqrt{K/\varphi}}{\sqrt{\mu_g\mu_w}L_c^2} \tag{8-7}$$

式中　t——实际的渗吸时间，s；

μ_g——甲烷的黏度，Ps·s；

μ_w——水的黏度，Ps·s；

K——受载试样的渗透率，m^2；

L_c——受载试样的高度，m。

将表 8-5 中 R_∞(时间 t 趋向于∞时渗吸的置换率)及图 8-8 中不同受载应力、不同吸附平衡压力、不同时刻的置换率代入式(8-6)中，即可获得不同受载应力、不同吸附平衡压力、不同时刻条件下受载含瓦斯煤的相对置换程度，同时将渗吸时间(t)、表面张力(σ)、甲烷的黏度(μ_g)、水的黏度(μ_w)、受载试样的渗透率(K)、受载试样的高度(L_c)代入式(8-7)即可获得无因次时间，将无因次时间、与无因次时间相对应的相对置换程度绘制于同一图中，即可获得同一吸附平衡压力、不同受载应力条件下实验煤样的渗吸相对置换程度与无因次时间的关系曲线，如图 8-15 所示。

由图 8-15 可知，同一吸附平衡压力、不同受载应力条件下相对置换程度与无因次时间的关系曲线以相同的趋势增长，且经式(8-6)及式(8-7)无因次化处理后，不同受载应力条件下的相对置换程度与无因次时间的关系曲线基本重合，归一化的效果较好。

对不同受载应力条件相对置换程度与无因次时间的关系曲线求均值，求均值后的结果如图 8-15 所示。通过对求均值后的曲线建立归一化模型，该归一化模型满足的边界条件为：$R_r(0)=0$，$R_r(\infty)=1$，如式(8-8)所示。

$$R_r=At_D/(1+At_D) \tag{8-8}$$

采用式(8-8)对求均值后的散点曲线进行拟合，即可得到参数 A(图 8-16)，参数 A 随吸附平衡压力的增加而增加，与吸附平衡压力满足 Langmuir 函数关系，如式(8-9)所示。

$$A=0.002\ 46p/(1+4.534\ 18p)\quad (R^2=0.999\ 43) \tag{8-9}$$

将式(8-9)代入式(8-8)即可获得相对置换程度的归一化模型，如式(8-10)所示。

$$R_r=0.002\ 46pt_D/(1+4.534\ 18p+0.002\ 46pt_D) \tag{8-10}$$

根据相似准则即可得到式(6-11)。

$$[t\sigma\sqrt{K/\varphi}/(\sqrt{\mu_g\mu_w}L_c^2)]_{lab}=[t\sigma\sqrt{K/\varphi}/(\sqrt{\mu_g\mu_w}L_c^2)]_{other} \tag{8-11}$$

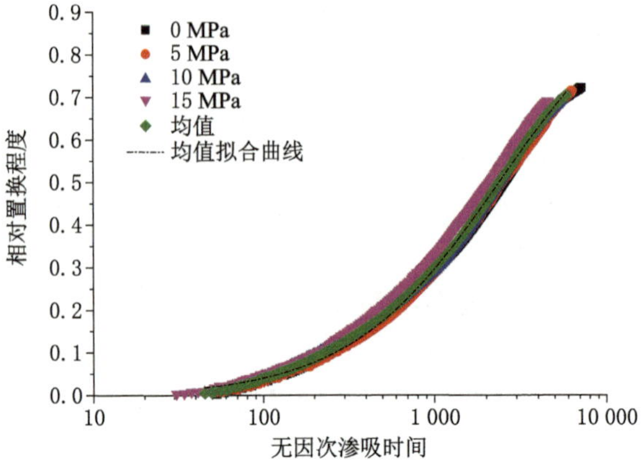

（a）0.74 MPa

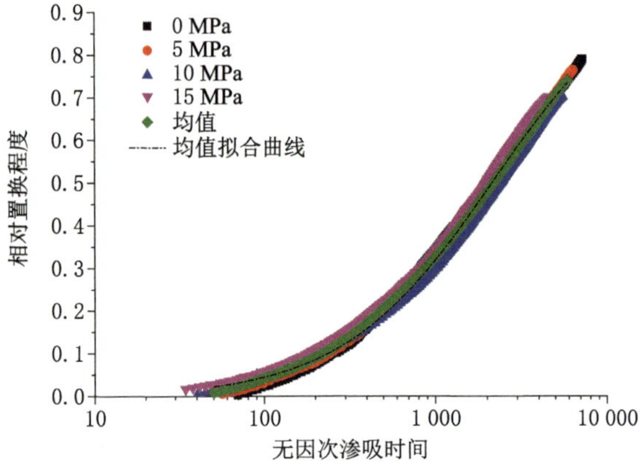

（b）1.5 MPa

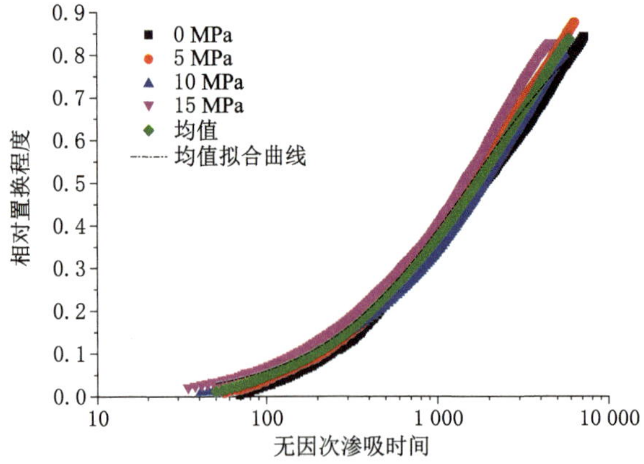

（c）2.5 MPa

图 8-15　相对置换程度与无因次时间的关系曲线

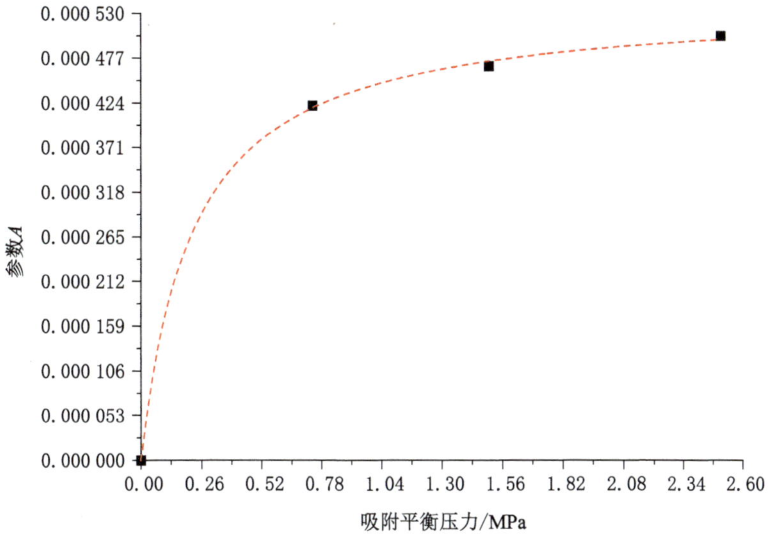

图 8-16　参数 A 随吸附平衡压力的变化规律

式中　lab——实验室条件；

　　　other——其他条件。

如果其他尺寸条件下的渗透率、孔隙率、试样的长度已知，基于式(8-11)可得到该尺寸条件下实际渗吸时间，将实际渗吸时间与式(8-10)联合即可获得不同渗吸时间所对应的相对置换程度。

该归一化模型可用以预测和评价井下煤层在任意时间或其他尺寸煤体的相对置换程度，从而做出科学合理化的研判。例如，可以获得相对置换程度达到某一值时，所需工业性试验的试验时间，从而做出预判，为科学的施工周期提供依据；提高了实验室渗吸实验结果的工程应用能力，为预测渗吸效果和预测渗吸时间提供了有利的依据。采用相对置换程度的归一化模型对其他尺寸柱状煤体的相对置换程度做出预测。例如，煤层的渗透率为0.045 mD，孔隙率为6.135%，水的黏度为0.000 800 7 Ps·s，甲烷的黏度为0.000 011 067 Ps·s，煤样的高度为0.5 m、1 m、1.5 m 及 2 m，其相对置换程度与时间的关系曲线如图 8-17 所示。

由图 8-17 可知，如果煤体只通过渗吸作用置换瓦斯，当瓦斯压力为0.74 MPa 且达到 50%的相对置换程度时，煤体尺寸高度为0.5 m、1.0 m、1.5 m、2.0 m 时，煤体渗吸时间分别为 338 d、1 352 d、3 042 d、8 451 d；瓦斯压力为1.5 MPa 且达到 50%的相对置换程度时，高度为0.5 m、1.0 m、1.5 m、2.0 m 时，煤体渗吸时间分别为 298 d、1 196 d、2 690 d、7 473 d；瓦斯压力为2.5 MPa 且达到

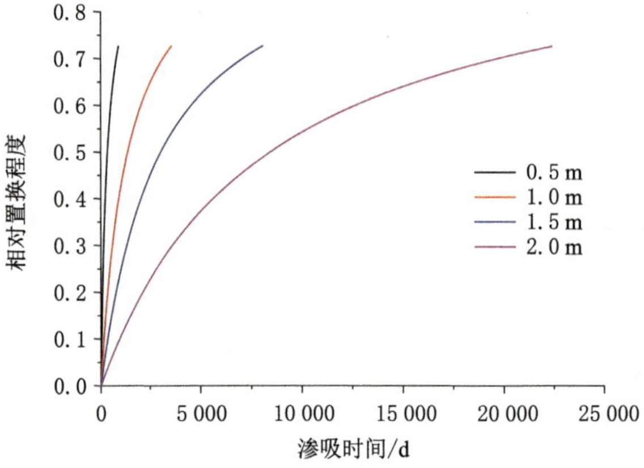

(a) 0.74 MPa

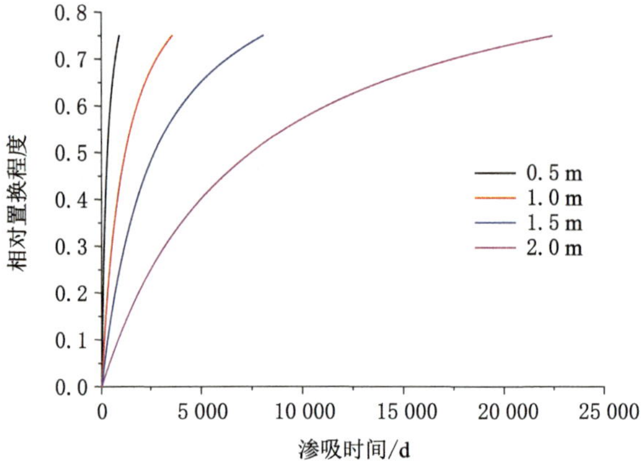

(b) 1.5 MPa

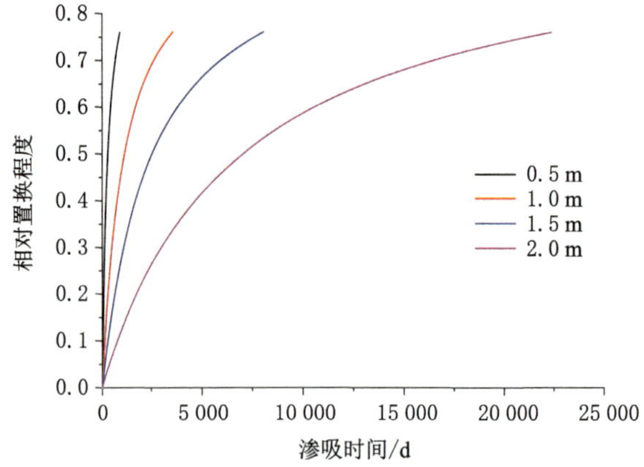

(c) 2.5 MPa

图 8-17　不同尺寸煤体的相对置换程度与时间关系

50%的相对置换程度时，高度为0.5 m、1.0 m、1.5 m、2.0 m 时，煤体渗吸时间分别为 283 d、1 132 d、2 547 d、7 076 d。由此可知，煤体的尺寸越大，达到相同的相对置换程度所需的时间越长。

8.5 渗吸技术的工程应用探讨

本书的实验结果证明了水分渗吸过程可以置换吸附态的瓦斯，明晰了注水治理瓦斯的机理，实现了对注水措施的再认识，测试了水分自下而上侵入煤基质的渗吸高度，水分在煤基质内的运移主要分为三个方向：水平方向、自上而下方向及自下而上方向。理论上讲，水分自上而下运移，重力扮演着促进作用；水分自下而上运移，重力扮演着抑制作用，水分的运移较为困难；水分水平运移，重力不发生作用；当设计注水孔的布置间距时，应充分考虑自下而上润湿的距离，确保不会产生湿润空白带。渗吸技术具有缓慢、置换率高、降低开采时粉尘浓度的特性。本书的实验过程相似模拟了水侵技术中毛细自发侵入煤体的过程，实验结果为了解煤中水和瓦斯的相互作用、外加水分毛细渗吸技术治理煤层瓦斯提供了一个新的视角。

渗吸技术对于地下干燥、低渗的煤层是一种有前途的技术，特别是对于软煤层区域消除突出危险性更具有适用性，原因如下：① 软煤层内呈现出块状与块状之间的接触、颗粒与颗粒之间的接触、块状与颗粒之间的接触等，水分在裂隙内储存，在渗吸的作用下从裂隙内进入煤基质，置换吸附态的瓦斯；② 软煤具有丰富的孔隙结构，有助于水分渗吸；③ 在进行区域消突时，外加水分置换吸附态的瓦斯可以降低瓦斯含量、湿润煤体，同时也能够降低开采时的粉尘量；④ 在进行掘进或者回采时，使得煤层卸压，煤层内的瓦斯再次发生运移，导致孔隙内水分的平衡状态被打破，使得水分再次发生运移，同时水分也阻碍了瓦斯的运移，降低了开采时煤体的瓦斯放散速度。

随着开采深度的增加，深部煤层具有高地应力、高瓦斯压力、低渗透的特性。单一的瓦斯抽采措施不适用于深部煤层，一些压裂措施主要靠增透作用实现瓦斯的释放，在高地应力的作用下，裂隙会趋于重新闭合，对于松软煤层，瓦斯涌出衰减快，瓦斯治理达标周期长。将煤层注水渗吸技术及瓦斯抽采措施配套使用是深部松软煤层瓦斯治理的一项有效的技术，其可以缩短消突周期，提高瓦斯抽采率，然而需要注意以下问题：低渗透性和高渗透性煤层的抽采钻孔设计和布置示意图如图 8-18 所示，煤层的非均质性会导致同一煤层渗透率的变化（Moore et al.，2015；Yin et al.，2018；Peng et al.，2017），在高渗透区，置换出的甲烷可以通过煤层裂隙排出，这意味着注入水有助于降低瓦斯含量，不需要额外的钻孔瓦斯抽采[图 8-18(a)]。然而,低渗透性煤层的情况则完全不同,在低渗透煤层中,外加水侵入煤层后,水分在毛管力、重力、瓦斯压力的作用下逐渐发生渗吸,部分吸附态的瓦斯变成游离态的瓦斯,置换出的甲烷不能排出煤层,在注水孔周围聚集形成高瓦斯压力带,注入的水实际上增加了这个区域的甲烷含量[图 8-18(b)和(c)]。瓦斯含量的增加会导致瓦斯灾害,如煤与瓦斯突出、瓦斯爆炸、瓦斯超限等,并中断正常的开采活动。因此,为了解决这一问题,需要考虑综合利用钻孔瓦斯抽采与静压注水渗吸相结合的技术,以防止注水钻孔周围煤体瓦斯人为富集。因此,在选用注水防治瓦斯技术的矿井,为了确保治理措施的可靠性,瓦斯压力必须根据煤层的具体情况针对性地采用钻孔抽采与静压水渗吸相结合的方法。

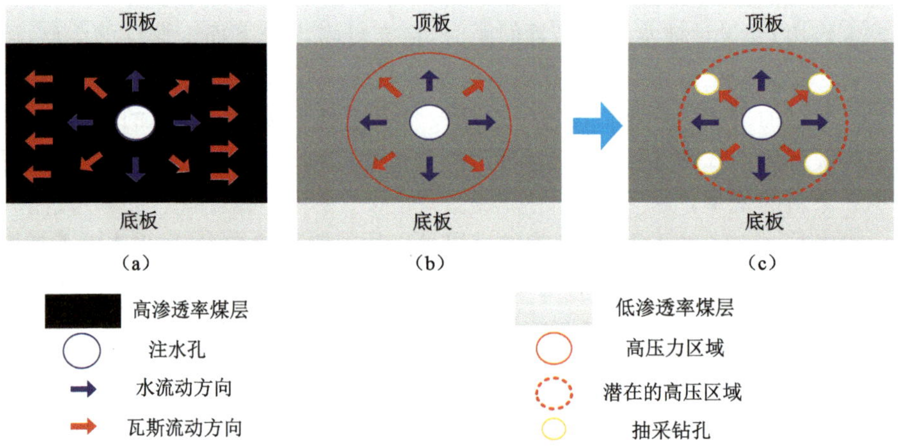

图 8-18　静压注水渗吸技术及瓦斯抽采技术联合应用示意图

对于低渗透硬煤层而言,将压裂技术、静压注水渗吸技术及瓦斯抽采技术联合(即压裂技术先行、静压注水渗吸及瓦斯抽采技术作为补充)是深部煤层瓦斯治理的一项有效的技术,压裂措施将煤层破裂成无数个尺度较小的块体,大幅度增加了煤体的孔隙、裂隙和表面积;压裂(水力压裂、气相压裂、爆破压裂)后,将静压注水渗吸技术及瓦斯抽采技术联合实施,水分在毛管力、重力、瓦斯压力的作用下逐渐发生渗吸,吸附态的瓦斯变成游离瓦斯,游离瓦斯在抽采负压的作用下及时地流入瓦斯抽采管路,从而避免瓦斯的局部集聚。压裂技术、静压注水渗吸技术及瓦斯抽采技术联合示意图如图 8-19 所示,钻孔的布置应根据现场情况而定。

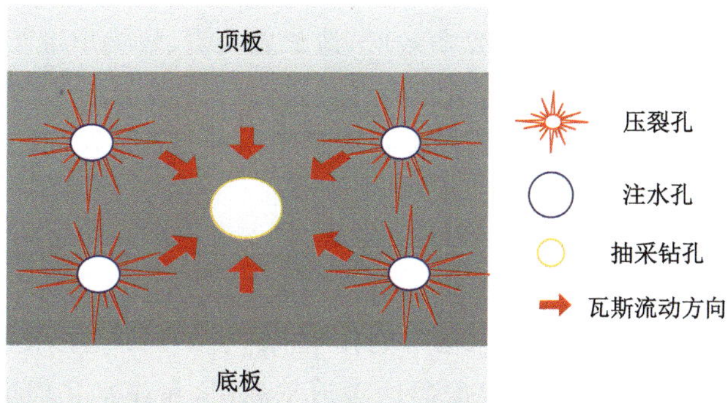

图 8-19　压裂技术、静压注水渗吸技术及瓦斯抽采技术联合应用示意图

8.6　本章小结

本章首先对定量加水及充分供水条件下渗吸过程中置换瓦斯效应进行测试，同时采用 ChemDraw 软件中的能量最小化原则模拟了煤分子对水分子及甲烷分子的吸附构型，采用 ChemDraw 和 Gaussian 软件数值计算了煤对甲烷及水分子的吸附势能。其次，结合渗吸高度的测试结果及理论模型探析了渗吸置换效应与渗吸高度之间的联系，并采用无因次的处理方法研究了受载煤样渗吸相对置换程度的归一化模型，最后对渗吸技术的工程应用进行了探讨，得出以下主要结论：

① 基于能量最小化原则揭示了甲烷分子主要以正三角锥的形式吸附在煤分子附近，水分子主要以两个氢原子向下、氧原子向上的方式吸附在煤分子附近；煤孔隙表面对水分子的吸附势阱大于对甲烷分子的吸附势阱，水分子的吸附势阱的距离小于对甲烷分子的吸附势阱距离。

② 通过对比定量加水及充分供水对受载含瓦斯煤渗吸置换效应的影响，充分供水有助于提高渗吸过程中瓦斯的置换量及置换率。

③ 等压渗吸过程中，累积置换瓦斯量随吸附平衡压力的增加而增加，累积置换瓦斯率随吸附平衡压力的增加而减小；等效物理结构中水平毛细管的湿润层数及水分的扩散长度同时影响着累积瓦斯置换率；在实际工程应用中，煤层瓦斯压力低的渗吸效果将优于煤层瓦斯压力高的煤层；累积瓦斯置换量、置换率呈现出随受载应力的增加而逐渐增加的趋势，受载应力大的试样被湿润的水平毛细管层数多，水分在水平毛细管中所扩散的总长度较长。

④ 水分达到实验煤样顶部时，在等效物理结构中各微小单元层内的水平毛

细管的扩散没有达到相对平衡；随着渗吸时间的增加，水平毛细管内的水分含量继续增加，水分与甲烷继续发生置换效应，造成置换量、置换率继续增加，当水平毛细管内水分达到相对平衡时渗吸将会终止。

⑤ 采用无因次化处理方法获得了相对置换程度与特征时间的归一化模型：$R_r=0.002\ 46pt_D/(1+4.534\ 18p+0.002\ 46pt_D)$，结合相似准则可预测和评价井下煤层在任意时间的相对置换程度或其他尺寸煤体的相对置换程度，从而做出科学合理化的研判。

⑥ 在煤矿井下采用钻孔注水渗吸的技术治理瓦斯时，侵入水置换吸附态瓦斯造成游离瓦斯含量增加。对于深部低渗透软煤层，在注水孔周围聚集易形成高瓦斯压力带，需要在注水孔周围施工瓦斯抽采孔，将积聚的游离瓦斯排出，防止注水钻孔周围煤体瓦斯的人为富集；对于低渗透硬煤层而言，可将压裂技术先行、静压注水渗吸及瓦斯抽采技术作为补充治理煤层瓦斯。

参考文献

[1] 王宝俊，2006.煤结构与反应性的量子化学研究[D].太原：太原理工大学.

[2] MA S X, MORROW N R, ZHANG X Y, 1997. Generalized scaling of spontaneous imbibition data for strongly water-wet systems[J]. Journal of petroleum science and engineering, 18(3/4): 165-178.

[3] MOORE C R, DOHERTY J, HOWELL S, et al, 2015. Some challenges posed by coal bed methane regional assessment modeling[J]. Groundwater, 53(5): 737-747.

[4] PARLANGE J Y, LISLE I G, PRASAD S N, et al, 1984,. Wetting front analysis of the nonlinear diffusion equation[J]. Water resources research, 20(5): 636-638.

[5] PENG Y, LIU J S, PAN Z J, et al, 2017. Impact of coal matrix strains on the evolution of permeability[J]. Fuel, 189: 270-283.

[6] YIN G Z, SHANG D L, LI M H, et al, 2018. Permeability evolution and mesoscopic cracking behaviors of liquid nitrogen cryogenic freeze fracturing in low permeable and heterogeneous coal[J]. Powder technology, 325: 234-246.

[7] YUE J W, WANG Z F, CHEN J S, 2019. Investigation of timing characteristics of the imbibition height of remolded coal without gas[J]. Energy sources, part A: recovery, utilization, and environmental effects, 41(2): 156-166.